kosmos Naturführer

Anisum.

ventositati

Anisum. oplo. ca. 7 sic. in 3. Elect. grossum mdioale. iuuam. sto. fri. 7 ventositati sto. 7 itestio. puocat urinam. apit opilatioēs. 7 puocat lac. nocum. tarde digitur. Remo. nocti si oteratur sbtilr aut bn masticetur. Quid gnat sanguinē acutu. ouenit. fri. 7 hu. senib3 7 decrepitis. yeme 7 septentrionali regioni 7 aliis ubi repitur.

kosmos Naturführer

Peter und Ingrid Schönfelder

Der Kosmos-Heilpflanzenführer

Europäische Heil- und Giftpflanzen
Mit 442 Farbfotos

Franckh-Kosmos

Mit 442 Farbfotos von J. Apel (2), K. Frantz (2), E. Garnweidner (1), M. Haberer (1), H. Haeupler (2), F. Hirschmann (1), R. König (1), P. Kohlhaupt (7), Ch. Lederer (2), E. Müller (1), G. Radek (1), G. Rein (1), S. Sammer (4), W. Schacht (2), J. Schimmitat (4), P. Schönfelder (390), H. Schmidt (1), H. Schrempp (15), F. Schwäble (1), F. Siedel (1), K. F. Wolfstetter (1), W. Zahlheimer (1) und 95 Farbzeichnungen von M. Golte-Bechtle

Umschlag von Kaselow-Design unter Verwendung einer Aufnahme von Dr. Peter Schönfelder
Das Bild zeigt Roten Fingerhut
(*Digitalis purpurea*)

Bild 1 (Seite 2) zeigt Anis aus dem Wiener Codex Tacuinum sanitatis (um 1410), Bild 2 (Seite 6) den Eingriffeligen Weißdorn aus E. Blackwell, Vermehrtes und verbessertes Blackwellisches Kräuterbuch (1754–1773).

Die Deutsche Bibliothek –
CIP-Einheitsaufnahme

Der **Kosmos-Heilpflanzenführer:** europäische Heil- und Giftpflanzen / Peter und Ingrid Schönfelder. – 6., neu bearb. Aufl. – Stuttgart: Franck-Kosmos, 1995
(Kosmos-Naturführer)
ISBN 3-440-06954-0
NE: Schönfelder, Peter; Schönfelder, Ingrid

6., neu bearbeitete Auflage, 1995

Printed in Germany / Imprimé en Allemagne
LH 14 ry, / ISBN 3-440-06954-0
Satz: Fotosatz Schmidt+Co.,
71366 Weinstadt
Herstellung: Neue Stalling, Oldenburg

Der Kosmos-Heilpflanzenführer

Spina alba

1–7. Blüthe
8. 9. Frucht
10–12. Saame

Hagedorn.

Vorwort

Das alte und vielzitierte Wort des PARACELSUS (1493–1541): „Alle Wiesen und Matten, alle Berge und Hügel sind Apotheken“ hat auch in unserer Zeit seine Bedeutung behalten. Zwar ist das eigene Sammeln und der volkstümliche Gebrauch vieler Heilpflanzen auf relativ wenige Hausmittel zurückgegangen, aber in den industriell hergestellten Fertigarzneimitteln mit den Möglichkeiten der Stabilisierung und Standardisierung spielen viele pflanzliche Drogen und ihre Wirkstoffe nach wie vor eine bedeutende Rolle. Nur in wenigen Fällen lassen sich wirksame Naturstoffe synthetisch billiger herstellen als durch Isolierung aus der Pflanze. Die „Rote Liste 1994“, die einen Überblick über die Arzneimittelproduktion der Bundesrepublik Deutschland gibt, nennt 8082 Fertigarzneimittel. Davon enthalten fast 15% pflanzliche Wirkstoffe oder bestehen ganz aus pflanzlichen Zubereitungen. Der Prozentsatz der mit modernen Methoden untersuchten Pflanzen ist noch sehr gering und die wirksame Substanz mancher, von alters her gebrauchten Heilpflanze nicht genügend bekannt. So liegt auch in unseren heimischen Pflanzen noch mancher Arzneischatz verborgen, wie immer wieder die Ergebnisse neuer wissenschaftlicher Untersuchungen zeigen.

Es ist ein Anliegen dieses Buches, ein Führer zu den heute in Mitteleuropa angewendeten Heilpflanzen zu sein, soweit sie in Europa wild wachsen oder häufiger kultiviert werden. Bei der Auswahl der Arten wurden jene bevorzugt, die von der pharmazeutischen Industrie heute noch verarbeitet werden, so daß der Patient sich über die in seinem Medikament enthaltenen Drogen und ihre Stammpflanzen informieren kann. Ferner wurden der Vollständigkeit halber einige nur noch selten volkstümlich angewendete oder seit alters als Heilpflanzen betrachtete Arten aufgenommen. Berücksichtigt wurde auch die Homöopathie, da diese einen nicht zu übersehenden Anteil an der Verwendung von Pflanzen zu Heilzwecken hat. Eine Bewertung dieser Heilmethode ist jedoch nicht damit verbunden, ebensowenig wie die bei den einzelnen Pflanzen genannten Fertigpräparate eine Empfehlung speziell dieser Mittel bedeuten. Auch gibt das Vorhandensein einer Droge oder Drogenzubereitung in einem Fertigarzneimittel keine Gewähr für ihre Wirksamkeit. Insgesamt sind von den 411 in 440 verschiedenen Fotos dargestellten Heil- und Giftpflanzen 330 in handelsüblichen Fertigarzneimitteln in Apotheken erhältlich.

Seit der 4. Auflage wurde dem weit verbreiteten Wunsch nach eigener Anwendung in Form einer Tabelle Rechnung getragen, in der die Heilpflanzen zusammengestellt sind, die ohne ärztliche Verordnung zur Erhaltung der Gesundheit und zur Bekämpfung leichterer Beschwerden bzw. in Absprache mit dem Arzt zur begleitenden Behandlung verwendet werden können. Dabei wurden besonders solche Anwendungen aufgenommen, die nach der heutigen Kenntnis der Inhaltsstoffe begründet sind.

Die vorliegende 6. Auflage wurde wieder gründlich überarbeitet. Die Bezeichnung der Drogen wurde dem derzeitigen Stand der deutschen Arzneibücher (dem DAB 10, aber auch dem Fortschritt des DAC und HAB 1) angepaßt. Alte Drogennamen nicht mehr gültiger Arzneibücher wurden unverändert beibehalten. Sie finden sich immer noch auf vielen Arzneimittelpackungen. Auch die Angaben zu den Inhaltsstoffen, den wichtigen Anwendungen und den beispielhaft genannten Fertigpräparaten (unter Berücksichtigung der neuesten Roten Liste und der Präparateliste der Naturheilkunde) konnten dank des Entgegenkommens des Verlages Franckh-Kosmos aktualisiert werden.

Ingrid und Peter Schönfelder

Einführung – Hinweise zur Benutzung

Die Anordnung nach Blütenfarben folgt dem seit KOSCHS „Was blüht denn da" millionenfach bewährten Prinzip der KOSMOS-Naturführer. Nach der Hauptfarbe der Blüten, die nicht in jedem Fall durch die Kronblätter bedingt sein muß, werden die Pflanzen in weiß, gelb, rot, blau und grün oder unscheinbar blühende gegliedert. Diese Gruppierungen müssen in gewissem Maße subjektiv bleiben, da es zwischen den Hauptfarben eine Vielzahl von Zwischentönen gibt, und außerdem das menschliche Auge auch in Abhängigkeit von der Beleuchtung manche Farben unterschiedlich beurteilt. Schließlich haben viele Pflanzen selbst eine gewisse Variabilität in der Blütenfarbe. So finden sich in der weißen Abteilung auch solche, die etwas gelblich, rosa oder hellblau getönt sind. Bei den gelben Arten gibt es gelegentlich Übergänge zu gelblichgrüner Blütenfarbe. Zu den roten wurden auch alle rotvioletten und die wenigen braunblühenden Arten gestellt. In der letzten Gruppe wurden die grün oder unscheinbar blühenden zusammengefaßt. Um möglichst viele Arten berücksichtigen zu können, wurden nur ausnahmsweise Arten bei zwei Blütenfarben aufgenommen. Im Zweifelsfall muß der Benutzer, der eine bestimmte Pflanze sucht, bei der nächst ähnlichen Blütenfarbe nachschlagen.

Innerhalb der Blütenfarben folgt die Anordnung einer einfachen Gliederung der Blüten: zunächst radiäre, d. h. strahlig-symmetrische Blüten mit bis zu 4, mit 5, mit mehr als 5 Blütenblättern und mit Blüten in Köpfchen, danach zweiseitig- symmetrische Blüten, d. h. Blüten, durch die sich nur eine Symmetrieebene legen läßt. Die Reihenfolge innerhalb dieser Gruppen richtet sich nach dem natürlichen System der Pflanzenverwandtschaft. Die wichtigen, vor allem für Kinder immer wieder gefährlichen Giftfrüchte wurden, nach Farben der Früchte geordnet, am Ende des Bestimmungsteils zusammengestellt. So läßt sich jede in diesem Führer enthaltene Pflanzenart über diese Hauptgruppen, aber auch durch einen einfachen Schlüssel (S. 30) finden, der mit wenigen weiteren Merkmalen auf eine bis höchstens vier zu vergleichende Seiten führt. Schließlich ist auch jede Pflanze über das Register der deutschen und wissenschaftlichen Namen und Drogenbezeichnungen zu finden.

Die Nomenklatur der Pflanzen richtet sich nach Flora Europaea (Band 1–5). Wichtige, früher verwendete Synonyme wurden in Klammern angegeben. Die deutschen Namen folgen weitgehend der Flora von SCHMEIL (1982). Weitere Volksnamen lassen sich aus den Drogenbezeichnungen ableiten.

Neben den Texten zu den einzelnen Arten finden sich einige wichtige Angaben bereits in der Randleiste: In einem Kästchen das Symbol für die Lebensform (Verzeichnis der Abkürzungen s. S. 32), darunter Angaben zur Höhe und zur Blütezeit. Unter dem Kästchen stehen gegebenenfalls die Symbole für Naturschutz (▽), Giftpflanzen (☠) und Verweise auf den Anwendungsteil (☕) mit Seitenangabe. Das Naturschutzsymbol besagt, daß die Art im deutschen Sprachraum zumindest gebietsweise geschützt ist, im einzelnen muß aber auf die etwas abweichenden Regelungen einzelner Länder verwiesen werden. Manche der mit dem Totenkopfzeichen gekennzeichneten Giftpflanzen zeigen schon bei Berührung mit dem Saft Giftwirkungen, einige nach Einnahme weniger Beeren oder Kauen auf den Stengeln, andere erst nach längerem Gebrauch. Arten, die als Heilpflanzen Bedeutung haben und deren Früchte gleichzeitig Vergiftungen hervorrufen, wurden sowohl blühend als auch fruchtend (Seiten 240–252) aufgenommen, mit entsprechenden Hinweisen im Text. Arten, die vorwiegend wegen ihrer giftigen Früchte Bedeutung haben, wurden nur fruchtend abgebildet.

Der Text gliedert sich dann in folgende Abschnitte:

B: Beschreibung der Pflanze, wichtige

Merkmale zur Erkennung und Unterscheidung von ähnlichen Arten.
V: Vorkommen, d. h. Standorte und Verbreitung.
D: Drogen. Hierunter versteht man im pharmazeutischen Sprachgebrauch getrocknete pflanzliche oder tierische Ausgangsmaterialien für Arzneizubereitungen, während sich im populären Sprachgebrauch dieser Begriff für Rausch und Sucht erregende Stoffe eingebürgert hat. Die Drogen werden mit ihren deutschen und lateinischen Namen sowie einer kurzen Beschreibung aufgeführt, wie sie in dem betreffenden Arzneibuch genannt sind. Diese Bezeichnungen befinden sich, oft in Abkürzungen (s. S. 22), auch auf den Arzneimittelpackungen. Der lateinische Drogenname setzt sich im allgemeinen aus einer Bezeichnung für den verwendeten Pflanzenteil und einem Namen der Pflanze zusammen, wobei in den neuen Arzneibüchern der Pflanzenname meist vorangestellt wird. Bei den homöopathischen Namen wurde auf eine nähere Beschreibung des verwendeten Pflanzenteils verzichtet, wenn es sich um denselben wie in der vorangestellten Droge handelt. Im allgemeinen wird in der Homöopathie aber die frische Pflanze verwendet.
I: Inhaltsstoffe. Es werden die wichtigsten wirksamen Inhaltsstoffe bzw. Stoffgruppen genannt. Nähere Erläuterungen zu den wichtigsten Wirkstoffgruppen finden sich im folgenden Text.
A: Anwendung und Wirkung. Bei der Anwendung wurde insbesondere die heute gebräuchliche berücksichtigt und auf manche veraltete Angaben verzichtet, wie sie immer noch oft mit Gebrauchsanweisungen in zahlreichen Büchern empfohlen werden. Für die Hinweise auf die homöopathischen Indikationen wurden vor allem einige neuere Arzneimittellehren benutzt.
F: Fertigarzneimittel. Darunter versteht man Arzneimittel, die in gleichbleibender Qualität hergestellt und in abgabefertiger Packung in den Verkehr gebracht werden. Es wurden höchstens so viele Fertigarzneimittel aus der „Roten Liste“, der Präparate-Liste der Naturheilkunde und den Verzeichnissen einzelner Arzneimittelhersteller ausgewählt, wie in einer Druckzeile Platz fanden. In einer Mehrzahl von Fällen sind dies die wichtigsten, bei anderen sind aber Dutzende bis Hunderte von Präparaten im Handel, die Zubereitungen der betreffenden Pflanzen enthalten. So konnte die Auswahl hier nur subjektiv erfolgen. Es ist damit in keinem Fall eine Bewertung oder Empfehlung eines Präparates verbunden. Die Gesamtwirkung eines Präparates muß außerdem nicht immer mit der Wirkung der einzelnen Droge übereinstimmen. Nicht in jedem Fall enthalten alle Zubereitungsformen des Präparates die beschriebene Droge. So kann eine Droge zum Beispiel in Tabletten enthalten sein, nicht aber im Sirup mit dem gleichen Namen. Rezeptpflichtige Arzneimittel wurden durch die Buchstaben „*Rp*“ gekennzeichnet. Bei den meisten Arzneimitteln handelt es sich um eingetragene Warenzeichen, die nicht besonders gekennzeichnet sind.

Die alten Kräuterbücher

Kenntnisse über die Heilkräfte von Pflanzen sind uralt und unabhängig in verschiedenen Kulturen entstanden. Schriftlich überliefert sind uns zum Beispiel zahlreiche Rezepte im altägyptischen Papyrus Ebers (2. Jahrtausend v. Chr.), das ein gutes Bild der damaligen medizinischen Kenntnisse vermittelt. Fortgeführt und weiter entwickelt wurde dieses Wissen im griechisch-römischen Kulturkreis. Noch heute bekannt sind die Ärzte HIPPOKRATES, DIOKLES und THEOPHRASTUS (5. und 4. Jahrhundert v. Chr.) und ihre Schriften, danach DIOSKORIDES (1. Jahrh. v. Chr.), PLINIUS D. Ä. (1. Jahrh. n. Chr.) und GALENOS (2. Jahrh. n. Chr.). Diese griechisch-römische Tradition wurde bis in das Mittelalter hinein – ergänzt durch die Kenntnisse der arabischen Medizin – auch in Mitteleuropa überliefert. Insbesondere die botanischen Schriften des DIOSKORIDES wurden in den Klöstern fleißig abgeschrieben und hatten noch wesentlichen Einfluß auf die ersten gedruckten Kräuterbücher. Auch in den reich illustrierten Gesundheitsbüchern („Tacuinum Sanitatis") des 13. bis 15. Jahrhunderts, die als Handschriften erhalten sind, spielten die Pflanzen eine wesentliche Rolle. Als Beispiel aus dem Wiener Codex (ca. 1410) mag die Abbildung des Anis gegenüber dem Titelblatt dieses Buches dienen.

Bald nach der Erfindung des Buchdruckes mit beweglichen Lettern durch GUTENBERG (1452) erschienen auch verschiedene Kräuterbücher, die im 16. Jahrhundert wohl neben der Bibel die am meisten gedruckten Werke überhaupt waren. Als eines der ersten veröffentlichte 1484 PETER SCHÖFFER, ein Mitarbeiter GUTENBERGS in Mainz, ein lateinisches Buch mit dem Titel „Herbarius maguntiae impressus", ein Jahr später bereits ein deutschsprachiges, wesentlich umfangreicheres Werk, den „Gart der Gesundheit" mit einfachen, aber eindrucksvollen Holzschnitten. Es wurde bis ins 16. Jahrhundert hinein an verschiedenen Orten nachgedruckt und sehr weit verbreitet. Während die Abbildungen dieses „Hortus Sanitatis" noch stark stilisiert waren, enthielten die Kräuterbücher der drei „Väter der Botanik" zahlreiche, künstlerisch hochstehende und feine Holzschnitte, die uns noch heute die meisten abgebildeten Pflanzen sicher erkennen lassen:

OTHO BRUNFELS: Contrafayt Kreuterbuch, 1532

HIERONYMUS BOCK: New Kreuterbuch, ohne Abbildungen, 1539
erste illustrierte Ausgabe 1546

und LEONHARD FUCHS: New Kreuterbuch, 1543

Von FUCHS, dessen großformatiges Kräuterbuch wohl die hervorragendsten Holzschnitte von Pflanzen enthält, erschien auch bereits 1543 ein „Taschenführer der Heilpflanzen" mit 516 Abbildungsseiten ohne Text mit einem Satzspiegel von 12×7 cm.

Im wesentlichen ist der Textteil dieser klassischen Kräuterbücher schon ähnlich aufgebaut wie die entsprechenden Abschnitte dieses Naturführers: nach Angaben zum Namen und den Synonymen bei anderen Autoren, besonders auch bei DIOSKORIDES, folgen allgemeine Beschreibung und Angaben zum Vorkommen. Der längste Abschnitt ist der „Kraft und Würckung" gewidmet, also der arzneilichen Anwendung, oft unterschieden in die innerliche und äußerliche.

Von den 411 in unserem „Kräuterbuch" mit Farbfotos vertretenen Arten waren bereits 2/3 in den klassischen Vorläufern abgebildet. Die dort noch nicht enthaltenen, heute aber verwendeten Heilpflanzen sind teilweise erst später in Europa eingeführt worden, teilweise wurden sie aber noch nicht von anderen Arten unterschieden. Die Indikationen und Anwendungen der meisten Pflanzen haben sich allerdings im Laufe der Jahrhunderte oft wesentlich geändert.

Nach den Büchern von BRUNFELS, BOCK und FUCHS erschienen im 16. und 17. Jahrhundert zahlreiche weitere Pflanzenbücher, allen voran das Kräuterbuch von ADAM LONITZER (1557), das über 200 Jahre ein Verkaufsschlager war und sehr viele Auflagen erlebte. Weitere bekannte Verfasser waren CAMERARIUS, CLUSIUS, DODONAEUS, GESSNER, LOBELIUS, MATTHIOLUS und TABERNAEMONTANUS. Die Zahl der bekannten und beschriebenen Arten stieg gewaltig, und langsam entstanden neben den Heilpflanzenbüchern die Floren verschiedener Gebiete. Seit dem 17. Jahrhundert trat an die Stelle des Holzschnittes der Kupferstich, der in den Prachtwerken der Barockzeit zur Vollendung gelangte, so vor allem in BESLERS „Hortus Eystettensis" (seit 1613), aber auch in den umfangreichen Tafelwerken mit den ersten farbig gedruckten Kupferstichen WEINMANNS (1773) oder ELISABETH BLACKWELLS, dessen deutscher Ausgabe (1754–1773) die Abbildung auf S. 6 entnommen ist.

1

Der Erste Theil der Kreüt-
ter/so inn vnsern Teutschen landen wach-
sen/ Sampt jhren Namen vnd
vermögen.

Von den Nesseln.
Cap. j.

Vß der kalten rhawen Erden schlief
fen vil hitziger Gewächs/ des man sich wol mag verwunde-

ij
Gemeine bren-
nende Nesseln.

ren/ als fürnemlich die gemeine brennende Nesseln. Deren seind neün Geschlecht in Teut- Species.
schen Landen bekant/ Vnd ist dz zehend auch newlich auß frembden Landen zů vns kommen.
A

Die Abbildung zeigt eine Seite aus dem Kräuterbuch von HIERONYMUS BOCK (Ausgabe von 1577).

Erst die modernen Farbdruckverfahren und die Farbfotografie brachten in den letzten Jahrzehnten die Möglichkeiten, die Pflanzen in natürlichen Farben darzustellen. Diese technischen Fortschritte und das gestiegene Interesse an der Natur haben uns eine Flut entsprechender Bücher beschert. Der vorliegende Band möchte erstmals den gesamten heimischen Heilpflanzenschatz in Farbfotografien darstellen.

Die Arzneibücher der Bundesrepublik Deutschland

Arzneibücher enthalten Vorschriften über Eigenschaften, Herstellung, Prüfung, Wertbestimmung und Aufbewahrung von Arzneistoffen und deren Zubereitungen. Ihre Tradition beginnt mit den mittelalterlichen Dispensatorien, deren erstes 1546 für das Gebiet der Stadt Nürnberg gedruckt erschien. Vor allem seit dem 18. Jahrhundert wurden zahlreiche Landespharmakopöen veröffentlicht, die dann 1872 durch das erste deutsche Arzneibuch (Pharmacopoea Germanica I) ersetzt wurden.

In der Bundesrepublik Deutschland ist seit dem 1. März 1992 das Deutsche Arzneibuch, 10. Ausgabe (DAB 10) in Kraft, das erste gesamtdeutsche Arzneibuch seit dem DAB 6 von 1926. In ihm sind die Arzneistoffe in alphabetischer Reihenfolge der deutschsprachigen Bezeichnungen aufgeführt. Zusätzlich sind Untertitel in lateinischer Sprache angegeben. Die lateinischen Titel, die sich aus der Tradition der älteren Arzneibücher ergeben haben, sind weggefallen, werden aber auf Produkten der pharmazeutischen Industrie immer noch verwendet. Die Beschreibungen der Arzneistoffe werden als Monographien bezeichnet. In das DAB 10 wurde das Europäische Arzneibuch (Pharmacopoea Europaea) einbezogen. Es löst damit das DAB 9 ab, das seit 1987 Gültigkeit hatte. Der Deutsche Arzneimittel-Codex (DAC) stellt ein Ergänzungsbuch zum Deutschen Arzneibuch dar. Auch heute noch sind in vielen Fertigarzneimitteln Drogen enthalten, deren Monographien im DAB 6 (1926) und insbesondere im Ergänzungsband zum DAB 6 (Erg.B.6) 1941 zuletzt aufgeführt waren.

Als Teil des Amtlichen Arzneibuches ist das Homöopathische Arzneibuch, 1. Ausgabe (HAB 1) 1978 in Kraft getreten. Es ersetzt das bisherige Homöopathische Arzneibuch aus dem Jahre 1934 (HAB 34).

Allopathie – Phytotherapie – Homöopathie

Der Begriff der Allopathie entstand im Gegensatz zur Homöopathie und bezeichnet die Behandlung einer Krankheit durch Arzneimittel nach dem Gegenprinzip. Dies ist die übliche Methode der sogenannten Schulmedizin, so wird z. B. eine Verstopfung mit einem Abführmittel behandelt, oder zu hoher Blutdruck mit einem blutdrucksenkenden Mittel.

Als Phytotherapie bezeichnet man die Anwendung rein pflanzlicher Arzneimittel. Viele Phytotherapeutika können über längere Zeit ohne schädliche Nebenwirkungen angewendet werden, wie z. B. Kamille bei langwierigen Magenleiden oder der Weißdorn bei manchen Herzerkrankungen. Die verbreitete Meinung, daß pflanzliche Heilmittel insgesamt ungefährlich seien, ist aber falsch. Man denke nur an die stark wirkenden Präparate aus Fingerhut, Tollkirsche oder Herbstzeitlose, die in ihrem Einsatz ebenso risikoreich sind wie stark wirksame chemische Arzneimittel. Auch mildere pflanzliche Mittel können bei längerer Einnahme zu Nebenwirkungen führen, wie z. B. manche Abführdrogen, die Süßholzwurzel oder Salbei.

Die Verwendung von Pflanzen in der Medizin trat nach Aufkommen vieler chemisch-synthetisch gewonnener, arzneilich wirksamer Substanzen zeitweise in den Hintergrund. Inzwischen führten aber die Aufklärung vieler Inhaltsstoffe, neue Möglichkeiten der Standardisierung und Stabilisierung und neue Zubereitungsmethoden zu einem starken Aufschwung der Pflanzenheilkunde. Außerdem werden auch heute noch viele pflanzliche Drogen und Zubereitungen erfolgreich verwendet, deren Wirksamkeit aus langer Erfahrung bekannt ist, ohne daß die vielfältigen und komplexen Inhaltsstoffe vollständig aufgeklärt wären.

Einen weiteren Anwendungsbereich haben pflanzliche Heilmittel in der Homöopathie, die zwar durchaus nicht allgemein anerkannt ist, aber doch einen beachtlichen Anteil am Umsatz der Arzneimittelindustrie und der Apotheken hat. Da die Grundlagen der Homöopathie dem Laien allgemein wenig bekannt sind, seien sie im folgenden kurz dargestellt.

Die homöopathische Therapie, begründet von dem Arzt SAMUEL HAHNEMANN (1755–1843), basiert auf dem Grundsatz: Similia similibus curentur = Ähnliches möge mit Ähnlichem geheilt werden. Das heißt, ein Arzneimittel, das im gesunden Organismus bestimmte Symptome hervorruft, soll eine Krankheit, die ein ähnliches Symptomenbild zeigt, heilen können. Um diese Ähnlichkeitsregel anzuwenden, ist eine genaue Kenntnis der Arzneimittelwirkungen notwendig. Sie basiert vor allem auf der Prüfung dieser Mittel am gesunden Menschen und wird ergänzt durch ein breites Erfahrungsgut, toxikologische und pharmakologische Daten. Die so entstandenen Arzneimittelbilder wurden in den Arzneimittellehren verschiedener Autoren zusammengefaßt. Das Aufsuchen des Arzneimittelbildes, das die meiste Ähnlichkeit mit dem Krankheitsbild aufweist, ist die Grundlage für die Wahl des Medikamentes. Je besser das Arzneimittelbild zum Krankheitsbild paßt, desto größer kann auch die Heilwirkung sein. Ein Beispiel soll diese Art der Arzneiverordnung verdeutlichen: Allgemein bekannt sind die Symptome, die beim Schneiden einer Küchenzwiebel auftreten. So wird ein akuter Schnupfen, der mit viel wäßrigem Sekret, das Nase und Oberlippe wund macht, mit häufigem Niesen und Tränenfluß einhergeht, sich abends und bei Zimmertemperatur verschlimmert und sich in frischer Luft und bei Kälte bessert, mit einer Zwiebeltinktur behandelt. Aus der Vielzahl der Symptome, die bei der Wahl des Arzneimittels zu beachten sind, wird deutlich, daß die in diesem Buch angegebenen homöopathischen Indikationen nur einen kurzen Hinweis auf die Wirkungsrichtung der Pflanzen geben können.

Die klassische Homöopathie wendet nur jeweils ein Arzneimittel an, da nur dieses am Gesunden geprüft und in seinen Wirkungen bekannt ist. In der Praxis haben sich aber auch durchaus Arzneikombinationen (sogenannte Komplexmittel) bewährt, die von der pharmazeutischen Industrie in großer Anzahl angeboten werden.

Aus dem Ähnlichkeitsprinzip ergibt sich, daß die angewendete Dosis nur so groß sein darf, daß sie letztlich nicht zu einer Verschlimmerung der Krankheit führt. Da der kranke Organismus viel empfindlicher reagiert als der gesunde, reicht eine sehr kleine Menge des richtig angezeigten Mittels aus, um die Abwehrkräfte des Körpers zu aktivieren. So wurden besondere homöopathische Arzneiformen geschaffen, die den benötigten geringen Dosen gerecht werden. Ihre Herstellung ist im Homöopathischen Arzneibuch (HAB 1, gültig seit dem 1. 6. 1979) geregelt. Bevorzugt finden frische Pflanzen oder Pflanzenteile, aber auch Tiere, Mineralien und chemische Substanzen Anwendung. Auszüge aus frischen oder getrockneten Pflanzen und Pflanzenteilen, nach verschiedenen im HAB aufgeführten Vorschriften hergestellt, werden als Urtinkturen (Symbol ∅) bezeichnet. Sie dienen als Grundlage zur Bereitung von Verdünnungen. Der Buchstabe D (= Dezimalsystem) kennzeichnet Verdünnungen im Verhältnis 1:10, der Buchstabe C (= Centesimalsystem) Verdünnungen im Verhältnis 1:100. Die hinzugefügte Zahl gibt in der Regel die Anzahl der Verdünnungsschritte an:

D4 = C2 = Konzentration 1:10 000 = 0,01%

Jeder Verdünnungsgrad wird jeweils in einem eigenen Arbeitsvorgang ohne Überspringen einer Stufe hergestellt und erhält 10 starke Schüttelschläge (bei festen Substanzen intensive Ver-

reibung). Dieser Vorgang wird als Potenzieren bezeichnet, da gleichzeitig eine Steigerung der Arzneikraft erfolgen bzw. verborgene Arzneikräfte freigesetzt werden sollen. Auch von Potenzen über D 23, die nach der Avogadroschen Zahl theoretisch kein Molekül der Ausgangssubstanz mehr enthalten können, werden Arzneimittelwirkungen behauptet.
Manche homöopathische Arzneimittel haben unbestreitbare therapeutische Erfolge erbracht und werden heute durchaus nicht nur von Heilpraktikern, sondern auch von Ärzten verordnet.

Zubereitungen aus Drogen

In den im Handel befindlichen Arzneimitteln wie Tabletten, Dragées, Tropfen, Salben, Tees usw. sind die Drogen verschieden zubereitet enthalten, um ihre optimale Wirkung entfalten zu können. Auf den Arzneimittelpackungen wird die jeweilige Zubereitungsform meist in Abkürzungen (siehe Verzeichnis S. 22) zusammen mit dem Drogennamen und der Menge bzw. Konzentration angegeben. Ausgangsmaterial ist gewöhnlich die zerschnittene Droge. Früchte und Samen werden häufig durch Anstoßen oder Quetschen aufgeschlossen. Auch Drogenpulver werden verwendet. Wegen der oft beträchtlichen Schwankungen des Wirkstoffgehaltes ist es bei einigen Drogen notwendig, den Gehalt durch Einstellung mit indifferenten Stoffen festzulegen (z. B. Eingestelltes Digitalis-purpurea-Pulver, Digitalis purpureae pulvis normatus DAB 10). Hierzu können verschiedene Stärkearten, Milchzucker oder eine Droge mit höherem oder niedrigerem Wirkstoffgehalt benützt werden.
Folgende Drogenauszüge werden unterschieden:
Abkochungen (Decocta): Die Droge wird in Wasser von über 90°C geschüttet und im Wasserbad unter wiederholtem Umrühren 30 Minuten lang bei dieser Temperatur gehalten. Danach wird heiß durchgeseiht. Das Dekoktverfahren ist besonders für das Ausziehen derber Drogen wie Hölzer, Rinden, Wurzeln, Stengel, auch Bärentraubenblätter, oder für Drogen mit hitzebeständigen Inhaltsstoffen (einige Alkaloide, Saponine, Gerbstoffe) geeignet.
Aufgüsse (Infusa): Die Droge wird mit einer kleinen Menge Wasser durchgeknetet, 15 Minuten lang stehengelassen und dann mit dem Rest des zum Sieden erhitzten Wassers übergossen und im Wasserbad 5 Minuten lang unter wiederholtem Umrühren auf einer Temperatur von über 90°C gehalten. Danach beibt der Ansatz bedeckt bis zur Abkühlung stehen und wird anschließend durchgeseiht. Aufgüsse werden aus leicht extrahierbaren Drogen wie Blättern und Blüten oder solchen mit empfindlichen Wirkstoffen (Glykoside, ätherische Öle, Solanaceen-Alkaloide) hergestellt.
Mazerate (Macerata): Die Droge wird mit der angegebenen Menge Wasser von Raumtemperatur übergossen und unter gelegentlichem Umrühren 30 Minuten lang bei Raumtemperatur stehengelassen und anschließend durchgeseiht. Anwendung u. a. bei schleimhaltigen Drogen wie Eibischwurzel und Leinsamen.
Die beschriebenen wäßrigen Auszüge, die gewöhnlich aus 1 Teil Droge und 10 Teilen Wasser bereitet werden, haben wegen ihres unterschiedlichen Wirkstoffgehaltes und ihrer geringen Haltbarkeit viel von ihrer Bedeutung verloren (im DAB 10 nicht mehr enthalten). In der Apotheke hergestellt werden Zubereitungen zum baldigen Verbrauch. In der pharmazeutischen Industrie können sie als Zwischenprodukte nach Gefrier- oder Zerstäubungstrocknung zu Tabletten oder Dragées weiter verarbeitet werden.
Tinkturen (Tincturae) sind Auszüge aus Drogen, die mit Alkohol verschiedener Konzentration, gegebenenfalls mit bestimmten Zusätzen, so herge-

stellt werden, daß je nach Ausgangsmaterial 1 Teil Droge mit 5 oder mit 10 Teilen Extraktionsflüssigkeit ausgezogen wird. Die Herstellung erfolgt entweder durch Mazeration (unter bestimmten Bedingungen wird die Droge mehrere Tage mit dem Extraktionsmittel stehengelassen) oder Perkolation. Hierbei tropft das Extraktionsmittel kontinuierlich durch die Droge, die sich in langen, engen zylindrischen oder konischen Gefäßen (Perkolatoren) befindet.

Extrakte (Extracta) nennt man konzentrierte, gegebenenfalls auf einen bestimmten Wirkstoffgehalt eingestellte Zubereitungen. Herstellung durch Mazeration, Perkolation oder andere Verfahren. Nach der Beschaffenheit werden unterschieden:

Fluidextrakte (Extracta fluida) werden mit Alkohol oder mit Mischungen aus Alkohol und Wasser gegebenenfalls mit bestimmten Zusätzen so hergestellt, daß aus 1 Teil Droge höchstens 2 Teile Fluidextrakt gewonnen werden.

Dickextrakte (Extracta spissa) sind ganz oder teilweise vom Lösungsmittel befreit. Sie sind zähflüssig und werden weitgehend durch Einengen der Drogenauszüge dargestellt.

Trockenextrakte (Extracta sicca) werden durch Einengen und Trocknen flüssiger Extrakte erhalten. Das Entfernen der Extraktionsflüssigkeit erfolgt gewöhnlich in speziellen Apparaturen unter vermindertem Druck, so daß die Temperatur des Extraktes nicht über 50°C ansteigt.

Noch schonender ist die Herstellung durch Sprüh- oder Zerstäubungstrocknung. Die unter Druck durch Düsen gepreßte oder durch schnell rotierende Scheiben fein zerstäubte Flüssigkeit trifft in großen Kammern auf einen Warmluftstrom, der alle Flüssigkeit augenblicklich entzieht. Das so gewonnene Produkt ist in Wasser schnell und ohne Rückstand wieder löslich (Pulvertees). Ganz ohne Wärmeanwendung verläuft die Gefriertrocknung, die aber bisher wegen des hohen Preises nur bei hochwertigen Stoffen und bei einigen Konsumgütern (Kaffee) eingesetzt wird.

Für die Mehrzahl pflanzlicher Arzneizubereitungen wird getrocknetes Material verwendet, nur wenige verlan gen frische Pflanzen oder Pflanzenteile. Außer den homöopathischen Zubereitungen (siehe S. 13) sind dieses:

Preßsäfte (Succi), die man durch Auspressen frischer Früchte erhält. Sie dienen meist als Ausgangsstoff für die entsprechenden Sirupe.

Sirupe (Sirupi), die einen hohen Anteil Zucker und Arzneizusätze oder Pflanzenauszüge enthalten (Himbeersirup – Sirupus Rubi Idaei). Sie dienen meist der Geschmacksverbesserung.

Fruchtmuse (Pulpae), eingedickte zerquetschte Fruchtteile (Pflaumenmus – Pulpa Prunorum)

und einige Auszüge, die durch Mazeration mit fettem Öl hergestellt werden (Johannisöl – Oleum Hyperici).

Die Wirkstoffe der Drogen

Die Wirkstoffe der Drogen sind meistens organisch- chemischer Natur. Mineralstoffe spielen nur eine untergeordnete Rolle, sieht man von den in ihrer Wirksamkeit ohnehin umstrittenen kieselsäurereichen Drogen (Hohlzahn, Vogel-Knöterich, Schachtelhalm) ab, den jodführenden Meeresalgen (Blasentang) oder einigen Pflanzen, bei denen ein hoher Kaliumgehalt an der harntreibenden Wirkung beteiligt sein dürfte (Spargel).

Meist tritt der Einfluß eines Inhaltsstoffes, des Hauptwirkstoffes, besonders deutlich hervor. Die Gesamtwirkung der Droge ist aber häufig nicht nur durch diesen einen Bestandteil erklärbar, sondern beruht auf dem Vorkommen weiterer Stoffe, den Nebenwirkstoffen, die den Hauptwirkstoff unterstützen oder auch hemmen können. So kann der Gesamtpflanzenauszug gegenüber dem isolierten Hauptwirkstoff Vorzüge oder Nachteile zeigen und manchmal sogar wesentlich andere Eigenschaften aufweisen. Außer den Nebenwirkstoffen enthält die Droge indifferente Begleitstoffe (Ballaststoffe), die für die Heilkraft von untergeordneter Bedeutung sind.

Ätherische Öle

Ätherische Öle (lateinisch zur Unterscheidung vom fetten Öl (Oleum) Aetheroleum genannt) zeichnen sich wegen ihrer leichten Flüchtigkeit durch einen charakteristischen, meist angenehmen Geruch aus. Sie sind überwiegend flüssig und von „öliger" Beschaffenheit. Im Gegensatz zu den fetten Ölen hinterlassen sie auf Papier keinen bleibenden Fleck und sind auch chemisch nicht mit ihnen verwandt. Sie enthalten eine Vielzahl von Verbindungen, wobei Monoterpene, Sesquiterpene, Diterpene und Phenylpropankörper besonders häufige Bestandteile sind. Da ätherische Öle in Wasser schwer löslich sind, aber mit Wasserdampf leicht flüchtig, lassen sie sich durch Wasserdampfdestillation aus den Pflanzen gewinnen. Extraktionsverfahren mit organischen Lösungsmitteln (Petroläther) sind sehr viel aufwendiger und werden besonders bei der Herstellung der empfindlichen Blütenöle in der Parfümindustrie angewendet. Auch die Extraktion mit Fetten ist möglich. Citrus-Öle können direkt durch Auspressen der Fruchtschalen gewonnen werden.
Besonders reich an ätherischen Ölen sind die Doldenblütler, Lippenblütler, Rautengewächse und Kieferngewächse. Entsprechend ihrer chemischen Vielfalt haben ätherische Öle zahlreiche therapeutische Verwendungsmöglichkeiten.
Senfölhaltige ätherische Öle, Terpentinöl, Rosmarinöl u. a. haben vor allem hautreizende Wirkung. Je nach Öl und Dauer der Einwirkung kommt es zu einer verstärkten Durchblutung mit Rötung und Wärmegefühl, aber auch Entzündungen und Blasenbildung können auftreten. Reflektorisch sind daneben eine Reihe von Fernwirkungen auf innere Organe möglich, wie Verbesserung der Atmung oder Verstärkung und Beschleunigung der Herztätigkeit. Solche Öle sind vorwiegend in Einreibungen gegen rheumatische Erkrankungen und Nervenschmerzen enthalten.
Sehr häufig werden ätherische Öle als Hustenmittel verwendet. Für Inhalationen sind vor allem Latschenkiefernöl und Eukalyptusöl geeignet. Fenchel-, Anis- oder Thymianöl werden nach Einnahme teilweise durch die Lungen ausgeschieden und entfalten dort ihre auswurffördernde und antiseptische Wirkung. Letztere hat auch in vielen Mundpflegemitteln Bedeutung (Salbei, Menthol der Pfefferminze, Thymol des Thymians). Als pflanzliches Antibiotikum wurde das Benzylsenföl der Kapuzinerkresse entdeckt, das bei Infekten der Atem- und Harnwege eingesetzt wird.
Groß ist die Zahl der Drogen, die aufgrund ihres ätherischen Ölgehaltes als verdauungs- und appetitfördernde Mittel bzw. als Gewürze verwendet werden. Durch Reizung der Geruchs- und Geschmacksnerven und der Schleimhäute des Magens wird die Magensaftsekretion angeregt. Sind neben den ätherischen Ölen noch Bitterstoffe enthalten, werden diese Drogen auch als Aromatica amara bezeichnet (Beifuß, Bitterorangen, Kalmus, Meisterwurz u. v. a.). Die blähungstreibende Wirkung mancher Öle (Carminativa) soll auf krampflösenden und gewissen darmdesinfizierenden Eigenschaften beruhen. Zu diesen Drogen gehören u. a. Fenchel, Koriander, Kümmel, auch Knoblauch und Kamille.
Einige Drogen enthalten ätherische Öle, die durch Reizung der Nieren die Harnausscheidung fördern. Bei Überdosierung kann es allerdings zu Nierenschädigungen kommen wie bei Liebstöckelwurzel, Petersilienfrüchten oder Wacholderbeeren. Ebenso können schon verhältnismäßig niedrige Dosen von gebärmuttererregenden Ölen, die früher mißbräuchlich auch als Abtreibungsmittel verwendet wurden, zu schweren Gesundheitsschäden

führen oder sogar tödlich wirken. Ferner dienen ätherische Öle als Geruchs- und Geschmackskorrigentien für Nahrungsmittel und Medikamente.

Alkaloide

Alkalodie sind kompliziert gebaute stickstoffhaltige organische Verbindungen mit basischem Charakter. Sie zeigen starke physiologische Wirkungen auf Menschen und Tiere und gehören zum Teil zu den stärksten Giftstoffen, die wir überhaupt kennen, so daß häufig schon wenige Milligramm gefährliche Vergiftungen oder sogar den Tod herbeiführen können. In geeigneter Dosierung sind sie dagegen häufig sehr wirksame Heilmittel. Alkaloiddrogen und daraus hergestellte Präparate unterliegen weitgehend der Rezeptpflicht.
Bei einem großen Teil der Alkaloide kann man als chemische Grundbausteine jeweils eine bestimmte Aminosäure erkennen, und zwar hauptsächlich Lysin, Ornithin, Histidin, Phenylalanin oder das Tryptophan. Nach der jeweils zugrundeliegenden Aminosäure lassen sich die Alkaloide in verschiedene Gruppen unterteilen. Jedoch werden auch manche Stoffe als Alkaloide bezeichnet, die keiner dieser Gruppen zugeordnet werden können. Meistens treten in einer Pflanzenart mehrere strukturell nahe verwandte Alkaloide auf, wobei aber eines in der Regel mengenmäßig überwiegt. Es wird als Hauptalkaloid, die anderen als Nebenalkaloide bezeichnet. Die Namen der Alkaloide werden gewöhnlich vom Gattungs- oder Artnamen der Pflanze abgeleitet, aus der sie erstmals isoliert wurden, z. B. Nicotin aus *Nicotiana*, Atropin aus *Atropa* u. a. oder auch manchmal nach ihrer pharmakologischen Wirkung (Morphin). Alkaloidreiche Familien sind die Hahnenfußgewächse (z. B. Eisenhut, Rittersporn), Liliengewächse (Herbst-Zeitlose, Nieswurz), Mohngewächse (Schöllkraut, Schlaf-Mohn) und Nachtschattengewächse (Bilsenkraut, Stechapfel, Tollkirsche). Bei Niederen Pflanzen bis zu den Moosen fehlen sie dagegen mit Ausnahme des Mutterkorns.

Anthraglykoside

Drogen mit Anthraglykosiden sind viel benutzte Abführmittel. In der frischen Pflanze sind vor allem Anthron- bzw. Anthranol- oder auch Dianthronglykoside enthalten, die mit zunehmender Reife (z. B. bei Kreuzdornbeeren) oder Lagerung der Droge (z. B. bei Faulbaumrinde) zu Anthrachinonglykosiden oxydiert werden. Wirksam ist die Anthronform, die im Dickdarm enzymatisch aus den Glykosiden freigesetzt wird oder die in kleinen Mengen mit Hilfe von Darmbakterien aus den Anthrachinonen entsteht. Diese regt die Peristaltik des Dickdarms an und steigert die Sekretion der Schleimdrüsen. Anthrachinonhaltige Abführmittel stehen im Verdacht, nach langem Gebrauch an der Entstehung von Dickdarmkrebs beteiligt zu sein.
Von den einheimischen bzw. bei uns kultivierten Pflanzen enthalten u. a. Faulbaum, Krauser Ampfer, Kreuzdorn, Rhabarber und Sauerampfer Anthraglykoside. Pflanzen mit chemisch verwandten Inhaltsstoffen hatten früher als Lieferanten der Anthrachinonfarbstoffe große wirtschaftliche Bedeutung, wie z. B. Krappwurzel, die Alizarin lieferte. Buchweizen und Johanniskraut enthalten mit dem photosensibilisierenden Fagopyrin und Hypericin ebenfalls Anthraverbindungen.

Bitterstoffe

Es gibt eine große Anzahl intensiv bitter schmeckender Pflanzen. Als Bitterstoffdrogen werden jedoch nur diejenigen bezeichnet, die ausschließlich wegen ihres bitteren Geschmacks verwendet werden, darüber hinaus aber keine weiteren Wirkungen entfalten, wie etwa die ebenfalls bitter schmekkenden herzwirksamen Glykoside oder manche Alkaloide. Chemisch leiten sie sich meist von den Terpenen ab und haben als auffällige Strukturelemente Lactonringe. Ihre therapeutische Wirkung liegt in der Steigerung der Magensaftsekretion und der Erhöhung des Säuregrades des Magensaftes. Auch Speichel- und Gallensaftsekre-

tion werden günstig beeinflußt. So werden Appetit und Verdauung angeregt, Fäulnis- und Gärungsvorgänge verhindert oder beseitigt. Durch verbesserte Eiweißverdauung kommt es auch direkt zu einer kräftigenden Wirkung, z. B. während der Genesung. Letzteres dürfte die früher übliche Anwendung der Bitterstoffdrogen gegen Fieber erklären. Zubereitungen aus Bitterstoffdrogen müssen etwa eine halbe Stunde vor den Mahlzeiten eingenommen werden, damit sie ihre optimale Wirkung entfalten können.
Besonders häufig findet man Bitterstoffe bei den Enziangewächsen, Korbblütlern und Lippenblütlern. Enzianwurzel, Benediktenkraut, Tausendgüldenkraut und Wermutkraut sind die gebräuchlichsten Bitterstoffdrogen.

Cumarine

Cumarin, ein o-Hydroxyzimtsäurelacton, ist als Duftstoff des Waldmeisters und des Ruchgrases gut bekannt. In frischen Pflanzen liegt diese Substanz im allgemeinen in glykosidischer Bindung vor und wird erst während des Trocknens freigesetzt. Längerer Aufenthalt in stark duftendem Heu oder zu reichlicher Genuß cumarinhaltiger Getränke (Waldmeisterbowle) führt zu Kopfschmerzen und Benommenheit. Cumarindrogen, zu denen auch der Steinklee (Herba Meliloti) gehört, finden nur noch selten medizinische Anwendung. Große Bedeutung erlangte dagegen das Dicumarol (aus 2 Molekülen 4-Hydroxycumarin bestehend), das sich in verschimmeltem Steinklee-Heu bildet und zu Viehvergiftungen führte. Man entdeckte die blutgerinnungshemmenden Eigenschaften der Substanz und entwickelte synthetische Derivate, die vor allem zur Behandlung von Thrombosen eingesetzt werden.
Besonders die Familien der Doldenblütler und Rautengewächse enthalten Furocumarine (Furanocumarine) wie Bergapten, Isopimpinellin, Psoralen und Xanthotoxin, die als photosensibilisierende Substanzen die Ursache von Lichtkrankheit (Wiesendermatitis, Badedermatitis) sind. Nach Berührung mit dem Saft der betreffenden Pflanzen (Bärenklau, Engelwurz, Pastinak, Schafgarbe u. a.), z. B. durch Lagern auf frisch gemähten Wiesen, wird die Haut an diesen Stellen gegen Sonnenlicht sensibilisiert, und es kommt zu Hautrötungen und Entzündungen und manchmal auch zu schweren Störungen des Allgemeinbefindens. Hautpigmentierungen, die nach Verwendung von Kölnisch Wasser bei Sonneneinstrahlung auftreten, beruhen auf dem Gehalt an Bergapten im Bergamottöl. Medizinisch kann diese Eigenschaft der Furocumarine innerlich und äußerlich bei Pigmentanomalien der Haut genützt werden (siehe Großer Ammei). Der allgemeine Gebrauch dieser Mittel zur Erzielung einer intensiven Hautbräunung ist aber wegen giftiger Nebenwirkungen nicht möglich. Dagegen verwendet man Hydroxy- und Methoxycumarine (z. B. Aesculin) in Sonnenschutzpräparaten, da sie UV-Licht bestimmter Wellenlänge absorbieren. Weitere Cumarinderivate (Khellin, Visnagin), die im Echten Ammei enthalten sind, werden als herzkranzgefäßerweiternde und krampflösende Mittel eingesetzt.

Fette Öle

Fette Öle finden sich in der Pflanze vorwiegend in Samen und Früchten. Sie bestehen in der Hauptsache aus Glyceriden, Estern des Glycerins mit verschiedenen Fettsäuren, insbesondere Ölsäure, Linolsäure (ungesättigte Fettsäuren), Palmitin- und Stearinsäure (gesättigte Fettsäuren). Daneben sind Phosphatide, Phytosterine und fettlösliche Vitamine enthalten. Öle haben im Gegensatz zu den festeren Fetten, die vorwiegend im Tierreich gebildet werden, einen hohen Anteil ungesättigter Fettsäuren und sind daher bei Zimmertemperatur flüssig.
Essentielle Fettsäuren (Vitamin F) können vom menschlichen Körper nicht selbst gebildet, sondern müssen mit der Nahrung aufgenommen werden. Hierzu gehören die mehrfach ungesättigten Fettsäuren wie Linolsäure, Linolensäure und Arachidon-

säure, die als biologische Vorstufen der Prostaglandine angesehen werden. Da sie den Blutcholesterinspiegel zu senken vermögen, spricht man ihnen eine vorbeugende Wirkung gegen arteriosklerotische Erkrankungen zu. Besonders reichlich sind sie in Leinöl, Erdnußöl und Weizenkeimöl enthalten.
Pharmazeutische Bedeutung haben Öle ferner wegen ihrer schützenden, entzündungswidrigen Wirkung auf der Haut und als Träger für fettlösliche Arzneistoffe. Einige Öle entfalten spezielle Wirkungen, die auf Begleitstoffen oder besonderen Fettsäuren beruhen, wie zum Beispiel Rizinusöl.

Flavonoide

Flavone (lat. flavus = gelb) erhielten ihren Namen nach zum Gelbfärben von Wolle und Baumwolle verwendeten Pflanzenstoffen. Später bezeichnete man alle Stoffe mit dem gemeinsamen Grundkörper des 2-Phenylbenzopyrons unabhängig von ihrer Farbe als Flavonoide. Dazu gehören die Flavone (Apigenin, Luteolin), Flavonole (Kämpferol, Quercetin u. a. mit den Glykosiden Quercitrin und Rutin), Flavonone (Hesperetin mit dem Glykosid Hesperidin), Flavanonole (Silybin), Isoflavone (Genistein), auch die Anthocyanidine und Catechine sind verwandt. Flavonoide liegen häufig glykosidisch gebunden vor. Inzwischen wurden sie in sehr vielen Pflanzen nachgewiesen, als Hauptwirkstoffe treten sie jedoch seltener hervor.
Von medizinischem Interesse sind besonders das Rutin (z. B. in Roßkastanien, Weinraute, Buchweizen) und das Hesperidin (in Citrus-Früchten), die eine krankhaft erhöhte Kapillardurchlässigkeit und Kapillarbrüchigkeit vermindern sollen. Sie werden auch als Permeabilitätsfaktoren, Bioflavonoide und früher als Vitamin P bezeichnet. Zur Anwendung kommen sie in Präparaten gegen Krankheiten, die mit einer verminderten Kapillarresistenz einhergehen, z. B. Venenerkrankungen, Arteriosklerose, Bluthochdruck, Diabetes, Skorbut u. a.
Einen Einfluß auf die Herztätigkeit haben die Flavonoide von Arnika und Weißdorn, harntreibende Wirkung besonders die von Birkenblättern, Goldrutenarten, Hauhechelwurzel, Schachtelhalm u. a. Die krampflösende Wirkung der Süßholzwurzel wird ebenfalls auf Flavonoide zurückgeführt wie auch die Leber-Galle-Wirkung der Mariendistel und der Sand-Strohblume. Genistein (im Färberginster) hat östrogene Eigenschaften. Ob die Wirkung der klassischen schweißtreibenden Drogen, Lindenblüten und Holunderblüten, auf dem Gehalt an Flavonoiden beruht, ist umstritten.

Gerbstoffe

Gerbstoffe sind im Pflanzenreich weit verbreitete, kompliziert gebaute organische Verbindungen, die tierische Haut in Leder umwandeln, also gerben können. Dieser Vorgang beruht auf der Eigenschaft der Gerbstoffe, mit den Eiweißkörpern der Haut unlösliche Komplexe zu bilden. Medizinisch nutzt man diese eiweißfällende Wirkung, die bei niedriger Konzentration der Gerbstoffe auf Haut und Schleimhäuten zu einer oberflächlichen Verdichtung des Gewebes und Ausbildung einer schützenden Membran führt und als adstringierend (zusammenziehend) bezeichnet wird. Die Folge davon sind u. a. Herabsetzung der Wundsekretion, Schmerzminderung, Stillung kapillärer Blutungen, Verhinderung der Resorption giftiger Zerfallsprodukte und Eindringen der Krankheitserreger in tiefere Wundschichten. Dadurch, daß auch das Protoplasma von Bakterien dieser Wirkung unterliegt, haben die Gerbstoffe auch bakterienhemmende oder abtötende Wirkung. Zubereitungen gerbstoffhaltiger Drogen verwendet man daher lokal zur Heilung von Wunden und entzündeten Schleimhäuten im Mund- und Rachenraum, bei Hämorrhoiden, Frostschäden und kleineren Verbrennungen, innerlich bei Magen- und Darmkatarrhen und Durchfällen.
Gerbstoffe finden sich in den Pflanzen vorzugsweise in der Rinde und in den Wurzeln, aber auch Früchte und Blätter sind teilweise gerbstoffreich. Besonders gerbstoffreiche Pflanzen-

familien sind Buchengewächse, Heidekrautgewächse, Rosengewächse, Schmetterlingsblütler, Storchschnabelgewächse und Weidengewächse, gerbstofffrei sind z. B. Kreuzblütler und Mohngewächse. In manchen Drogen sind Gerbstoffe als Hauptwirkstoffe enthalten, wie z. B. in Eichenrinde und Blutwurz. Als Begleiter anderer wirksamer Inhaltsstoffe sind sie oft wertvoll, wie in Salbei oder Pfefferminze, wo sie u. a. die Wirkung der ätherischen Öle unterstützen, in anderen zeigen sie unerwünschte Wirkungen, wie in Bärentraubenblättern, wo sie durch die hohe Dosis Reizung der Magen- und Darmschleimhäute mit Erbrechen auslösen können.
Chemisch werden Gerbstoffe in zwei Hauptgruppen unterteilt:
1. Hydrolysierbare Gerbstoffe (Tannine) sind esterartige Verbindungen, vor allem der Gallussäure (Gallotannine) oder der sekundär aus zwei Molekülen Gallussäure gebildeten Ellagsäure (Ellagengerbstoffe). Gallotannine sind zum Beispiel in Galläpfeln enthalten, Ellagengerbstoffe in Walnußblättern.
2. Kondensierte Gerbstoffe (Catechingerbstoffe) enthalten Grundbausteine, die mit den Flavonoiden und Anthocyanen chemisch nahe verwandt sind, z. B. Catechin und Leucoanthocyanidin. Durch Kondensation oder Polymerisation gehen sie in wasserunlösliche, therapeutisch wertlose Produkte über, die häufig rotbraun gefärbten Phlobaphene (Gerbstoffrote). Bei unsachgemäßer und längerer Lagerung der Droge tritt daher ein allmählicher Wirkungsverlust ein. Die Blutwurz und Eichen-Arten enthalten hauptsächlich kondensierte Gerbstoffe. Viele Drogen enthalten ein Gemisch der verschiedenen Gruppen oder solche noch unbekannter Konstitution.

Herzwirksame Glykoside

Über 100 herzwirksame Glykoside sind bisher aus Pflanzen isoliert worden. Das erste wurde im Roten Fingerhut *Digitalis purpurea* entdeckt, und so bezeichnete man im Gegensatz zu den eigentlichen Digitalisglykosiden die Herzglykoside anderer Pflanzen als Digitaloide (digitalisähnliche Wirkstoffe). Chemisch sind sie durch ein Steroidgerüst gekennzeichnet, das einen für die Herzwirkung notwendigen, fünfgliedrigen (Cardenolide) oder auch seltener sechsgliedrigen (Bufadienolide) Lactonring trägt. In der Natur kommen sie als Glykoside mit meist mehreren linear verknüpften Zuckern vor. Ihre Wirksamkeit liegt in der Normalisierung der Kontraktionskraft eines in seiner Leistung geschwächten (insuffizienten) Herzmuskels. Hierzu sind nur winzige Dosen erforderlich, die am gesunden Herzmuskel noch keine Wirkung zeigen. Die toxische Dosis liegt jedoch nur wenig darüber, so daß eine ständige Überwachung des Patienten mit Anpassung der Dosis an den Glykosidbedarf erforderlich ist. Alle Herzglykoside haben diese spezifische Wirkung am Herzen, sie unterscheiden sich aber wesentlich in der Schnelligkeit des Wirkungseintritts, der Verweildauer im Körper und in ihrer Verträglichkeit. So werden trotz der großen Anzahl von Pflanzen mit Herzglykosiden nur relativ wenige arzneilich genutzt. Mit weitem Abstand sind dies der Rote Fingerhut (*Digitalis purpurea*) und der Wollige Fingerhut (*D. lanata*), die ausländischen *Strophanthus*-Arten und auch noch relativ häufig die Meerzwiebel (*Urginea maritima*). Neben wenigen Präparaten, die Drogenzubereitungen enthalten, werden zunehmend die isolierten Glykoside und auch partialsynthetische Abkömmlinge verwendet. Von einigen weiteren Pflanzen wie Adonisröschen, Maiglöckchen oder Oleander sind Gesamtdrogenauszüge oder Glykosidfraktionen häufig auch untereinander gemischt im Handel. In jedem Fall ist durch die große Giftigkeit der herzwirksamen Glykoside eine Standardisierung der Droge erforderlich, um eine möglichst konstante Wirkungsstärke zu gewährleisten. Die Bestimmungen der Wirkwerte der Drogen werden biologisch an Meerschweinchen (MSE = Meerschweincheneinheiten) oder Katzen (KE = Katzeneinheiten), früher vorwiegend an Fröschen (FD = Froschdosen) durchgeführt.

Saponine

Saponine haben wegen ihrer Eigenschaft, wie Seife mit Wasser zu schäumen (sapo = Seife), ihren Namen erhalten. Chemisch haben sie aber mit Seife nichts zu tun, sondern stellen glykosidische Pflanzenstoffe dar. Nach dem Aufbau ihrer Aglykone, die Sapogenine genannt werden, unterteilt man sie in zwei Gruppen, Steroidsaponine und Triterpensaponine. Steroidsaponine sind u. a. mit den herzwirksamen Glykosiden verwandt. Sie kommen als Begleitstoffe in Fingerhutblättern und im Maiglöckchen vor, hauptsächlich aber in ausländischen einkeimblättrigen Pflanzen (u. a. *Dioscorea*-Arten), wo sie als Ausgangssubstanzen für die Synthese von Sexualhormonen und Cortisonen eine wesentliche Rolle spielen. Saponine als Wirkstoffe von Arzneipflanzen gehören vorwiegend zum Typ der Triterpensaponine.
Saponine bewirken Hämolyse, d. h. Austritt des Blutfarbstoffes Hämoglobin aus den roten Blutkörperchen in die umgebende Flüssigkeit. Daher sind sie, durch Injektion unmittelbar in die Blutbahn gebracht, stark giftig. Über den Magendarmkanal werden sie nur selten resorbiert, wie z. B. bei Alpenveilchen, Einbeere oder Kornrade, und rufen dann entsprechende Vergiftungen hervor. Bei Einwirkung am Auge lösen Saponine Tränenfluß und Entzündungen aus, in der Nase vermehrte Sekretion und Niesreiz (zu Schnupfpulvern!).
Arzneiliche Anwendung finden Saponindrogen, z. B. Efeu, Primel, Seifenkraut, Süßholz, Veilchen, als auswurffördernde Hustenmittel. Die Wirkung soll auf der Reizung der Magenschleimhaut und der damit verbundenen reflektorischen Steigerung der Bronchialsekretion beruhen. Hinzu kommt eine gewisse Verflüssigung des Sekretes, die ein leichteres Abhusten ermöglicht. Auch im Magendarmkanal selbst kommt es zu einer erhöhten Sekretion, daher sind Saponindrogen Bestandteile von Blutreinigungsmitteln. Schließlich wird einigen von ihnen auch harntreibende Wirkung zugesprochen (Bruchkraut, Schachtelhalm). Bekannt ist, daß Saponine die Resorption anderer Arzneistoffe verbessern und dadurch die Wirkung erhöhen können, so daß manchmal Gesamtdrogenextrakte dem isolierten Wirkstoff vorgezogen werden.

Schleime

Pflanzenschleime haben die Eigenschaft, mit Wasser stark zu quellen und zähflüssige, kolloidale Lösungen zu bilden. Sie sind nichteinheitliche Gemische von Polysacchariden oder mit ihnen chemisch verwandten Körpern. Im Darm haben sie durch ihr Wasserrückhaltevermögen und die dadurch bedingte Volumenvermehrung anregende Wirkung auf die Darmperistaltik. Schleimhaltige Drogen, besonders Leinsamen und Flohsamen, werden daher als milde Abführmittel verwendet. Als sogenannte „einhüllende“ Mittel (Mucilaginosa) schwächen sie die Wirkung örtlich reizender und entzündungserregender Stoffe. Bei entzündeten Schleimhäuten sowohl der oberen Luftwege als auch im Magen-Darm-Bereich vermindern sie die Sekretion und binden Sekrete und reizend wirkende Zersetzungsprodukte. Ferner dämpfen sie die Empfindlichkeit der Geschmacksnerven, so daß sie sauer, bitter oder scharf schmeckenden Arzneimitteln zur Geschmacksverbesserung beigegeben werden. In heißen Umschlägen (Kataplasmen) wirkt sich auch das Wärmespeichervermögen der Schleime günstig aus (Leinsamen, Bockshornsamen).
Schließlich sind Schleime wichtige Hilfsmittel bei der Herstellung von Emulsionen, Tabletten und Nahrungsmitteln (besonders Algenschleime). Eibisch, Huflattich, Malven-Arten und Isländisches Moos sind weitere Pflanzen mit hohem Schleimgehalt.

Stärken (Amyla)

In der Pflanze wird ein Teil des gebildeten Zuckers zu Stärke umgewandelt und in verschiedenen Organen gespeichert. Die pharmazeutisch wichtigen

Stärkesorten finden sich in den Sproßknollen der Kartoffeln (Kartoffelstärke) oder in den Früchten der Getreidearten (Maisstärke, Reisstärke, Weizenstärke). Größe und Form der Stärkekörner sind artabhängig, so daß man die botanische Herkunft unter dem Mikroskop bestimmen kann. Arzneilich werden Stärken als reizlose und indifferente Pudergrundlagen verwendet. Durch großes Wasseraufnahmevermögen wirken sie kühlend und verhindern gleichzeitig durch ihre Gleitwirkung weitere Entzündungen, indem sie mechanische Reize fernhalten. Da sie außerdem leicht verdaulich sind und auch im Magendarmkanal reizlindernde Eigenschaften entfalten, findet man sie als Bestandteile vieler Diätetika. Ferner werden sie zur Verdünnung pulverförmiger Arzneimittel und wegen ihrer Quellfähigkeit auch als Tablettensprengmittel herangezogen. Großtechnisch dienen sie u. a. zur Gewinnung von Traubenzucker, Dextrinen, Verdickungsmitteln und Appreturen.

Gebräuchliche pharmazeutische Bezeichnungen und Abkürzungen für Drogen, Zubereitungen und ihre Eigenschaften

aethereus (aeth.) *ätherisch, mit Äther bereitet*
Aetheroleum *ätherisches Öl*
Amylum (Amyl.) *Stärke*
aquosus (aquos.) *wäßrig, mit Wasser bereitet*
aromaticus (aromatic.) *würzig, aromatisch*

Baccae (Bacc.) *Beeren*
Balsamum (Balsam.) *Balsam*
Bulbus (Bulb.) *Zwiebel*

Calyx, cum (sine) Calycibus *Kelch, mit (ohne) Kelche(n)*
compositus (comp., cps.) *zusammengesetzt*
concentratus (concentr.) *konzentriert*
concisus (conc.) *geschnitten*
contusus (cont.) *zerstoßen, zerquetscht*
Cortex, Cortices (Cort.) *Rinde, Rinden*

Decoctum (Dec.) *Dekokt, Abkochung*
decorticatus (decort.) *entrindet, geschält*
depuratus (dep.) *gereinigt*
Dilutio (Dil.) *Verdünnung*
dilutus (dil.) *verdünnt*

Extractum (Extr.) *Extrakt, Auszug mit Lösungsmitteln*

Flos, Flores (Flor.) *Blüte, Blüten*
fluidus (fluid. fld.) *flüssig*
Folium, Folia (Fol.) *Blatt, Blätter*
Fructus (Fruct.) *Frucht, Früchte*

Gemmae (Gem.) *Knospen*
Germina (Germ.) *Keime*
Glandulae (Gland.) *Drüsen*
grossus (gross.) *grob*
Guttae (gtts.) *Tropfen*

Herba (Herb.) *Kraut*

Infusum (Inf.) *Infus, Aufguß*
inspissatus (inspiss.) *eingedickt*

Lignum (Lign.) *Holz*
liquidus (liqu.) *flüssig*

Liquor (Liqu.) *Flüssigkeit*

Maceratio (Macerat., Mac.) *Mazerat, Kaltwasserauszug*
Mucilago (Mucil.) *Schleim*
mundatus (mund.) *geschält*

normatus (norm.) *auf einen bestimmten Wirkwert eingestellt*

oleosus (oleos., ol.) *ölig, mit Öl bereitet*
Oleum (Ol.) *Öl*

paratus (parat.) *bereitet*
Pericarpium (Pericarp.) *Fruchtschale*
Pix *Teer*
Planta, e planta tota *Pflanze, aus der ganzen Pflanze*
Pulpa (Pulp.) *Mus*
pulveratus (pulv.) *gepulvert*
Pulvis (Pulv., Plv.) *Pulver*
purus (pur.) *rein*

Radix, Radices (Rad.) *Wurzel, Wurzeln*
raffinatus (raff.) *raffiniert, gereinigt*
rectificatus (rect.) *rektifiziert, gereinigt*
recens, recenter (rec.) *frisch*
Resina (Res.) *Harz*
Rhizoma (Rhiz.) *Wurzelstock*

Semen, cum (sine) Semine *Same, mit (ohne) Samen*
siccatus (sicc.) *getrocknet*
siccus (sicc.) *trocken*
Solutio (Sol.) *Lösung*
solutus (sol.) *gelöst*
Species (Spec.) *Teemischung*
spirituosus (spir.) *alkoholisch, mit Alkohol bereitet*
spissus (spiss.) *zäh, dick*
standardisatus (stand.) *standardisiert, auf einen bestimmten Wirkwert gebracht*
Stigmata (Stig.) *Narben*
Stipites (Stip.) *Stengel*
subtilis (subt.) *fein*
Succus (Succ.) *Saft*
Summitates (Summ.) *Zweigspitzen*

Tinctura (Tinct., Tct.) *Tinktur*
titratus (titr.) *auf einen bestimmten Wirkwert eingestellt*
totus (tot.) *ganz*
Tubera (Tub.) *Knollen*
Turiones (Tur.) *Sprosse*

Die wichtigsten botanischen Fachausdrücke

Blütenpflanze

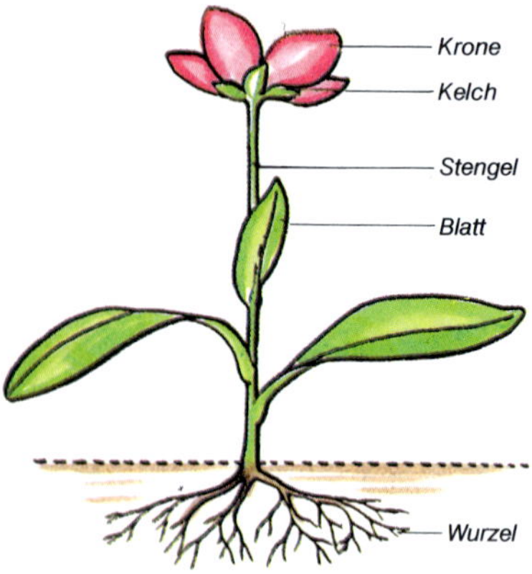

Blüte

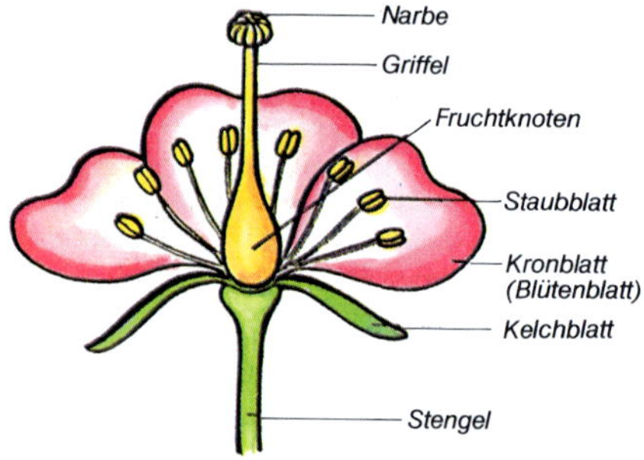

Sproßaufbau

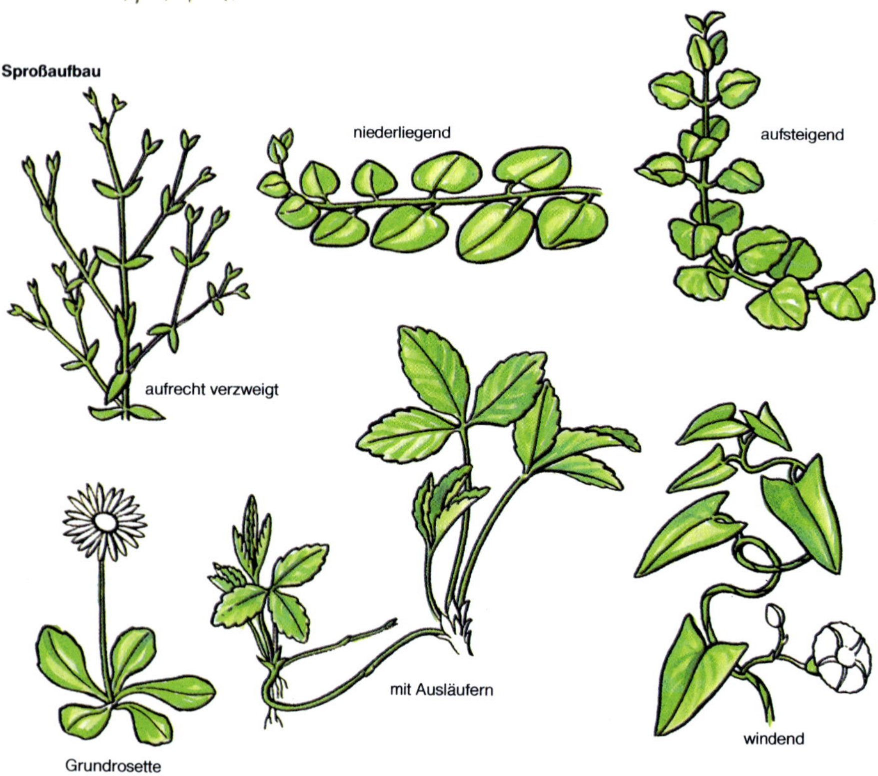

Blütenkrone radiär

Blüten in Köpfchen

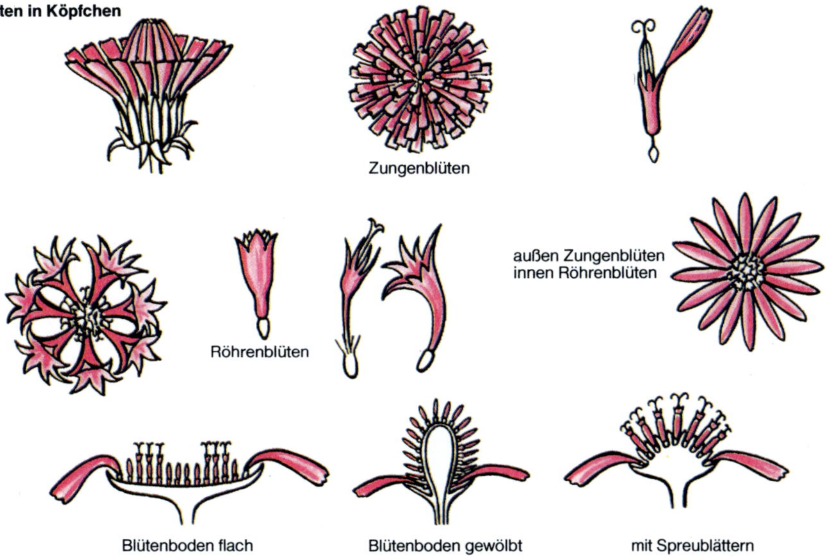

Blüten zweiseitig-symmetrisch

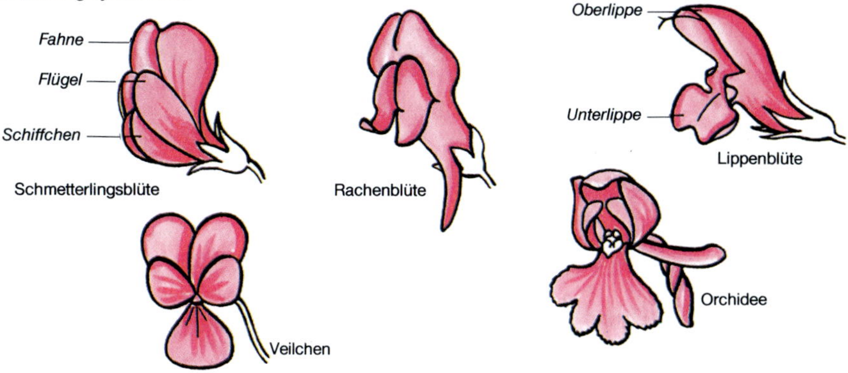

Kelch

getrenntblättrig

verwachsen

bauchig

aufgeblasen

nervig

zweilippig

Außenkelch

Blütenstände

Ähre

Kolben

Traube

einseitswendige Traube

Wickel

Rispe

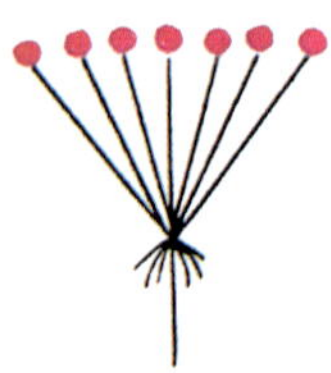
Dolde mit Hülle

zusammengesetzte Dolde
mit Hülle und Hüllchen

Dichasium

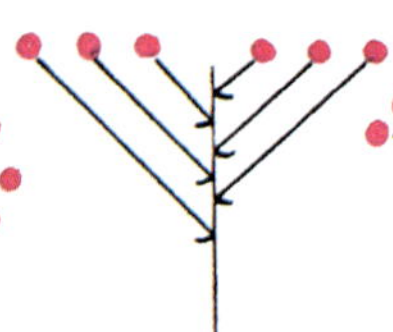
Doldentraube

Doldenrispe

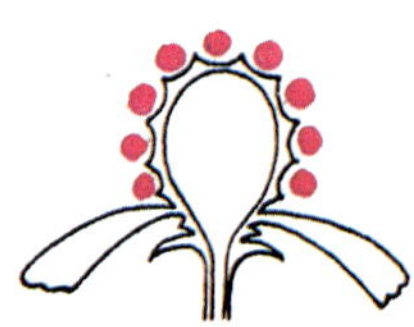
Köpfchen

Scheindolden, Trugdolden

Das Blatt

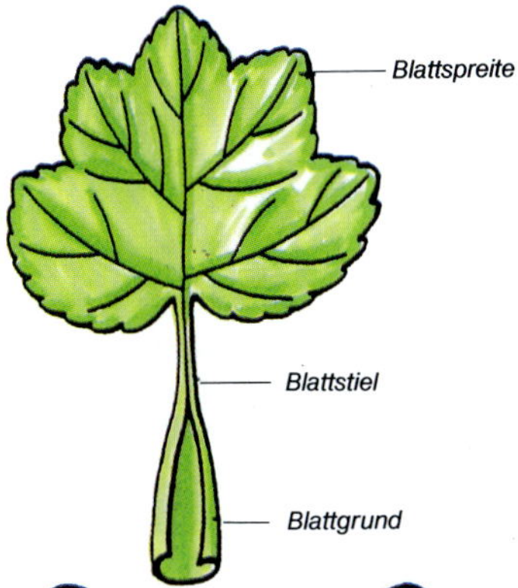

Blattspreite

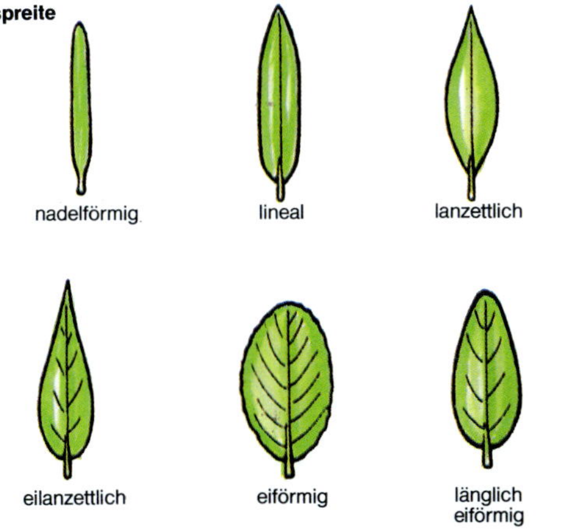

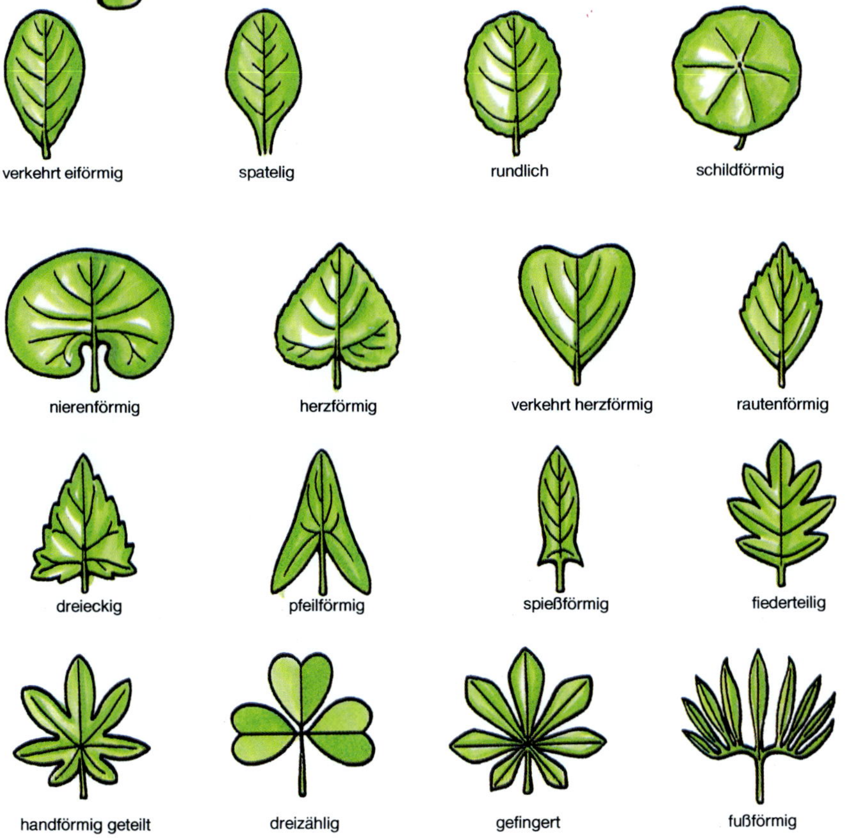

Blattspreite

unpaarig gefiedert

paarig gefiedert

doppelt gefiedert

Blattrand

ganzrandig

gesägt

doppelt gesägt

gezähnt

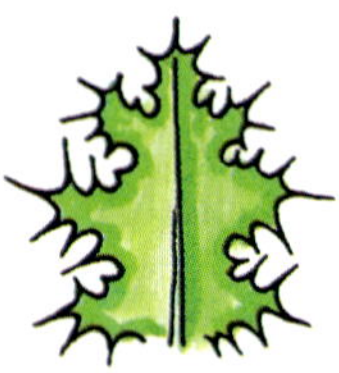
dornig gezähnt

schrotsägezähnig

gekerbt

gebuchtet

Nervatur

fiedernervig

netznervig

parallelnervig

Blattansatz

lang gestielt

sitzend

stengelumfassend

Nebenblätter zu Scheide verwachsen

Blattstellung

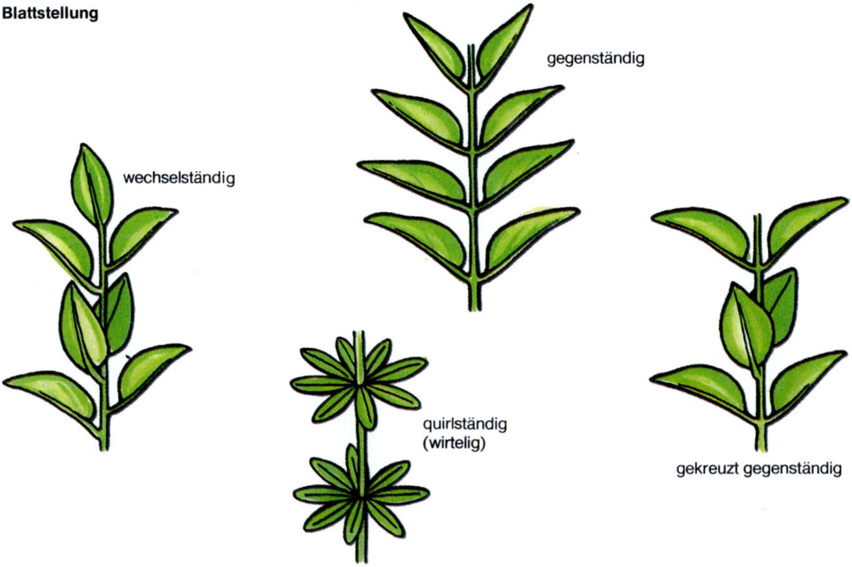

Unterirdische Pflanzenteile

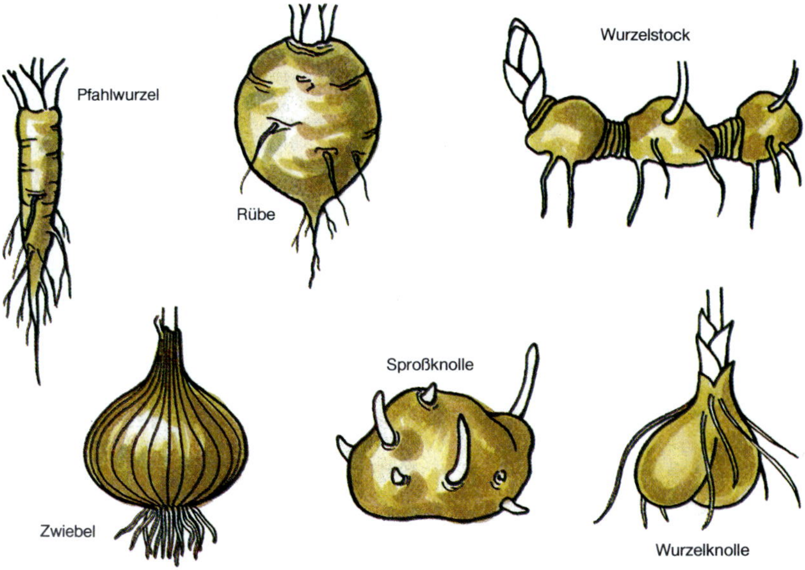

Bestimmungshilfen

Blütenfarbe Weiß

Blüten radiär, höchstens 4 Blütenblätter
- Ohne Blütenblätter
  - Baum, Blüten mit vielen, weißen Staubgefäßen . . . 34
  - Staude, Blüten in Kolben, mit weißem Hochblatt . . . 34
- 4 Blütenblätter
  - nicht verwachsen, frei . . . 34–38
  - wenigstens am Grunde verwachsen . . . 40

Blüten radiär, 5 Blütenblätter
- Blütenblätter frei
  - Blüten in doldenförmigen Blütenständen
    - Kräuter mit breiten, wenig zerteilten Blattabschnitten . . . 56, 58, 66, 68
    - Kräuter mit mittelgroßen Blattabschnitten . . . 58, 60, 64, 66
    - Kräuter mit schmallinealen bis fädlichen Blattabschnitten . . . 60, 62
  - Blüten nicht in Dolden
    - Bäume . . . 48–54
    - Sträucher . . . 46–52
    - Kräuter mit grundständigen Blättern . . . 44, 46, 56
    - Kräuter mit wechselständigen Blättern . . . 42–46, 56
    - Kräuter mit gegenständigen Blättern . . . 42, 52
- Blütenblätter wenigstens am Grunde verwachsen
  - Sträucher oder Zwergsträucher . . . 70, 76
  - Kräuter . . . 70–76

Blüten radiär, mehr als 5 Blütenblätter
- Blüten 6zählig, Blätter parallelnervig . . . 78, 80
- Blüten 6–9zählig, Blätter netznervig . . . 76

Blüten in Köpfchen
- Köpfchen ohne deutliche Zungenblüten . . . 56, 58, 82
- Köpfchen mit Zungenblüten . . . 82, 84
- Köpfchen mit blütenblattartigen Hüllblättern . . . 86

Blüten zweiseitig-symmetrisch
- Bäume . . . 86
- Kräuter, Blütenblätter frei . . . 88, 168
- Kräuter, Blütenblätter röhrenförmig verwachsen . . . 88–94

Blütenfarbe Gelb

Blüten radiär, höchstens 4 Blütenblätter
- ohne Blütenblätter . . . 94
- 4 Blütenblätter . . . 94–100
- aber endständige Blüte 5 oder 6zählig . . . 100

Blüten radiär, 5 Blütenblätter
- Blütenblätter frei
  - Schwimmpflanze mit einzelnen, großen Blüten . . . 100
  - Blüten in doldenförmigen Blütenständen . . . 108, 110
  - Blüten nicht in Dolden . . . 102–106
- Blütenblätter wenigstens am Grunde verwachsen . . . 112–116

Blüten radiär, mehr als 5 Blütenblätter . . . 116, 118

Blüten in Köpfchen
- Köpfchen mit Röhren- und Zungenblüten . . . 118, 120, 124, 126
- nur mit Röhrenblüten . . . 120–126
- nur mit Zungenblüten . . . 128

Blüten zweiseitig-symmetrisch
- Sträucher oder Halbsträucher . . . 132
- Kräuter, Blütenblätter getrennt . . . 130, 134, 170
- Kräuter, Blütenblätter röhrig verwachsen . . . 130, 134, 136

Blütenfarbe Rot oder Braun

Blütenfarbe Blau

Blütenfarbe Grün oder Blüten unscheinbar

Sporenpflanzen

Giftpflanzen

Abkürzungen und Symbole

B: Beschreibung der Pflanze
V: Vorkommen: Standort und Verbreitung
D: Drogen
I: Inhaltsstoffe
A: Anwendung und Wirkung
F: Fertigarzneimittel

Rp Rezeptpflicht

⊙ einjährige Pflanze
⊙ zweijährige Pflanze
♃ ausdauernd (Staude)
♄ ausdauernd (Holzgewächse)

I–XII Blütemonate

☠ Giftpflanze

∇ Naturschutz

☕ Hinweis auf den Anwendungsteil

⊞ Die schwarzen Quadrate weisen auf die dazugehörigen Fotos hin.

DAB 6 Deutsches Arzneibuch, 6. Ausgabe (1926), Neudruck 1951 mit eingearb. 1. und 2. Nachtrag, Stuttgart 1960
Erg.B.6 Ergänzungsbuch zum Deutschen Arzneibuch (1941), 6. Ausgabe, Neudruck Stuttgart 1953
DAB 7 Deutsches Arzneibuch 7. Ausgabe 1968, Stuttgart, Frankfurt 1968
DAC Deutscher Arzneimittel-Codex, Frankfurt, Stuttgart 1979–1983, 1986–1993
DAB 8 Deutsches Arzneibuch, 8. Ausgabe 1978, Stuttgart, Frankfurt 1978
DAB 9 Deutsches Arzneibuch, 9. Ausgabe 1986, Stuttgart, Frankfurt, mit 1. und 2. Nachtrag, 1989, 1990
DAB 10 Deutsches Arzneibuch, 10. Ausgabe 1991, Stuttgart, Frankfurt, mit 1. und 2. Nachtrag, 1992, 1993
HAB 34 Homöopathisches Arzneibuch, 1934, 4. Neudruck, Stuttgart 1958
HAB 1 Homöopathisches Arzneibuch, 1. Ausgabe 1978, Stuttgart, Frankfurt 1978, mit 1. bis 5. Nachtrag, 1991

BESTIMMUNGSTEIL

Eukalyptus *Eucalyptus globulus* LABILL. Myrtengewächse *Myrtaceae*

♄
Bis 40 m
II – VII

s. S. 266

B: Hoher, raschwüchsiger Baum mit blaugrünen, rundlichen Jugendblättern und langen, sichelförmigen, glänzendgrünen Folgeblättern. Blüten einzeln, sich mit einem abspringenden Deckel öffnend, mit zahlreichen weißen bis rötlichen Staubfäden. Frucht über 1 cm groß.
V: Heimat Australien, im Mittelmeergebiet nicht selten kultiviert.
D: Eucalyptusöl – Eucalypti aetheroleum (DAB 10), Oleum Eucalypti, das ätherische Öl aus den frischen Blättern oder Zweigspitzen, auch von anderen cineolreichen Arten. Eucalyptusblätter – Eucalypti folium (DAB 10), die getrockneten Blätter (Folgeblätter) älterer Bäume. Eucalyptus globulus, Eucalyptus (HAB 1).
I: Ätherisches Öl mit Cineol (Eucalyptol), Gerbstoffe, Flavonoide, Triterpene.
A: Vorwiegend das ätherische Öl sowie das daraus gewonnene Cineol mit auswurffördernder und schwach antibakterieller Wirkung zu Inhalationen bei Erkrankungen der Atemwege und Asthma, in Nasensalben, Einreibungen und Badekonzentraten gegen Erkältungskrankheiten und Rheuma. In Hustenbonbons. Die Blätter daneben auch gegen Magendarmkatarrh. In der Homöopathie gegen Bronchitis, grippale Infekte und Harnröhrenentzündung.
F: Bronchicum, Ephepect, Inspirol, Pumilen, Wick VapoRup u. v. a.

Schlangenwurz, Drachenwurz *Calla palustris* L. Aronstabgewächse *Araceae*

♃
0,1 – 0,4 m
V – VIII

B: Kriechender Wurzelstock mit gestielten, herzförmigen bis rundlichen Blättern. Hochblatt eiförmig, ausgebreitet, innen weiß. Blütenkolben bis zur Spitze mit meist zwittrigen, nackten Blüten besetzt. Rote Beeren.
V:. Moore, Bruchwälder, selten; Mittel-, Nordeuropa, Asien, Nordamerika.
D: Schlangenwurzel – Radix Callae palustris, Radix Dracunculi palustris.
I: Ein chemisch noch unerforschter, alkaloidartiger „Scharfstoff".
A: Ätzende Wirkung auf Haut und Schleimhäute durch frische Pflanzenteile. Vergiftungen wurden auch durch den Genuß der Beeren oder Saugen an den Stengeln beobachtet. Früher in der Volksmedizin innerlich gegen Schlangenbisse, wohl wegen des schlangenartigen Wurzelstockes.

Aufrechte Waldrebe, Steife Waldrebe *Clematis recta L.*
Hahnenfußgewächse *Ranunculaceae*

♃
1 – 1,5 m
VI – VII

B: Aufrechte Pflanze mit krautigem, nicht windendem Stengel, Blätter gefiedert mit ganzrandigen Teilblättern. Weiße Blüten in reichen Blütenständen. Früchte mit langem, fedrigem Griffel.
V: Warme, trockene Hänge; Süd- und Osteuropa, in Mitteleuropa selten.
D: Clematis recta, Clematis (HAB 1), die oberirdische, blühende Pflanze.
I: Nur im frischen Kraut Protoanemonin.
A: Der Saft der frischen Pflanze reizt die Schleimhäute stark und zieht Blasen auf der Haut. Wie Hahnenfuß-Arten früher von Bettlern manchmal zum Vortäuschen von Hautkrankheiten benützt. Heute noch in der Homöopathie gebräuchlich bei Hautausschlägen, Lidrandentzündungen, Drüsenschwellungen, Erkrankungen der männlichen Geschlechtsorgane, Rheuma- und Nervenschmerzen. Ähnlich die Gemeine Waldrebe (*Clematis vitalba* L.).
F: Clematis Oligoplex, Mercurius-Pentarkan, Secalosan N u. a.

Knoblauchsrauke, Knoblauchshederich *Alliaria petiolata* (BIEB.) CAV. et GRANDE
Kreuzblütler *Brassicaceae*

⊙ – ♃
0,2 – 1 m
IV – VI

B: Pflanze beim Zerreiben nach Knoblauch riechend. Blätter herzförmig, gezähnt, die unteren lang gestielt. Frucht eine 4 – 6 cm lange, aufrecht-abstehende Schote.
V: Häufig in Unkrautfluren, an Waldrändern, Hecken; Europa, Westasien.
D: Knoblauchsraukenkraut – Herba Alliariae officinalis, das frische Kraut.
I: Glucosinolate (Senfölglykoside) Sinigrin und Glucotropaeolin, Allylsenföl bzw. Benzylsenföl abspaltend; Vitamine.
A: Früher in der Volksheilkunde bei Katarrhen der Atemwege und als Wurmmittel, äußerlich bei eiternden Wunden und als Mundwasser gegen Zahnfleischentzündungen. Verwendung als Gewürzkraut möglich.

Meerrettich, Kren *Armoracia rusticana* G. M. SCH. *(Armoracia lapathifolia* GILIB.)
Kreuzblütler *Brassicaceae*

♃
0,4 - 1,5 m
V - VII

B: Staude mit dicker, bei kultivierten Pflanzen fleischiger Wurzel. Grundständige Blätter lang gestielt, bis 1 m lang, gekerbt, Stengelblätter zum Teil auch fiederspaltig. Blütenstand mit zahlreichen Trauben kleiner, weißer Blüten. In Kultur selten fruchtend.
V: Kultiviert und häufig verwildert, Heimat Südrußland.
B: Meerrettichwurzel - Radix Armoraciae. Armoracia (HAB 34).
I: Glucosinolate (Senfölglykoside) Sinigrin und Gluconasturtiin, Allylsenföl und Phenylaethylsenföl abspaltend.
A: Neben harntreibender, verdauungsfördernder, haut- und schleimhautreizender gewisse antibiotische Wirksamkeit. In einem Fertigarzneimittel gegen Infekte der Harn- und Atemwege. Volkstümlich auch bei Verdauungsstörungen und Gelenkerkrankungen, äußerlich bei infizierten Wunden, als Meerrettichessig bei Kopfschmerzen, Rheuma, Insektenstichen u.a. Als Gewürz.
F: Angocin, Pankreas-Tabletten „S" u.a.

Brunnenkresse, Wasserkresse *Nasturtium officinale* R. BR. in AIT.
(Rorippa nasturtium-aquaticum (L.) HAY.). Kreuzblütler *Brassicaceae*

♃
0,3 - 0,9 m
V - VIII

B: Kriechend-aufsteigende Pflanze. Blätter überwinternd, unpaarig gefiedert, Stengelblätter bis 5 - 9zählig. Von *Cardamine amara* L. durch den hohlen Stengel und gelbe Staubblätter unterschieden.
V: In Bach- und Quellfluren, fast weltweit verbreitet.
D: Brunnenkressenkraut - Herba Nasturtii (Erg.B.6), die getrockneten oder frischen oberirdischen Teile. Nasturtium officinale, Nasturtium aquaticum (HAB 1).
I: In der frischen Pflanze das Glucosinolat (Senfölglykosid) Gluconasturtiin, Phenylaethylsenföl abspaltend, Vitamine, besonders Vitamin C.
A: Harntreibende und die Sekretion der Verdauungssäfte anregende Wirkung. Bei Gallenleiden, volkstümlich auch bei rheumatischen Beschwerden, Hautleiden, Entzündungen im Mund. Zu Frühjahrskuren, als Gewürzkraut.
F: Cholongal, Gallitophen, Isostoma, Lymphomyosot u.a.

Wiesen-Schaumkraut *Cardamine pratensis* L. Kreuzblütler *Brassicaceae*

♃
0,1 - 0,5 m
IV - VI

B: Rosettenblätter 3 - 11zählig gefiedert mit eiförmig- rundlichen, Stengelblätter mit schmaleren Abschnitten. Blüten weißlich bis lila, Frucht eine 2 - 5 cm lange Schote. Formenreich.
V: Feuchte Wiesen, auch lichte Laubwälder der ganzen nördl. Hemisphäre.
D: Wiesenschaumkraut - Herba Cardaminis pratensis, das frische Kraut.
I: Glucosinolat (Senfölglykosid) Glucocochlearin, sek. Butylsenföl abspaltend, Vitamin C.
A: Gelegentlich in der Volksheilkunde als Blutreinigungsmittel, in der Homöopathie bei Magenkrämpfen. Das Bittere Schaumkraut *(Cardamine amara* L.), früher als Herba Nasturtii majoris offizinell, enthält außerdem Bitterstoff und wurde wie Brunnenkresse verwendet.

Echtes Löffelkraut *Cochlearia officinalis* L. Kreuzblütler *Brassiaceae*

⨀ - ♃
0,1 - 0,4 m
V - VIII

B: Wintergrüne Pflanze mit rundlichen, lang gestielten Rosettenblättern und stengelumfassenden, grobgezähnten Stengelblättern. Früchte 4 - 7 mm große, kugelige Schötchen.
V: Nordwesteuropäische Küstenpflanze, im Binnenland selten an Salzstellen, in Gebirgen die nahe verwandte *C. pyrenaica* DC.
D: Löffelkraut - Herba Cochleariae, das frische blühende Kraut. Cochlearia officinalis (HAB 1).
I: Glucosinolat (Senfölglykosid) Glucocochlearin, sek. Butylsenföl abspaltend, Flavonoide, reichlich Vitamin C und Mineralsalze.
A: In der Volksheilkunde als verdauungsförderndes und harntreibendes Mittel, vor allem bei rheumatischen Beschwerden. Häufig zu Frühjahrskuren verwendet, ferner zu Umschlägen bei schlecht heilenden Wunden und Spülungen bei Zahnfleischerkrankungen („Skorbutkraut"). In der Homöopathie u.a. bei chronischen Augenentzündungen und Magenkrämpfen. Als Gewürzkraut.
F: Akne-Kapseln Wala, Basilicum Oligoplex, Isostoma u.a.

Hirtentäschelkraut *Capsella bursa-pastoris* (L.) MED. Kreuzblütler *Brassicaceae*

⊙ - ⊙
0,1 - 0,8 m
I - XII

s. S. 272

B: Grundrosette aus fiederteiligen bis ganzrandigen Blättern, Stengelblätter mit breiten Öhrchen stengelumfassend. Blütenstand sich stark verlängernd. Früchte dreieckig-herzförmig.
V: Als Unkraut häufig, heute fast weltweit verbreitet.
D: Hirtentäschelkraut - Herba Bursae pastoris (Erg.B.6), die oberirdischen Teile von Pflanzen trockener Standorte. Capsella bursa-pastoris, Thlaspi bursa pastoris (HAB 1).
I: Flavonoide (u.a. Rutin), Kaliumsalze, Aminosäuren, wohl ein Peptid mit hämostyptischer Wirkung. Das Vorkommen biogener Amine (Cholin, Acetylcholin, Tyramin) und von Saponinen ist fraglich.
A: Als blutstillendes Mittel, besonders bei Gebärmutterblutungen, auch äußerlich bei blutenden Verletzungen. Nach Kenntnis der Mutterkornalkaloide weitgehend verdrängt, da die Wirkung unzuverlässig ist. Sie soll wesentlich vom Alter der Zubereitung abhängig sein, entgegen früheren Meinungen jedoch nicht von einem Pilzbefall der Pflanze. In der Homöopathie bei Blutungen, Gallen- und Nierenerkrankungen.
F: Bilisan, Bursa-Plantaplex, Menodoron N, Rhoival, Styptysat u.a.

Bittere Schleifenblume *Iberis amara* L. Kreuzblütler *Brassicaceae*

⊙
0,1 - 0,4 m
V - VIII

B: Blätter länglich mit beiderseits 2 - 4 Zähnen. Blütenstand zunächst schirmförmig, äußere Blütenblätter doppelt so groß wie die inneren. Fruchtstand traubig verlängert, Schötchen rundlich, schmal geflügelt, mit zwei aufgesetzten Ecken.
V: Westeuropäisches Getreideunkraut, selten bis Mitteleuropa.
D: Schleifenblumenkraut - Herba Iberidis. Iberis amara (HAB 1), die reifen Samen.
I: Glucosinolat (Senfölglykosid) Glucoiberin, Cucurbitacine, Flavonoide.
A: Zur Anregung der Magen- und Gallensaftsekretion. In der Homöopathie vor allem bei Herzrhythmusstörungen und Herzschwäche gebräuchlich.
F: Cheihepar N, Iberogast, Spartium-Pentarkan S, Schwöroton u.a.

Garten-Kresse *Lepidium sativum* L. Kreuzblütler *Brassicaceae*

⊙
0,2 - 0,6 m
VI - VIII

B: Bläulich bereifte Pflanze mit von oben nach unten zunehmend geteilten, fiederschnittigen bis gefiederten Blättern. Blüten klein, weiß bis rötlich. Früchte 5 - 6 mm lang, etwas zusammengedrückt, rundlich-eiförmig.
V: In verschiedenen Formen kultiviert, selten verwildert. Heimat SW-Asien bis NO-Afrika.
D: Garten-Kresse - Herba Lepidii sativi (Herba Nasturtii hortensis), das frische Kraut.
I: Glucosinolate (Senfölglykoside), Glucotropaeolin und Glucolepidiin, Benzylsenföl bzw. Aethylsenföl abspaltend, Vitamine, Mineralstoffe.
A: In der Volksheilkunde ähnlich wie Brunnenkresse zu Frühjahrskuren und bei Zahnfleischerkrankungen. Die Keimlinge, in kleinen Behältern gezogen, als Gewürzkraut. Benzylsenföl ist antibiotisch wirksam (s. auch Kapuzinerkresse).

Rettich *Raphanus sativus* L. var. *niger* KERNER Kreuzblütler *Brassicaceae*

⊙ - ⊙
0,2 - 1 m
V - VII

B: Pflanze mit rübenförmig verdickter Wurzel. Grundblätter fiederteilig mit großem Endabschnitt. Stengel aufrecht mit weißen bis violetten Blüten in lockerer Traube. Frucht eine 2 - 9 cm lange Schote.
V: In verschiedenen Rassen kultiviert. Heimat wohl Mittelmeergebiet.
D: Rettich - Radix Raphani, die frische Wurzel. Raphanus sativus var. niger (HAB 1). Für medizinische Zwecke wird meist der Schwarze Rettich verwendet.
I: Glucosinolat (Senfölglykosid) Glucoraphanin, Sulphoraphen abspaltend, Vitamin C.
A: In der Volksheilkunde ist der Saft der frischen Wurzel beliebt bei Gallenerkrankungen und Darmträgheit, aber auch als schleim- und krampflösendes Mittel bei Husten. Hierzu wird der Saft mit Zucker oder Honig ausgezogen. In der Homöopathie u.a. bei Verdauungsschwäche und fettiger Haut.
F: Lax-Lorenz, Laxans Raphani, Rettich-Pflanzensaft Kneipp u.a.

Mannaesche, Blumenesche *Fraxinus ornus* L. Ölbaumgewächse *Oleaceae*

ħ
6 – 15 m
IV – V

B: Sommergrüner Baum mit 5 – 9zähligen, gefiederten Blättern. Blüten in aufrechten Rispen, Blütenblätter meist zu 4, selten 2, am Grunde paarweise verwachsen, 0,7 – 1,5 cm lang.
V: In warmen Laubmischwäldern Südeuropas, Kleinasien.
D: Manna – Manna (DAB 6), der durch Einschnitte in die Rinde gewonnene, an der Luft eingetrocknete Saft.
I: Zuckeralkohol Mannit, mehrere Zucker, Harz, in Spuren Fraxin.
A: Als mildes Abführmittel, besonders in der Kinderpraxis (Mannasirup). Das süß schmeckende Mannit, das heute allerdings meist aus Glucose hergestellt wird, u. a. als Zuckeraustauschstoff z. B. für Diabetiker, intravenös zur Steigerung der Harnausscheidung.
F: Infi-tract, Jossathromb, Schwedenkräuter Elixier, Schwedentrunk u.a.

Ölbaum, Olivenbaum *Olea europaea* L. Ölbaumgewächse *Oleaceae*

ħ
Bis 15 m
V – VII

B: Immergrüner Baum mit ganzrandigen, lanzettlichen Blättern, oberseits dunkelgrün, unterseits silbrig glänzend. Blütenkrone verwachsen, 4 – 7 mm breit. Frucht je nach Sorte sehr unterschiedlich, 1,5 – 3 cm lang, grün bis schwarzviolett.
V: Wichtigster Kulturbaum des Mittelmeerraumes, auch verwildert oder wild in immergrünen Gebüschen, in entsprechenden Klimagebieten weltweit angepflanzt.
D: Olivenblätter – Oleae folium (im DAC bis 1978), die getrockneten Blätter verschiedener Kulturformen. Olivenöl – Olivae oleum (DAB 10), das aus reifen Früchten durch Kaltpressung oder andere geeignete mechanische Verfahren gewonnene Öl.
I: Blätter: bitter schmeckende Iridoid-Derivate Oleuropein und Elenolidsäure, Flavonoide, Chinaalkaloide. Öl: vor allem Glyceride der Ölsäure.
A: Die Blätter haben blutdrucksenkende Wirkung. Extrakte werden in Fertigarzneimitteln häufig in Kombination mit *Rauwolfia* verordnet. Das Öl als Salben- und Linimentgrundlage, in Hautpflegemitteln, innerlich in größeren Dosen noch selten zu Gallensteinabtreibungskuren. Speiseöl.
F: Hyperidyst *Rp,* Olivysat, Rauwoplant *Rp,* Striatridin u.a.

Kletten-Labkraut *Galium aparine* L. Rötegewächse *Rubiaceae*

⊙
0,5 – 1,5 m
V – X

B: Aufsteigende Pflanze, mit hakigen Haaren kletternd. Blätter zu 6 – 8, quirlig. Blüten unscheinbar, etwa 2 mm breit, mit verwachsenen Blütenblättern.
V: Unkrautfluren, Ufer und Hecken, häufig; Europa, Asien, Nordamerika.
D: Galium aparine (HAB 1), das frische, blühende Kraut.
I: Glykosid Asperulosid, roter Farbstoff vom Alizarintyp, Alkane.
A: In der Homöopathie bei Drüsenschwellungen und Geschwüren besonders der Zunge. In der Volksheilkunde nur noch selten als harntreibendes Mittel vor allem gegen Hautleiden. Galt früher als wirksam gegen Krebs.
F: Conium Oligoplex, Conium-Plantaplex, Galium-Heel u.a.

Waldmeister *Galium odoratum* (L.) Scop. (*Asperula odorata* L.)
Rötegewächse *Rubiaceae*

♃
0,1 – 0,3 m
IV – V

B: Aufrechte, nach Cumarin duftende Pflanze. Blätter in Quirlen zu 6 – 9. Blüten trichterförmig, ca. 5 mm breit, in schirmartigen Blütenständen.
V: In Buchen- und Laubmischwäldern verbreitet; Europa, Asien.
D: Waldmeisterkraut – Herba Asperulae (Erg.B.6), die getrockneten, kurz vor der Blüte gesammelten oberirdischen Teile. Galium odoratum, Asperula odorata (HAB 1).
I: Cumaringlykosid, das beim Trocknen durch Abspalten von Cumarin den charakteristischen Duft erzeugt, Glykosid Asperulosid, Gerbstoffe, Bitterstoffe.
A: Vor allem die Volksheilkunde nutzt die krampflösende und beruhigende Wirkung bei Leibschmerzen und Schlafstörungen. In Fertigpräparaten bisweilen gegen Venenerkrankungen und Durchblutungsstörungen aufgrund der gefäßerweiternden (durch Cumarin) und entzündungshemmenden (durch Asperulosid) Eigenschaften. Als aromatisierender Zusatz zu Tees. Zur Mai-Bowle, wobei das Cumarin bei zu reichlichem Genuß Kopfschmerzen auslösen kann.
F: Aranea Oligoplex, Asoporin, Cerebralin, Pulvhydrops u.a.

Buchweizen *Fagopyrum esculentum* MOENCH Knöterichgewächse *Polygonaceae*

⊙
0,2 – 0,6 m
VII – X

B: Pflanze oft mit rot überlaufenem Stengel und dreieckig-spießförmigen Blättern, so lang wie oder länger als breit. Blütenblätter klein, weiß bis rosarot, 3 – 4 mm lang.
V: Alte Kulturpflanze, heute selten, auch verwildert; Heimat Zentralasien.
D: Buchweizenkraut – Herba Fagopyri. Fagopyrum esculentum, Fagopyrum (HAB 1), die fast reife, frische Pflanze.
I: Flavonolglykosid Rutin, Fagopyrin.
A: Die Pflanze wird zur Darstellung von Rutin (Rutosid DAB 10) herangezogen. Dieses wirkt gefäßdichtend bei krankhaft erhöhter Durchlässigkeit der Kapillarwände und schränkt die Kapillarbrüchigkeit ein. Anwendung sehr häufig gegen venöse Stauungen (Krampfadern, Hämorrhoiden), Arteriosklerose, Netzhautblutungen u.a. Fagopyrin ist ein photosensibilisierender Stoff, der eine Lichtkrankheit hervorrufen kann. Homöopathische Zubereitungen vor allem bei juckenden Hautreizungen. Die fagopyrinfreien Samen als Nahrungsmittel.
F: Fagorutin u.a.

Kermesbeere *Phytolacca americana* L. (*Phytolacca decandra* L.) Kermesbeerengewächse *Phytolaccaceae*

♃
1 – 3 m
VII – VIII

☠

B: Am Grunde verholzte Staude mit langen, lanzettlichen Blättern. Weiße bis grünliche Blüten in abstehenden, später hängenden Trauben, Früchte reif dunkelrot bis schwarz, aus 10 verwachsenen Fruchtblättern.
V: In Südeuropa kultiviert, in Mitteleuropa seltener; Heimat Nordamerika.
D: Phytolacca americana, Phytolacca (HAB 1), die frische Wurzel.
I: Saponingemisch Phytolaccatoxin, Lektine mit immunstimulierender Wirkung, in den Früchten ein roter Farbstoff.
A: Vergiftungen besonders bei Kindern durch den Genuß der Beeren oder durch Überdosierung der allerdings kaum noch verwendeten Droge als Brech- und Abführmittel. Häufig gebräuchlich dagegen in der Homöopathie bei Mandelentzündungen, grippalen Infekten, Erkrankungen des rheumatischen Formenkreises. Die Beeren früher zum Färben von Wein.
F: Diabetes-Entoxin, Dystoselect PTS 18, Lymphdiaral, Urtica Oligoplex u.a.

Vogelmiere, Hühnerdarm *Stellaria media* (L.) VILL. Nelkengewächse *Caryophyllaceae*

⊙
0,1 – 0,4 m
III – X

B: Niederliegende bis aufsteigende Pflanze, Stengel mit einer Haarleiste. Blätter oval, zugespitzt, bis auf die obersten lang gestielt. Blüten klein, Kronblätter so lang wie oder wenig kürzer als die Kelchblätter.
V: In Unkrautfluren durch ganz Europa häufig, fast weltweit verschleppt.
D: Alsine media (HAB 34), die frische, blühende Pflanze.
I: Hoher Prozentsatz Mineralbestandteile, Vitamin C, wenig Rutin.
A: In der Homöopathie vor allem bei Rheumatismus. In der Volksheilkunde früher bei Lungenerkrankungen, auch frisch als Auflage bei Wunden und Hautausschlägen. Zu Salat. Blätter und Samen werden gerne von Vögeln, besonders Hühnern, gefressen, woher sich der Name ableitet.
F: Toxorephan, Rhododendroneel S u.a.

Gewöhnliches Seifenkraut *Saponaria officinalis* L. Nelkengewächse *Caryophyllaceae*

♃
0,3 – 0,8 m
VI – IX

B: Aufrechte, meist unverzweigte Pflanze, mit unterirdischen Ausläufern kriechend. Blätter länglich-lanzettlich, gegenständig, bis 15 cm lang. Blüten in dichten Blütenständen, Krone weiß bis rosa.
V: Schotterfluren der Flußtäler, Unkrautfluren; Süd- bis Mitteleuropa.
D: Rote Seifenwurzel – Saponariae rubrae radix (DAC bis 1988), die unterirdischen Organe. Saponaria (HAB 34).
I: 2,5 – 5% Saponine.
A: Durch den hohen Saponingehalt stark schleimlösendes und auswurfförderndes Mittel bei Bronchialkatarrhen. Die harntreibende Wirkung wird volkstümlich genutzt, vor allem bei chronischen Hautleiden und rheumatischen Beschwerden. In der Homöopathie bei Erkältungskrankheiten, Kopf- und Augenschmerzen. Früher als Waschmittel und in Zahnpasten und -pulvern.
F: Bronchicum-Hustentee, Cefabronchin N, Galium-Heel u.a.

Blüten weiß, radiär, 5 Blütenblätter

Schwarze Nieswurz, Christrose *Helleborus niger* L. Hahnenfußgewächse *Ranunculaceae*

♃
0,1 – 0,3 m
II – IV

▽

B: Pflanze mit 7 – 9teiligen, überwinternden, großen Grundblättern. Blüten meist einzeln, 5 – 10 cm im Durchmesser, mit weißen bis rosa Blütenblättern.
V: Laubwälder, Ost- und Südalpen, Apennin. Zierpflanze, auch verwildert.
D: Nieswurzwurzelstock – Rhizoma Hellebori (Erg.B.6), der getrocknete Wurzelstock, auch von *H. viridis* L., Grüne Nieswurz. Helleborus (HAB 34).
I: Herzwirksames Glykosid Hellebrin (nur in der Grünen Nieswurz nachgewiesen), Saponinglykosid Helleborin.
A: Das isolierte, digitalisähnlich wirkende Hellebrin als Herzmittel, die Droge wegen der starken Reizwirkung des Saponins auf die Schleimhäute (heftiges Erbrechen und Darmentzündungen hervorrufend, niesenerregend) heute nur noch in der Homöopathie u.a. bei akuten Durchfallerkrankungen, Nierenentzündung, Hirnhautentzündung, Psychosen.
F: Helleborus-Pentarkan, Juniperus Similiaplex, Pascorenal u.a.

Echter Schwarzkümmel *Nigella sativa* L. Hahnenfußgewächse *Ranunculaceae*

⊙
0,2 – 0,4 m
VI – IX

B: Zierliche Pflanze mit mehrfach gefiederten, schmallinealen Blättern. Blüten einzeln, ohne Hochblatthülle, mit 5 weißlichen bis bläulichen, stumpfen Blütenhüllblättern. Fruchtblätter ganz verwachsen.
V: Alte Kulturpflanze, heute seltener angebaut; Heimat W-Asien, N-Afrika.
D: Schwarzkümmelsamen – Semen Nigellae (Erg.B.6). Nigella sativa (HAB 34).
I: Saponin, Melanthin, Bitterstoff Nigellin, Nigellon, Thymochinon, fettes und ätherisches Öl.
A: Krampflösende, harn- und galletreibende Wirkung. Früher besonders in der Volksheilkunde gegen Blähungen und auch zur Förderung der Milchabsonderung verwendet. Seit alters wegen des scharfen Geschmacks als Pfefferersatz und Gewürz für Backwaren. In größerer Menge giftig.

Rundblättriger Sonnentau *Drosera rotundifolia* L. Sonnentaugewächse *Droseraceae*

♃
0,1 – 0,3 m
VI – VIII

▽

B: „Insektenfressende" Pflanze. Blätter grundständig, langgestielt, Blattspreite rundlich, mit zahlreichen roten, kugeligen Drüsen besetzt. Kleine, weiße Blüten am blattlosen Stengel.
V: In Mooren durch das nördliche Europa, Asien und Nordamerika.
D: Sonnentaukraut – Herba Droserae, Herba Rorellae (Erg.B.6), die getrocknete ganze Pflanze. Drosera (HAB 1), auch von *D. intermedia* HAYNE und *D.anglica* HUDS. Im Handel sind heute außereuropäische *Drosera*-Arten, vor allem *D. ramentacea* BURCH *(Droserae longifoliae herba).*
I: Naphthochinonderivate, Flavonoide, eiweißspaltende Fermente.
A: Die Naphthochinonderivate haben krampflösende und hustenreizstillende Eigenschaften, auch bakteriostatische Wirkung wurde nachgewiesen. In der Schulmedizin wie in der Homöopathie bei Reizhusten, Keuchhusten und Bronchialasthma, auch in Hustenbalsamen. Als Langzeittherapie bei arteriosklerotischen Beschwerden. Bei längerer Einwirkung auf die Haut verursacht der Saft der Blätter Rötungen und Entzündungen.
F: Drosithym, Monapax, Pertussin, Primotussan N, Thymosirol u.v.a.

Knöllchen-Steinbrech *Saxifraga granulata* L. Steinbrechgewächse *Saxifragaceae*

♃
0,2 – 0,5 m
V – VI

▽

B: Pflanze mit Brutzwiebeln zwischen den untersten Rosettenblättern, diese lang gestielt, nierenförmig, tief gekerbt. Blüten groß, an aufrechtem, rispig verzweigtem Stengel.
V: In Wiesen in weiten Teilen Europas, im Süden nur in den Gebirgen.
D: Steinbrechkraut – Herba Saxifragae. Saxifraga (HAB 34).
I: Gerbstoffe, Bitterstoff.
A: In der Volksheilkunde und in der Homöopathie bei Grieß- und Steinleiden der Nieren und der Blase.
F: Rubia comp. (Weleda), Saxifraga Homobion u. a.

Echtes Mädesüß, *Filipendula ulmaria* (L.) MAXIM. (*Spiraea ulmaria L.*)
Rosengewächse *Rosaceae*

♃
0,5 – 2 m
VI – VIII

s. S. 280

B: Aufrechte Staude, Blätter gefiedert mit bis 5 großen, gezähnten Fiederpaaren. Blüten gelblichweiß, zahlreich, in zusammengesetzten Blütenständen.
V: Feuchte Standorte, Bäche, Flüsse, verbreitet; Europa, Asien.
D: Mädesüßblüten – Flores Spiraeae (Erg. B. 6), die getrockneten Blüten. Häufig auch das Kraut: Herba Spiraeae. Filipendula ulmaria, Spiraea ulmaria (HAB 1), die frische Wurzel. Auch das frische Kraut wurde im HAB 1 aufgenommen.
I: Ätherisches Öl mit Salicylaldehyd und Methylsalicylat, zum Teil als Glykoside, Flavonoide, darunter Spiraeosid, Gerbstoffe.
A: Als harn- und schweißtreibendes Mittel, bei rheumatischen Erkrankungen und in Grippe-Tees. In der Homöopathie vor allem bei Rheuma und Schleimhautentzündungen.
F: Grippe-Tee Stada, Rheumex Tee, Spiraea Oligoplex, Uriginex N u. v. a.

Himbeere *Rubus idaeus* L. Rosengewächse *Rosaceae*

♄
1 – 2 m
V – VII

s. S. 270

B: Niedriger Strauch, Stengel meist mit zahlreichen, kurzen Stacheln. Blätter 3 – 5zählig gefiedert, unterseits weißfilzig. Blüten in rispigen Blütenständen mit kleinen, schmalen Kronblättern und nach der Blüte zurückgeschlagenen Kelchblättern.
V: Waldlichtungen, Waldränder, Schläge, auf der nördlichen Halbkugel.
D: Himbeerblätter – Folia Rubi Idaei (Erg. B. 6), die getrockneten Blätter. Himbeersirup – Sirupus Rubi Idaei (DAB 6), aus den frischen Himbeeren.
I: Blätter: Gerbstoffe vom Gallus- und Ellagsäuretyp, Flavonoide, organische Säuren. Früchte: organische Säuren, besonders Zitronensäure, Zucker, Pektin, Anthocyanglykosid, Gerbstoff, Flavonoide, Vitamin C.
A: Die Blätter wie Brombeerblätter volkstümlich besonders gegen Durchfall, chronische Hauterkrankungen und als Haustee. In Teemischungen als Stabilisierungsdroge, um ein Entmischen zu verhindern. Die Bestandteile verfangen sich in den Haaren der Blätter. Der Sirup zur geschmacklichen Verbesserung und Färbung von Arzneisäften, zu erfrischenden Getränken bei Fieber.
F: Buccotean, Umkehr Tee 14 u. a.

Brombeere *Rubus fruticosus* agg. Rosengewächse *Rosaceae*

♄
Bis 3 m
VI – VII

s. S. 262

B: Strauch mit zweijährigen, stacheligen Sprossen, oft am Ende wurzelnd. Blätter 5 – 7zählig gefingert. Blüten weiß oder rosa. Sehr formenreich, in Mitteleuropa mehrere Hundert teilweise schwer unterscheidbare Kleinarten.
V: Wälder, Hecken, Schläge, in der nördlichen Hemisphäre weit verbreitet.
D: Brombeerblätter – Rubi fruticosi folium (DAC), die getrockneten Blätter. Rubus fruticosus (HAB 1).
I: Gerbstoffe vom Gallotannintyp, Flavonoide, organische Säuren.
A: Als leicht zusammenziehendes Mittel gegen Durchfall, zum Gurgeln bei Entzündungen im Mund- und Rachenraum, zu Waschungen bei Hautausschlägen. Wegen des angenehmen Geschmacks aber vorwiegend in Hausteemischungen oder als Beigabe zu anderen Tees, gelegentlich auch die fermentierten Blätter.
F: Nerven-Tee Stada, Nervosana, Richter's Blutreinigungstee u. a.

Wald-Erdbeere *Fragaria vesca* L. Rosengewächse *Rosaceae*

♃
0,1 – 0,2 m
V – VI

s. S. 264

B: Pflanze mit langen, oberirdischen, wurzelnden Ausläufern. Blätter 3zählig. Blütenstiele anliegend behaart. Reife, rote Früchte leicht vom Kelch abfallend.
V: Kahlschläge und lichte Wälder, durch Europa und Asien ziemlich häufig.
D: Erdbeerblätter – Folia Fragariae (Erg. B. 6), die getrockneten Blätter. Fragaria vesca (HAB 34), die reifen Früchte.
I: Gerbstoffe, ätherisches Öl, Flavonoide.
A: Selten bei Leberleiden und Durchfall, als Bestandteil von Blutreinigungs- und Haustees, als Ersatz für Schwarzen Tee. Auch die getrockneten Früchte gelegentlich in Teemischungen, frisch in der Homöopathie bei Nesselsucht und Frostbeulen.
F: Hepatodoron u. a.

Quitte *Cydonia oblonga* MILL. Rosengewächse *Rosaceae*

♄
Bis 8 m
V – VI

B: Strauch oder Baum mit ovalen, bis 10 cm langen, ganzrandigen, unterseits grauen, filzig behaarten Blättern. Blüten groß, einzeln, Kronblätter 2 - 3 cm lang. Früchte behaart.
V: Heimat Südwestasien, heute weltweit kultiviert.
D: Quittensamen, Quittenkerne - Semen Cydoniae (Erg.B.6), die reifen Samen.
I: Schleimstoffe, vor allem Pentosane, Blausäureglykosid Amygdalin, Gerbstoff, fettes Öl.
A: Der Schleim der unzerkleinerten Samen als hustenreizlinderndes und mild abführendes Mittel. Äußerlich zu Augenwässern, bei aufgesprungener Haut, Verbrennungen, Hämorrhoiden, als fettfreie Salbengrundlage in der Kosmetik. Das Fruchtfleisch gegen Halsentzündungen und Darmstörungen. Zu Gelee.
F: Duoform, Gencydo, Quitten-Elixier Wala u.a.

Apfel *Malus domestica* BORKH. Rosengewächse *Rosaceae*

♄
Bis 10 m
V

B: Baum mit meist beidseitig behaarten Blättern, diese unterseits mit deutlich hervortretenden Nerven, gekerbt-gesägt. Blüten in armblütigen Doldentrauben, Kronblätter weiß bis rosa, 1,5 - 2,5 cm lang.
V: Alte Kulturpflanze, in zahlreichen Rassen heute weltweit verbreitet.
D: Unreife Äpfel - Fructus Mali sylvestris immaturi. Apfelschalen - Cortex Piri mali fructus.
I: Reichlich Pektin, Arabane, Galactane, organische Säuren, Zucker, Gerbstoffe, Flavone, Enzyme. Der Pektingehalt nimmt mit der Reife fortlaufend ab.
A: Frische geriebene, noch unreife Äpfel bzw. deren Fertigpräparate bei Durchfallerkrankungen. Apfelpektin hat außer der stopfenden auch schleimhautschützende und blutgerinnungsfördernde Wirkung. Es wird deshalb auch bei inneren und äußeren Blutungen verwendet. Die Schalen von reifen Äpfeln als Haustee bzw. als geschmacksverbessernde Beimischung in anderen Tees.
F: Aplona, Diarrhoesan, Medosalgon, Ullus Leber-Galle-Tee u. a.

Eingriffeliger Weißdorn *Crataegus monogyna* JACQ.
Zweigriffeliger Weißdorn *Crataegus laevigata* (POIRET) DC.
Rosengewächse *Rosaceae*

♄
2 – 5 m
(bis 10 m)
V – VI

s. S. 292

B: Dornige, stark verzweigte Sträucher, selten Bäume, mit mehlig-fleischigen, roten Früchten. *C. monogyna* meist mit 1 Griffel und tief geteilten, 3 - 5lappigen Blättern. *C. laevigata* mit 2 - 3 Griffeln und nur seicht 3lappigen Blättern mit abgerundeten, gezähnten Abschnitten. Daneben weitere, schwer unterscheidbare Kleinarten.
V: Gebüsche, Waldränder, lichte Wälder, fast ganz Europa. *C. monogyna* auch bis Nordafrika und Südwestasien.
D: Weißdornblätter mit Blüten - Crataegi folium cum flore (DAB 10), die getrockneten, blühenden Zweigspitzen der genannten Arten, daneben von *C. pentagyna* WALDST. et KIT., *C. nigra* WALDST. et KIT., *C. azarolus* L. Weißdornblüten - Crataegi flos (DAC). Nur von *C. monogyna* und *C. laevigata:* Weißdornbeeren, Hagedornbeeren - Crataegi fructus (DAC). Crataegus (HAB 1).
I: Flavonoide (vor allem Hyperosid, Vitexinrhamnosid), oligomere Procyanidine, Catechine, Phenolcarbonsäuren, Triterpensäuren, in den frischen Blüten Amine mit unangenehmem Geruch.
A: Blüten, Früchte und auch die Blätter häufig gemeinsam in Präparaten. Sie verbessern die Durchblutung der Herzkranzgefäße, normalisieren die Blutdruckverhältnisse und regulieren die Herztätigkeit. Anwendung besonders bei Alters- und Belastungsherz, beginnender Herzschwäche, leichten Rhythmusstörungen, Druck- und Beklemmungsgefühl in der Herzgegend. Die Wirkungen treten erst nach längerem Gebrauch ein, wobei den Flavonoiden und Procyanidinen eine wesentliche Bedeutung zukommt. In der Wirkungsweise besteht keine Ähnlichkeit mit herzwirksamen Glykosiden, die Drogen werden aber häufig zur Unterstützung und Ergänzung der Digitalis-Therapie herangezogen. In der Volksheilkunde das Fruchtmus gegen Durchfall. Homöopathisch die Früchte mit ähnlichen Anwendungsgebieten.
F: Crataegutt, Crataelanat *Rp,* Crataezyma N, Craviscum, Korodin u. v. a.

Eberesche, Vogelbeere *Sorbus aucuparia* L. Rosengewächse *Rosaceae*

ħ
5 – 16 m
V – VII

B: Strauch oder Baum mit lockerer Krone, Blätter mit 9 – 19 fein gezähnten, spitzen Fiederblättchen. Blüten in doldigen Rispen. Früchte (oben rechts) kugelig, 6 – 9 mm, orangerot.
V: Bodensaure Standorte bis in die subalpine Stufe; fast ganz Europa.
D: Vogelbeeren – Fructus Sorbi aucupariae, Baccae Sorbi.
I: Parasorbinsäure, Sorbinsäure, Gerbstoffe, Sorbit, Pektin, Zucker, Carotinoide, viel Vitamin C, in den Samen wenig Blausäureglykosid Amygdalin.
A: In Fertigpräparaten sowie in der Volksheilkunde als mildes abführendes und harntreibendes Mittel und zur Anregung des Stoffwechsels. Von alters her wegen des hohen Vitamin-C-Gehaltes gegen Skorbut und Erkältungskrankheiten. Zum Gurgeln bei Heiserkeit. Größere Mengen der frischen Früchte können durch den Gehalt an abführend wirkender Parasorbinsäure Reizerscheinungen an den Schleimhäuten des Magen-Darm-Kanals hervorrufen. Nach Zerstörung dieser Substanz durch Kochen, z. B. bei der Verarbeitung zu Mus, steht die stopfende Wirkung von Pektin und Gerbstoff im Vordergrund. Früher zur Gewinnung von Sorbit, das u. a. als Zuckeraustauschstoff für Diabetiker und als mildes Abführmittel Verwendung findet.
Die Süße Vogelbeere (var. *moravica*) ist ohne bitteren Geschmack und enthält mehr Zucker und Pektin. Sie ist daher zur Fruchtsaft- und Geleebereitung besonders geeignet.
Der Speierling (*S. domestica* L.), die Elsbeere (*S. torminalis* (L.) CRANTZ) und die Mehlbeere (*S. aria* (L.) CRANTZ) liefern ebenfalls verwertbare Früchte, letztere volkstümlich auch gegen Durchfall und Katarrhe.
F: Ebereschen-Elixier Wala, Herlisan forte S, Pasisana, Vita-C15 u. a.

Schlehdorn, Schwarzdorn *Prunus spinosa* L. Rosengewächse *Rosaceae*

ħ
Bis 3 m
III – IV

B: Sparriger Strauch, Zweige in Dornen endend. Blüten einzeln, einander genähert, auf kurzen Stielen, meist vor den lanzettlichen, gezähnten, 2 – 4 cm langen Blättern erscheinend. Früchte dunkelblau, bereift.
V: Gebüsche und Hecken, in Europa weit verbreitet, fehlt im Norden.
D: Schlehdornblüten – Pruni spinosae flos (DAC), Flores Acaciae. Prunus spinosa (HAB 1). Prunus spinosa e summitatibus (HAB 1).
I: Blüten: Flavonglykosid, wenig Blausäureglykosid, Cumarinverbindungen. Früchte: Gerbstoffe, organische Säuren, Zucker, Farbstoffe, Vitamin C.
A: Die Blüten haben schwach abführende und harntreibende Wirkung, auch auswurffördernde Eigenschaften werden ihnen zugeschrieben. Anwendung vor allem in Abführ- und Blutreinigungstees, daneben in Hustenmitteln. In der Homöopathie u. a. bei Herzschwäche und Nervenschmerzen im Kopfbereich. In der Volksheilkunde Zubereitungen der stark zusammenziehend und sauer schmeckenden Früchte gegen Rheuma, zur Blutreinigung, bei Verdauungsschwäche und zur Steigerung der allgemeinen Abwehrkräfte bei Erkältungskrankheiten. Als Gurgelmittel gegen Mund- und Halsentzündungen, zu stoffwechselfördernden Einreibungen und Bädern. Zur Herstellung von Marmelade, Schlehenwein und -schnaps.
F: Cetraria Similiaplex, Coro, Crataegus-Pentarkan, Schlehen-Elixier (Wala) u. a.

Sauerkirsche, Weichsel *Prunus cerasus* L. Rosengewächse *Rosaceae*

ħ
Bis 10 m
IV – V

B: Strauch oder Baum mit 6 – 8 cm langen, ovalen, an beiden Enden zugespitzten Blättern. Blüten in armblütigen Dolden an kurzen, beblätterten Trieben.
V: Heimat Südwestasien, bei uns alte Kulturpflanze.
D: Kirschsirup – Sirupus Cerasi (DAB 6), aus den frischen Früchten bereitet. Sauerkirschenstiele – Stipites Cerasorum (Pedunculi Cerasorum), die getrockneten Fruchtstiele.
I: Früchte: Fruchtsäuren, Zucker, Pektin, Farbstoff Ceracyanin, wenig Gerbstoff, Mineralsalze, im Samen Blausäureglykosid. Fruchtstiele: Gerbstoff, Flavonoide.
A: Der Fruchtsirup als Geschmackskorrigens in Fertigpräparaten und als durststillendes Getränk bei Fieber. Die Fruchtstiele früher volkstümlich gegen Durchfall und als harntreibendes Mittel u. a. in Entfettungstees.

Pflaume, Zwetsche *Prunus domestica* L. Rosengewächse *Rosaceae*

♄
Bis 6 m
IV – V

B: Baum oder Strauch mit 4 – 8 cm langen, ovalen, zugespitzten und in den Stiel verschmälerten, gekerbt-gesägten Blättern, in der Knospenlage gerollt. Blüten zu 1 – 3 an Kurztrieben.
V: Heimat Südwestasien, heute in vielen Kultursorten von der gemäßigten bis in die subtropische Zone angebaut.
D: Pflaume, Zwetsche – Fructus Pruni domesticae, die getrockneten reifen Früchte. Prunus domestica (HAB 34), die frische Rinde.
I: Verschiedene Zucker, Fruchtsäuren, Pektin, Mineralstoffe, Vitamine, im Samen Blausäureglykosid.
A: Die getrockneten, über Nacht in Wasser eingeweichten und morgens auf nüchternen Magen gegessenen Zwetschen als mildes Abführmittel. Pflaumenmus gelegentlich als Arzneiträger. Zur Branntweinbereitung (Slibowitz).
F: Joghurt-Milkitten u. a.

Traubenkirsche *Prunus padus* L. Rosengewächse *Rosaceae*

♄
Bis 15 m
IV – VI

☠

B: Strauch oder Baum mit breit-lanzettlichen, 8 – 12 cm langen, zugespitzten, am Rande fein gezähnten Blättern. Blüten in langen, aufrechten bis hängenden traubigen Blütenständen.
V: Auenwälder und -gebüsche, in Europa weit verbreitet, östlich bis Kamtschatka.
D: Traubenkirschenrinde – Cortex Pruni padi. Prunus Padus e cortice (HAB 34), die frische, zur Blütezeit gesammelte Rinde junger Zweige.
I: Blausäureglykoside Amygdalin und Isoamygdalin, Gerbstoffe, Harz.
A: In der Volksheilkunde früher als hustenreizstillendes Mittel. In der Homöopathie bei Kopfschmerzen, Herzbeschwerden und Mastdarmleiden. Das von Blausäureglykosid freie Fruchtfleisch zu Getränken und Marmeladen. Samen und übrige Pflanzenteile sind dagegen giftig.

Kirschlorbeer *Prunus laurocerasus* L. Rosengewächse *Rosaceae*

♄
Bis 6 m
IV – V

☠

B: Strauch, seltener niedriger Baum, mit immergrünen, ledrig-glänzenden, 10 – 15 cm langen Blättern (übrige Arten sommergrün!). Blüten klein, Kronblätter etwa 3 mm lang, in aufrechten, vielblütigen Trauben.
V: Heimat Südwestasien bis Südosteuropa. Heute bei uns beliebte Zierpflanze, nicht sehr frosthart.
D: Kirschlorbeerblätter – Folia Laurocerasi recentia, die frischen Blätter und Zweigspitzen. Prunus laurocerasus, Laurocerasus (HAB 1).
I: Blausäureglykoside Prulaurasin (= Isoamygdalin) und Prunasin, Enzyme, Gerbstoff.
A: Im Fruchtfleisch wenig, in allen anderen Teilen der Pflanze einschließlich der Samen größere Mengen der giftigen Glykoside. Durch Wasserdampfdestillation Gewinnung von Kirschlorbeerwasser (Aqua Laurocerasi), das früher wie Bittermandelwasser als leichtes schmerzstillendes Mittel, gegen Hustenreiz und als Geschmackskorrigens verwendet wurde. Heute bei uns nur noch in der Homöopathie u. a. bei Herzschwäche, Reizhusten, Atemnot.
F: Aurum-Gastreu R 2, Primula Oligoplex, Rufebran Nr. 12 N u. a.

Purgier-Lein, Wiesen-Lein *Linum catharticum* L. Leingewächse *Linaceae*

⊙ – ⊙
0,1 – 0,3 m
VI – VIII

B: Zarte, aufrechte, bitter schmeckende Pflanze. Blätter gegenständig, lanzettlich, bis 1 cm lang. Blüten in der Knospe nickend, klein.
V: In feuchten bis trockenen Rasen verbreitet; Europa bis Südwestasien.
D: Purgierleinkraut – Herba Lini cathartici. Linum catharticum (HAB 34), die frische, blühende Pflanze.
I: Bitterstoff Linin, Gerbstoff, ätherisches Öl, Harz, geringe Mengen Blausäureverbindungen.
A: Das Kraut wirkt abführend und harntreibend, in höheren Dosen brechenerregend. Anwendung nur noch selten in der Volksheilkunde. In der Homöopathie vor allem bei Durchfallerkrankungen.

Zitrone *Citrus limon* (L.) BURM. fil. Rautengewächse *Rutaceae*

♄
5 – 10 m
III – IX

B: Niedriger Baum, Blätter immergrün, breit-elliptisch, zugespitzt, am Rande gesägt, Blattstiel wenig geflügelt. Blütenblätter weiß, außen oft rötlich. Früchte dünnschalig, gelb.
V: Heimat Südostasien, im Mittelmeergebiet und entsprechenden Klimagebieten kultiviert.
D: Citronenöl – Limonis (Citri) aetheroleum (DAB 10), Oleum Citri, das ätherische Öl der Fruchtschalen. Zitronenschale – Pericarpium Citri (DAB 6), die getrocknete äußere Schicht der Fruchtwand von nicht völlig reifen Früchten.
I: Ätherisches Öl mit Limonen, Citral, Cumarinderivate. In den Fruchtschalen außerdem die Flavonoide Hesperidin, Diosmin u. a., Gerbstoff.
A: Das ätherische Öl als Geruchs- und Geschmackskorrigens, äußerlich auch als Hautreizmittel. Zitronenschale bei Appetitlosigkeit. Citrus-Flavonoide u. a. bei Venenerkrankungen und grippalen Infekten.
F: Heilit, Marvina, Nisita, Pin-Alcol, Citrus e fructibus Wala u.a.

Pomeranze, Bitterorange *Citrus aurantium* L. Rautengewächse *Rutaceae*

♄
Bis 5 m
III – V

s. S. 280 und S. 282

B: Baum mit rundlicher Krone. Blätter immergrün, breit-elliptisch, Blattstiel im oberen Teil deutlich geflügelt. Früchte mit bitterem, saurem Fruchtfleisch und rauher Schale, orange.
V: Heimat Südostasien, im Mittelmeergebiet kultiviert.
D: Pomeranzenblüten – Flores Aurantii (Erg. B. 6), die getrockneten Blütenknospen. Pomeranzenblütenöl, Neroliöl – Oleum Aurantii Floris (Erg. B. 6). Pomeranzenblätter – Folia Aurantii (Erg. B. 6). Pomeranzenschale – Aurantii pericarpium (DAB 10), die äußere Schicht der Fruchtwand der reifen Früchte. Daraus das ätherische Öl, Oleum Aurantii Pericarpii. Außerdem die ganzen, getrockneten, unreifen Früchte (Fructus Aurantii immaturi).
I: Ätherisches Öl mit Limonen als Hauptbestandteil, Flavonoide, vor allem Hesperidin, bitter schmeckende Flavonoidglykoside wie Neohesperidin und Naringin, im ätherischen Öl der Blüten auch Linalool, Geraniol, Nerol, Anthranilsäuremethylester.
A: Fruchtschale und Blätter als appetitanregendes und verdauungsförderndes Mittel. Auch als Geschmackskorrigens und zu Bitterschnäpsen. Die Blüten als mildes Beruhigungs- und Schlafmittel. Neroliöl ist eine Grundkomponente der Duftnote „Kölnisch Wasser". Zur Aromatisierung von Arzneimitteln verwendet man auch häufig das ätherische Öl (Ol. Aurantii dulcis) aus der Fruchtwand der Apfelsine (*Citrus sinensis* (L.) OSB.), das einen milderen Geschmack hat.
F: Carminativum-Hetterich, Meteophyt, Nerviguttum forte, Sedovent u. v. a.

Roßkastanie *Aesculus hippocastanum* L. Roßkastaniengewächse *Hippocastanaceae*

♄
20 – 30 m
IV – V

B: Hoher, sommergrüner Baum mit 5 – 7zähligen, gefingerten Blättern. Blütenblätter weiß, mit gelbem bis rotem Fleck, die oberen etwas größer, in reichblütigen Trauben. Frucht (unten rechts) stachelig, mit großen, braunen Samen.
V: Heimat Südosteuropa, Westasien, als Zier- und Straßenbaum oft gepflanzt.
D: Roßkastaniensamen – Hippocastani semen (DAB 10), die reifen, getrockneten, ungeschälten Samen. Aesculus hippocastanum, Aesculus (HAB 1). Auch Blätter, Rinde und Blüten werden verwendet.
I: Saponingemisch (mit dem Wirkstoff Aescin), Flavonolglykoside. In Blättern und Rinde auch Oxycumaringlykoside (Aesculin, Fraxin, Scopolin).
A: Venentonisierende und ödemausschwemmende Wirkung, die in einer sehr großen Anzahl von Präparaten gegen venöse Stauungen wie Krampfadern und Hämorrhoiden genutzt wird. Auch in Einreibungen und Bädern gegen Muskelprellungen, Frostschäden, Durchblutungsstörungen, Rheuma oder in Schnupftabaken. Die Rinde daneben zur Darstellung des Aesculins, das in Lichtschutzsalben verwendet wird. Die Blüten als Volksheilmittel gegen Rheuma und Gicht. Vielfältige Anwendung auch in der Homöopathie, u.a. ebenfalls bei venösen Stauungszuständen mit Folgekrankheiten und Hämorrhoiden.
F: Aescorin N, Essaven N, Pascovenol, Vasotonin, Venoplant, Venostasin u. a.

Wald-Sauerklee *Oxalis acetosella* L. Sauerkleegewächse *Oxalidaceae*

♃
0,05 – 0,15 m
IV – V

B: Niedrige Pflanze mit 3zähligen, kleeblattartigen, grundständigen Blättern. Blüten einzeln, auf einem die Blätter überragenden Stiel, Blütenblätter weiß bis rosa, mit deutlich hervortretenden Nerven.
V: Schattige, feuchte Laub- und Nadelwälder der gemäßigten Breiten.
D: Oxalis acetosella e foliis (HAB 1), die frischen Blätter. Außerdem die frischen, oberirdischen Teile blühender Pflanzen.
I: Oxalsäure, saure Alkalioxalate.
A: In der Homöopathie u. a. bei Stoffwechselschwäche, Verdauungsstörungen, Leber- und Gallenerkrankungen, Neigung zu Steinbildungen. Früher volkstümlich auch bei Skorbut und Hauterkrankungen. Einzelne Blätter als Zusatz zu Salaten sollen unbedenklich sein, größere Mengen jedoch bei Kindern zu Gesundheitsstörungen (Nierenschädigung) führen.
F: Akne-Kapseln (Wala), Mucosa compositum (Heel), Oxalis comp. (Weleda).

Zweihäusige Zaunrübe *Bryonia cretica* L. ssp. *dioica* (JACQ.) TUTIN (*B. dioica* JACQ.) Kürbisgewächse *Cucurbitaceae*

♃
2 – 4 m
VI – IX

B: Zweihäusige Pflanze. Stengel rauhhaarig mit spiralig gedrehten, unverzweigten Ranken kletternd. Blätter gestielt, bis über die Mitte 5teilig, Abschnitte ganzrandig oder stumpf gezähnt, der mittlere kaum länger als die seitlichen. Männliche Blütenstände gestielt, weibliche fast sitzend in den Blattachseln, Kelchzähne etwa halb so lang wie die gelblich-weiße Krone. Reife Beeren scharlachrot.
V: Gebüsche, Zäune; West-, Mittel- und Südeuropa.
D: Zaunrübenwurzel – Radix Bryoniae, auch von der Weißen Zaunrübe (*Bryonia alba* L., Cucurbitacin-Gehalt wesentlich geringer). Bryonia cretica, Bryonia (HAB 1).
I: Harz mit Cucurbitacinen, Lektine.
A: Als Giftpflanze s. S. 242. Stark wirkendes Abführmittel, selten noch in Kombination mit anderen Drogen verwendet. Häufig gebräuchlich in der Homöopathie bei akuten fieberhaften, rheumatischen und katarrhalischen Erkrankungen. Die rübenförmige Pfahlwurzel früher im Volke als Ersatz für Alraune.
F: Arthrosetten, Echtrosept N, Silberne Boxberger, Toxi-loges C u. v. a.

Echte Myrte *Myrtus communis* L. Myrtengewächse *Myrtaceae*

♄
3 – 5 m
VI – VIII

B: Stark verzweigter Strauch mit eilanzettlichen, zugespitzten, aromatischen, immergrünen Blättern. Blüten weiß, bis 3 cm groß, mit zahlreichen Staubfäden. Frucht eine blauschwarze Beere.
V: Immergrüne Gebüsche und Wälder im ganzen Mittelmeergebiet.
D: Myrtenblätter – Folia Myrti. Daraus das ätherische Öl – Oleum Myrti mit Myrtol, der bei 160° – 180° C siedenden Fraktion (enthält vorwiegend Cineol). Myrtus communis (HAB 34), die frischen, blühenden Zweige.
I: Ätherisches Öl mit Terpenen, Cineol, Myrtenol, Flavonoide, Gerbstoffe.
A: Das stark sekretionsfördernde Myrtol bei Bronchitis und chronischen Lungenerkrankungen. Die Droge volkstümlich zur Anregung des Appetits und bei Bronchialkatarrhen. In der Homöopathie bei hartnäckigem Husten und Lungentuberkulose. Als Gewürz und zu Likör.
F: Bronchocedin, Gelomyrtol u. a.

Sanikel, Heildolde *Sanicula europaea* L. Doldenblütler *Apiaceae*

♃
0,2 – 0,6 m
V – VII

B: Grundständige Blätter handförmig geteilt, meist 5zählig, Stengelblätter einfacher und kleiner. Blüten mit 1,5 mm langen Blütenblättern in kopfigen Döldchen. Früchte rundlich mit bis 2 mm langen hakenförmigen Stacheln.
V: Buchen- und Laubmischwälder, in weiten Teilen Europas.
D: Sanikelkraut und -wurzel – Herba (Radix) Saniculae. Sanicula europaea (HAB 34).
I: Saponine, Bitterstoff, Gerbstoff, ätherisches Öl, Allantoin.
A: Vor allem in der Volksheilkunde noch gelegentlich bei Erkrankungen der Atemwege, Asthma, zum Gurgeln bei Mund- und Halsentzündungen und als Wundheilmittel. In der Homöopathie u. a. bei Durchfallerkrankungen.
F: Agamadon, Argentum Oligoplex, Symphytum Similiaplex, Tussiflorin u. a.

Feld-Mannstreu *Eryngium campestre* L. Doldenblütler *Apiaceae*

♃
0,2 – 0,7 m
VI – VIII

B: Distelartige Pflanze mit fiederteiligen, stachelspitzig gezähnten, starren Blättern. Blüten unscheinbar, in zahlreichen kugeligen, von schmallinealen Hochblättern umgebenen, köpfchenförmigen Blütenständen.
V: Magerrasen, Wegränder, Unkrautfluren; Europa, außer im Norden.
D: Mannstreuwurzel und -kraut – Radix (Herba) Eryngii.
I: Saponine, Gerbstoff, ätherisches Öl.
A: Geringe harntreibende, krampflösende und schleimlösende Wirkung. In der Volksheilkunde vor allem als Blutreinigungsmittel, bei Erkrankungen der Harnwege, gegen Husten und Keuchhusten.
Die Flachblättrige Mannstreu (*Eryngium planum* L.) und die Stranddistel (*Eryngium maritimum* L) werden gelegentlich ähnlich verwendet.
F: Atmulen K für Kinder u. a.

Betäubender Kälberkropf *Chaerophyllum temulentum* L. Doldenblütler *Apiaceae*

⊙
0,3 – 1 m
V – VII

☠

B: Stengel rotgefleckt mit doppelt gefiederten Blättern. Hüllblätter der Dolde fehlend, Hüllchenblätter am Rande behaart.
V: Gebüsche, Hecken, Waldränder, fast ganz Europa.
D: Chaerophyllum (HAB 34), die frische, blühende Pflanze.
I: Ätherisches Öl, Flavonoide, Polyine (wohl für die Giftigkeit verantwortlich), Alkaloide konnten nicht bestätigt werden.
A: Vergiftungserscheinungen wie Schwindel („Taumeln") und Lähmungen wurden bisher nur beim Vieh beobachtet. Arzneiliche Anwendung ausschließlich in der Homöopathie. Das Kraut des Knollen-Kälberkropfes (*Chaerophyllum bulbosum* L.) ist ebenfalls giftig, die stärkehaltigen Wurzelknollen (Kerbelrüben, Erdkastanien) sind dagegen eßbar.

Garten-Kerbel *Anthriscus cerefolium* (L.) Hoffm. Doldenblütler *Apiaceae*

⊙
0,3 – 0,7 m
V – VIII

B: Frische Pflanze mit Anisgeruch. Blätter dünn, 2 – 4fach gefiedert. Dolden mit 2 – 6 Strahlen, Hülle fehlend, Hüllchenblätter 1 – 4. Früchte bei der angebauten Varietät (var. *cerefolium*) glänzend, kahl.
V: Gewürzpflanze, häufig verwildert; Herkunft Westasien.
D: Garten-Kerbel, Kerbelkraut – Herba Cerefolii germanici, das frische Kraut.
I: Flavonglykosid Apiin, Bitterstoff, äther. Öl mit Methylchavicol (Estragol).
A: Die Pflanze hat harn- und schweißtreibende Eigenschaften. Volkstümlich wird das frische Kraut bzw. der Preßsaft zu Frühjahrskuren verwendet, die Früchte früher bei chronischen Ekzemen, Skrofulose und Lungentuberkulose. Die Blätter als Gewürz (Bestandteil der fines herbes).

Gefleckter Schierling *Conium maculatum* L. Doldenblütler *Apiaceae*

⊙
0,5 – 2,5 m
VII – IX

☠

B: Unangenehm riechende Pflanze. Stengel mit länglichen, roten Flekken und bläulich bereift. Blätter 2 – 4fach gefiedert, im Umriß dreieckig. Dolden mit 8 – 15 Döldchen. Frucht rundlich mit wellig-gekerbten Rippen, 2,5 – 3,5 mm groß.
V: Unkrautfluren wärmerer Gebiete, nicht häufig; Europa bis Zentralasien.
D: Schierlingskraut – Herba Conii (Erg. B. 6), die getrockneten Blätter und blühenden Zweigspitzen. Conium (HAB 34).
I: Coniin und verwandte Alkaloide, Flavonglykosid, Cumarine, ätherisches Öl.
A: Coniin bewirkt Lähmung der motorischen Nervenendigungen und des Rükkenmarks. Der Tod tritt durch Atemlähmung bei lange erhaltenem Bewußtsein ein. Im Altertum zum Vollstrecken von Todesurteilen (Schierlingsbecher des Sokrates). Vergiftungen durch Verwechslung mit Küchenkräutern (Petersilie, Kerbel) oder Verunreinigung der Früchte von Anis, Kümmel oder Fenchel. In der Heilkunde früher als beruhigendes, schmerzstillendes und krampflösendes Mittel. Wegen der Vergiftungsgefahr und ungenauen Dosierbarkeit heute nur noch selten in Salben gegen entzündliche Schwellungen und Nervenschmerzen. In der Homöopathie gebräuchlich u. a. bei Drüsenschwellungen, Verkalkung der Hirngefäße, Verstimmungszuständen.
F: Cogitan-N, Conium Oligoplex, Hevertigon, Nettinerv, Vertigoheel u. v. a.

Koriander, Wanzenkraut *Coriandrum sativum* L. Doldenblütler *Apiaceae*

⊙
0,2 – 0,6 m
VI – VII

s. S. 276

B: Frische Pflanzen unangenehm nach Wanzen riechend. Blätter 1–3fach gefiedert, die unteren mit breiten, eiförmigen, die oberen mit schmallinealen Abschnitten. Dolden 3 – 5strahlig, Hülle fehlend, Hüllchen einseitig, meist 3 zählig. Blüten weiß bis zartrosa.
Die kugelrunden Früchte (oben rechts) sind in frischem Zustand glatt und 2 – 5 mm groß. Beim Trocknen verliert sich der unangenehme Wanzengeruch und macht einem angenehmen würzigen Aroma Platz. Charakteristisch sind die abwechselnd geschlängelten und gerade verlaufenden Rippen. Im Gegensatz zu vielen anderen Früchten von Doldenblütlern trennen sich die beiden Teilfrüchte nicht voneinander.
V: Als Gewürzpflanze seit dem Altertum kultiviert, in Mitteleuropa selten verwildert. Herkunft wahrscheinlich Westasien.
D: Koriander – Coriandri fructus (DAB 10), die getrockneten, reifen Früchte der var. *vulgare* ALEF. oder der var. *microcarpum* DC.
I: Ätherisches Öl mit Linalool.
A: Ähnlich wie Kümmel als appetitanregendes, verdauungsförderndes, blähungstreibendes und krampflösendes Mittel. Das ätherische Öl auch zu Einreibungen gegen Rheuma. Die Hauptmenge der Droge wird als Gewürz (u. a. im Currypulver, für Brot) und in der Likörindustrie (Danziger Goldwasser, Karthäuser u. a.) verwendet.
F: Carminativum Babynos, Carminativum-Hetterich, Gastrol S u. v. a.

Wasserschierling *Cicuta virosa* L. Doldengewächse *Apiaceae*

♃
0,5 – 1,5 m
VI – VIII

☠

B: Sumpf- und Wasserpflanze mit kräftigem, durch Querwände gekammertem, hohlem Wurzelstock. Blätter 2 – 3fach fiederschnittig mit langen, lineallanzettlichen, gezähnten Abschnitten. Hülle fehlend oder bis 2blättrig, Hüllchen zahlreich. Frucht rundlich.
V: An Altwässern und Tümpeln, nicht häufig; Europa bis Zentralasien.
D: Cicuta virosa (HAB 34), der frische, zur Zeit der beginnenden Blüte gesammelte Wurzelstock mit den anhängenden Wurzeln.
I: Sehr giftiges Cicutoxin, daneben Cicutol (Acetylenverbindungen), ätherisches Öl.
A: Cicutoxin ist ein Krampfgift. Vergiftungen kamen vor allem durch Verwechslung des Wurzelstockes mit Sellerie wegen des gleichen Geruchs und Pastinak- oder Petersilienwurzel wegen des ähnlichen Geschmacks vor. Arzneiliche Anwendung häufig in der Homöopathie bei Krampfanfällen, Schwindel, nervösen Störungen, Gesichtsausschlägen, selten in schmerzlindernden Salben.
F: Cuprum-Pentarkan, Glonoinum-Hevert, Psorinoheel, Tarantula Oligoplex.

Wasserfenchel *Oenanthe aquatica* (L.) POIR. (*Phellandrium aquaticum* L.) Doldenblütler *Apiaceae*

⊙ – ⊙
0,3 – 2 m
VI – VIII

B: Aufrechte bis aufsteigende, auch lang kriechende Sumpf- oder Wasserpflanze. Wurzelstock und Stengel unten oft stark verdickt, bis 8 cm im Durchmesser. Blätter 2fach gefiedert mit kurzen, schmalen Endabschnitten, untergetauchte Wasserblätter in zahlreiche faden- bis haarförmige Abschnitte zerteilt. Hülle fehlend, Hüllchenblätter zahlreich. Frucht 3,5 – 4,5 mm lang.
V: Altwässer und Tümpel, durch fast ganz Europa bis Westasien.
D: Wasserfenchelfrüchte – Fructus Phellandri (Erg. B. 6), die getrockneten, reifen Spaltfrüchte. Oenanthe aquatica, Phellandrium (HAB 1).
I: Ätherisches Öl mit Phellandren, Myristicin, Apiol; fettes Öl, Harz.
A: Noch selten in der Volksheilkunde als schleimlösendes und hustenstillendes Mittel bei chronischem Bronchialkatarrh, früher besonders bei Lungentuberkulose und gegen Blähungen. Ebenso in der Homöopathie, hier auch bei Bruststschmerzen der Stillenden. Das ätherische Öl ist durch den hohen Phellandrengehalt giftig.
F: Cefapulmon, Röwo Eucasil, Salus Kräutertee Nr. 24 u. a.

Kümmel *Carum carvi* L. Doldenblütler *Apiaceae*

⊙ – ♃
0,3 – 1 m
VI – VIII

s. S. 276

B: Blätter 2 – 3fach gefiedert, das unterste Paar der Fiederblättchen kreuzweise gestellt, Blattzipfel meist nicht über 1 mm breit. Hülle und Hüllchen fehlend oder wenigblättrig. Blüten weiß bis rosa.
Kümmelfrüchte sind in der Droge immer in die schwach sichelförmig gekrümmten, 3 – 7 mm langen Teilfrüchte (oben rechts) zerfallen. Sie sind dunkelbraun und haben jeweils 5 hervorstehende, hellere Rippen. Bis zum Mittelalter wurden statt des Kümmels unter dem gleichen Namen die grünlichgrauen Früchte des Kreuz- oder Mutterkümmels *Cuminum cyminum* L. (Heimat östliches Mittelmeergebiet) verwendet, die heute bei uns nur noch gelegentlich als Gewürz (holländische Käsesorten) zu finden sind.
V: Wiesen, Wegränder, verbreitet; Europa bis Zentralasien.
D: Kümmel – Carvi fructus (DAB 10), die getrockneten, reifen Früchte. Kümmelöl – Carvi aetheroleum (DAB 10), Oleum Carvi, das ätherische Öl der Früchte. Carum carvi (HAB 1).
I: Ätherisches Öl mit Carvon (Hauptbestandteil und Geruchsträger), Limonen; Cumarine.
A: Kümmel regt die Tätigkeit der Verdauungsdrüsen an und hat blähungswidrige und krampflösende Wirkung. Man verwendet ihn bei Appetitlosigkeit, Verdauungsstörungen und Krämpfen im Magen-Darm- und Gallebereich. Die Milchabsonderung stillender Mütter soll gefördert werden. Das ätherische Öl auch in Mundwässern und hautreizenden Einreibungen. Ein großer Teil der Droge als Gewürz, wobei besonders die Verträglichkeit blähungsfördernder Gerichte wie Kohl verbessert wird. Zur Likör- und Branntweinherstellung („Kümmel").
F: Aspasmon N, Carminativum-Hetterich, Carvomin, Magen-Tee Stada u. a.

Bärwurz, Bärenfenchel *Meum athamanticum* Jacq. Doldenblütler *Apiaceae*

♃
0,2 – 0,6 m
V – VIII

B: Rhizom dick, mit Faserschopf. Blätter mit würzigem Geruch, 3- bis mehrfach gefiedert, mit haarfeinen, bis 5 mm langen Zipfeln. Blüten gelblich-weiß. Hülle fehlend oder bis 8blättrig. Frucht länglich, 6 – 8 mm.
V: Wiesen, Weiden der Mittelgebirge und Alpen, in weiten Teilen Europas.
D: Bärwurz, Bärenfenchelwurzel – Radix Mei, Radix Foeniculi ursini. Meum athamanticum (HAB 34).
I: Ätherisches Öl, Phenylacrylsäuren, Phthalide.
A: In der Volksheilkunde als appetitanregendes und verdauungsförderndes Mittel, auch bei Menstruationsstörungen. Gebietsweise auch zur Bereitung eines magenstärkenden Schnapses.

Garten-Möhre *Daucus carota* L. ssp. *sativus* (Hoffm.) Arcang. Doldenblütler *Apiaceae*

⊙
0,3 – 1 m
VI – VII

B: Als Gemüsepflanze einjährig gezogen. Blätter 2 – 4fach gefiedert, mit schmalen, meist zugespitzten Abschnitten. Die bei der Kulturpflanze seltenen Blüten in vielzähligen Dolden mit zahlreichen, langen, dreiteiligen Hüllblättern, Hüllchenblätter kürzer. In der Mitte der Dolde gelegentlich eine schwarzpurpurne „Mohrenblüte", Randblüten strahlend. Früchte mit widerhakigen Stacheln, Fruchtdolde nestförmig eingekrümmt.
V: Als Kulturpflanze weit verbreitet. Die Unterart ssp. *carota* als Wildpflanze in ganz Europa.
D: Möhre, Mohrrübe, Karotte, Gelbe Rübe – Radix Dauci carotae.
I: Äther. Öl, Pektin, Flavonoide, Mineralstoffe, Carotin, Vitamin B1, B2, C.
A: Die frischen Karotten bzw. der Saft durch den Gehalt an ätherischem Öl gegen Würmer, als alleiniges Mittel aber nicht immer zuverlässig wirksam. Gekocht oder Fertigzubereitungen aufgrund des Pektingehaltes bei Durchfall, besonders bei Ernährungsstörungen der Säuglinge (Karottendiät). Wertvoll ist die Mohrrübe auch durch das Carotin, das sich im Körper in das für den Sehvorgang notwendige Vitamin A umwandelt, und durch den hohen Mineralstoff-, speziell Kaliumgehalt, der eine Steigerung der Harnausscheidung bewirkt. Das alkaloidhaltige Kraut und die Früchte selten in der Volksmedizin.
F: Floradix Kräuterblut-S-Saft, Säfte verschiedener Hersteller, Syntonia u. a.

Anis *Pimpinella anisum* L. Doldenblütler *Apiaceae*

⊙
0,3 - 0,6 m
VII - VIII

s. S. 256

B: Feinbehaarte Pflanze mit Anisgeruch. Stengel rund, gerillt. Grundblätter ungeteilt, Stengelblätter nach oben zunehmend feiner zerteilt, 2 - 3fach gefiedert. Hülle der 7 - 15strahligen Dolde meist fehlend, Hüllchen wenige, fädlich.
Die graugrünen, birnenförmigen Früchte (oben rechts) sind in der Droge häufig nicht in ihre Teilfrüchte zerfallen. Sie sind 3 - 5 mm lang, dicht und kurz behaart, mit kurzen Stielresten und etwa 2 mm langen, aufrecht-abstehenden Griffeln versehen. Jede Teilfrucht hat 5 hellere Rippen. Der Geschmack ist würzig, etwas süßlich, das volle Aroma entfaltet sich erst beim Lagern.
V: Gewürzpflanze, in Mitteleuropa kultiviert, selten verwildert. Heimat vermutlich in Asien.
D: Anis - Anisi fructus (DAB 10), die getrockneten Früchte. Pimpinella anisum, äthanol. Decoctum (HAB 1). Anisöl - Anisi aetheroleum (DAB 10), Oleum Anisi, das ätherische Öl der reifen Früchte, auch von *Illicium verum* Hooker fil. zugelassen.
I: Ätherisches Öl mit Anethol als Hauptbestandteil und Geruchsträger, Methylchavicol (Isoanethol), Anisaldehyd; Cumarine.
A: Die Droge wie auch das ätherische Öl als wirksamer Bestandteil wird als schleimlösendes und auswurfförderndes Mittel in zahlreichen Hustenpräparaten verwendet. Auch eine krampflösende und blähungstreibende Wirkung bei Verdauungsbeschwerden und Magendarmkoliken (in Abführmitteln vorbeugend gegen derartige Beschwerden) ist vorhanden, wenn auch schwächer als bei Kümmel oder Fenchel. Ferner soll die Milchsekretion stillender Frauen gesteigert werden. In der Homöopathie bei Nackenschmerzen und Hexenschuß. Das ätherische Öl, das darüber hinaus gewisse antibakterielle Wirkung hat, findet man daneben in Mundwässern und Halstabletten. Häufig als Geschmacks- und Geruchskorrigens, in der Bäckerei und Spirituosenfabrikation (z. B. Ouzo, Pernod, Pastis, Anisette u. a.).
F: Aspecton, Liquidepur, Mixtura solvens, Phytobronchin N u. a.

Kleine Bibernelle, Stein-Bibernelle *Pimpinella saxifraga* L. Doldenblütler *Apiaceae*

♃
0,2 - 0,6 m
VI - X

B: Pflanze mit rundem, feingerilltem Stengel. Grundblätter einfach gefiedert, Fiederchen sitzend, Stengelblätter bis 3fach fiederschnittig. Hülle und Hüllchen meist fehlend. Griffel zur Blütezeit kürzer als der Fruchtknoten, Frucht kahl. Pflanze geruchlos. Formenreiche Art.
V: Trockenrasen, lichte Wälder, durch ganz Europa bis Zentralasien.

Große Bibernelle *Pimpinella major* (L.) Huds. (*P. magna* L.)

♃
0,4 - 1 m
VI - IX

s. S. 260

B: Pflanze mit kantigem Stengel, in allen Teilen größer als vorige Art. Blätter einfach gefiedert, Fiederchen der Grundblätter meist kurz gestielt. Hülle und Hüllchen meist fehlend. Griffel zur Blütezeit länger als der Fruchtknoten. Frucht kahl.
V: Frische Wiesen und Staudenfluren der Bergstufe in weiten Teilen Europas.
D: Bibernellwurzel - Radix Pimpinellae (DAB 6), die getrockneten Wurzeln und Wurzelstöcke beider Arten. Pimpinella alba (HAB 34).
I: Saponin, ätherisches Öl, Cumarinderivate (Pimpinellin u. a.), Gerbstoff, organische Säuren, Harz, Zucker.
A: Durch das ätherische Öl und das Saponin wirkt die Droge auswurffördernd und schleimlösend und ist Bestandteil von Hustenmitteln. In der Volksheilkunde zum Gurgeln und Spülen bei entzündlichen Erkrankungen im Mund- und Rachenraum, ferner wie die Wurzeln mancher anderer Doldenblütler bei Verdauungsstörungen und als harntreibendes Mittel. In der Homöopathie vor allem bei Wirbelsäulenbeschwerden und Fieberzuständen. Zu Bitterschnäpsen und Gewürzextrakten. Auch der Kleine Wiesenknopf *Sanguisorba minor* Scop. (s. S. 140) wird gelegentlich als Bibernelle bezeichnet und gibt dadurch Anlaß zu Verwechslungen.
F: Bronchicum, Cefabronchin N, Majocarmin forte, Melrosum, Sparheugin.

Großer Ammei *Ammi majus* L. Doldenblütler *Apiaceae*

☉
0,3 – 1 m
VII – IX

B: Blätter 1 – 3fach gefiedert, mit breitlanzettlichen, gezähnten Abschnitten, sehr veränderlich. Hüllblätter 3teilig, Hüllchenblätter hautrandig. Frucht 1,5 – 2 mm lang.
V: Unkrautfluren, Mittelmeergebiet, Nordafrika, Südwestasien. In Mitteleuropa und weiter gelegentlich eingebürgert.
D: Große Ammeifrüchte – Fructus Ammi majoris.
I: Furocumarine Xanthotoxin (Ammoidin), Imperatorin (Ammidin) u. a.
A: Diuretische und durch die Furocumarine photosensibilisierende Wirkung (s. S. 18). Extrakte aus den Früchten oder Ammoidin zu Präparaten, die auf ärztliche Verordnung innerlich und äußerlich gegen Pigmentstörungen, Schuppenflechte u. a. Hauterkrankungen angewendet werden können.
F: Meladinine *Rp.*

Echter Ammei *Ammi visnaga* (L.) LAM. Doldenblütler *Apiaceae*

☉ – ⊙
0,2 – 1 m
VII – IX

B: Blätter 3fach fiederschnittig mit linealen Zipfeln. Dolde mit vielen, dreiteiligen Hüllblättern, Doldenstrahlen sehr zahlreich, bei der Fruchtreife verholzend und im Orient zur Herstellung von Zahnstochern benützt. Hüllchenblätter pfriemlich. Frucht 2 – 2,5 mm, oval.
V: Weiden, auch Unkrautfluren; im südlichen Mittelmeergebiet, Nordafrika, Südwestasien, in Mitteleuropa gelegentlich angebaut und eingeschleppt.
D: Ammi-visnaga-Früchte, Bischofskrautfrüchte, Zahnstocher-Ammeifrüchte – Ammeos visnagae fructus (DAB 10), die getrockneten reifen Früchte. Ammi visnaga (HAB 1).
I: Furanochromone Khellin, Visnagin u. a., Pyranocumarine Samidin, Visnadin; Flavonoide.
A: Hauptwirkstoff ist das Khellin, das krampflösende und herzkranzgefäßerweiternde Eigenschaften hat. Letztere sollen von Visnadin noch übertroffen werden. Darüber hinaus hat die Droge harntreibende Wirkung. Häufige Anwendung von meist auf Khellin oder Visnadin standardisierten Fertigpräparaten bei Angina pectoris, Bronchialasthma, Keuchhusten, Spasmen im Magendarmbereich und der Gallen- und Harnwege. Ähnlich in der Homöopathie. Khellin war Modellsubstanz für die Entwicklung der anitallergisch wirkenden Cromoglicinsäure.
F: Cardisetten, Carduben, Khellangan N, Stenocrat N, Urol S u. v. a.

Hundspetersilie *Aethusa cynapium* L. Doldenblütler *Apiaceae*

☉ – ⊙
0,2 – 1 m
VI – IX

☠

B: Blätter 2 – 3fach gefiedert, im Gegensatz zur Garten-Petersilie unterseits glänzend und beim Zerreiben unangenehm riechend. Döldchen meist mit 3 nach außen herabhängenden Hüllchenblättern.
V: Unkrautfluren, Gebüsche; ganz Europa.
D: Aethusa cynapium, Aethusa (HAB 1), die frische, blühende Pflanze.
I: Die giftigen Polyacetylene (Polyine) Aethusin und Aethusanol, geringe Mengen ätherisches Öl. Spuren eines coniinähnlichen Alkaloides (früher als Cynapin bezeichnet) im frischen Kraut gelten als fraglich.
A: Teilweise tödliche Vergiftungen durch Verwechslung der Blätter mit Garten-Petersilie oder Garten-Kerbel bzw. der Früchte mit Anisfrüchten. Anwendung heute noch in der Homöopathie besonders bei Brechdurchfällen und Milchunverträglichkeit bei Säuglingen.
F: Cephalymphat, Vomitusheel u. a.

Giersch, Geißfuß *Aegopodium podagraria* L. Doldenblütler *Apiaceae*

♃
0,5 – 1 m
V – IX

B: Staude mit langen, unterirdischen Ausläufern. Blätter 1 – 2fach gefiedert, Blattabschnitte groß, gesägt, teilweise zweispaltig, einem Ziegenfuß ähnlich. Dolden mit 15 – 25 Strahlen, Hülle und Hüllchen fehlend.
V: Auenwälder, Hecken, Gärten; fast ganz Europa, im Süden selten.
D: Aegopodium Podagraria (HAB 34), die frische Pflanze.
I: Bisher wenig erforscht. Ätherisches Öl, in den Wurzeln ein Polyin.
A: Volkstümlich und in der Homöopathie gegen Rheumatismus und Gicht (hiervon der Name: Podagra = Gicht der großen Zehe), ebenso äußerlich das zerquetschte Kraut zu Umschlägen, in Bädern auch gegen Hämorrhoiden.

Echte Engelwurz *Angelica archangelica* L. Doldenblütler *Apiaceae*

♃
1 – 3 m
VII – VIII

s. S. 256

B: Große, kräftige Staude. Blätter 2 – 3fach gefiedert, mit oberseits rundem Blattstiel und aufgeblasener Blattscheide. Dolden sehr groß, Hülle fehlend, Hüllchenblätter lineal, so lang wie die Döldchen.
V: Feuchte Standorte. Nord-, Osteuropa bis Westasien, in Mitteleuropa auch verwildert und sich an einigen Flüssen ausbreitend.
D: Angelikawurzel – Angelicae radix (DAC), die getrockneten Wurzeln und Wurzelstöcke. Angelica archangelica (HAB 1).
I: Ätherisches Öl mit Phellandren; Cumarine bzw. Furocumarine Umbelliferon, Xanthotoxin u. a.
A: Als aromatisches Bittermittel bei Verdauungsbeschwerden und Appetitlosigkeit, auch eine gewisse krampflösende und harntreibende Wirkung ist vorhanden. Ferner Anwendung bei nervösen Störungen. Äußerlich zu hautreizenden, schmerzstillenden Einreibungen und Bädern bei Rheuma, Muskel- und Nervenschmerzen. In Schnupftabak, Bitterschnäpsen und Kräuterlikören (Bénédictine, Chartreuse). Bei empfindlichen Personen Photosensibilisierung. In der Homöopathie auch bei Katarrhen der Luftwege und Nervenleiden. Das ätherische Öl ist bei Anwendung größerer Dosen giftig.
F: Carvomin, Euvitan, Klosterfrau Melissengeist, Ventrimarin u. v. a.

Wilde Engelwurz *Angelica sylvestris* L. Doldenblütler *Apiaceae*

⊙ – ♃
1 – 2 m
VII – IX

B: Blätter meist zweifach gefiedert, mit oberseits rinnigem Blattstiel und aufgeblasener Blattscheide. Dolden mit 0 – 3 Hüllblättern, Hüllchenblätter halb so lang wie die Döldchen.
V: Feuchte Wiesen, Auwälder, Flachmoore, häufig; Europa, Westasien.
D: Wilde Engelwurz – Radix Angelicae silvestris.
I: Ätherisches Öl, Cumarine und Furocumarine, in den Früchten auch eine herzkranzgefäßerweiternde Substanz (Angesin).
A: In der Volksheilkunde vor allem als auswurfförderndes Mittel bei Husten, sonst wie Echte Engelwurz. Die Samen in homöopathischer Zubereitung bei nervlicher Erschöpfung, nervösen Verdauungsstörungen.

Meisterwurz *Peucedanum ostruthium* (L.) KOCH (*Imperatoria ostruthium* L.) Doldenblütler *Apiaceae*

♃
0,3 – 1 m
VI – VIII

B: Blätter doppelt dreizählig, Teilblättchen eiförmig, grob gezähnt. Hülle der bis zu 50strahligen Dolde fehlend. Frucht rund.
V: Hochstaudenfluren, Erlengebüsche der Alpen und Pyrenäen.
D: Meisterwurzwurzelstock – Rhizoma Imperatoriae (Erg. B. 6), der getrocknete Wurzelstock ohne Wurzeln. Imperatoria Ostruthium (HAB 34).
I: Ätherisches Öl, Cumarine, Furocumarine, Gerbstoff, Hesperidin.
A: Galt im Mittelalter als Allheilmittel, so bei Bronchitis, Gicht, Rheuma, Menstruationsstörungen, Fieber u. a. Heute wird hauptsächlich die appetit- und verdauungsanregende, außerdem leicht beruhigende Wirkung in Fertigarzneimitteln genutzt. Auch zu Bitterschnäpsen.
F: Endemol, Floradix Multipretten u. a.

Wiesen-Bärenklau *Heracleum sphondylium* L. Doldenblütler *Apiaceae*

⊙ – ♃
0,5 – 1,8 m
VI – IX

B: Grundblätter groß, ungeteilt oder bis 9zählig fiederschnittig. Stengel stark gefurcht, steifhaarig. Hüllblätter der 15 – 30strahligen Dolde meist fehlend (oder bis 3), Hüllchenblätter zahlreich. Randblüten der Döldchen strahlend. Früchte 6 – 10 mm lang, rund oder oval, kahl.
V: Wiesen, Hochstaudenfluren, Auwälder, ganz Euorpa und weiter verbreitet.
D: Bärenklaukraut – Herba Heraclei sphondylii (Herba Brancae ursinae). Heracleum Sphondylium (HAB 34).
I: Besonders in den Früchten ätherisches Öl mit Furocumarinen, u. a. Bergapten.
A: Selten noch volkstümlich und in der Homöopathie bei Verdauungsbeschwerden, Husten und Heiserkeit, Hautleiden. Nach Berührung mit dem Saft der Pflanze bei empfindlichen Personen Photosensibilisierung (s. S. 18).
F: Heralvent.

Blüten weiß, radiär, 5 Blütenblätter

Sumpfporst *Ledum palustre* L. Heidekrautgewächse *Ericaceae*

ħ
1 - 1,5 m
V - VI

B: Immergrüner, stark duftender Strauch. Blätter lanzettlich, ledrig, unterseits rotbraun-filzig. Weiße Blüten mit freien Kronblättern in endständigen doldenartigen Blütenständen.
V: Hochmoore, Moorwälder im nördlichen Europa, Nordamerika.
D: Sumpfporstkraut - Herba Ledi palustris. Ledum palustre, Ledum (HAB 1).
I: Ätherisches Öl mit Ledol (Porstkampfer) und Palustrol, Gerbstoffe.
A: Früher volkstümlich, heute vorwiegend in der Homöopathie bei Gicht und Gelenkrheumatismus, Husten, Insektenstichen, Hautausschlägen. Äußerlich in durchblutungsfördernden Einreibungen und zur Wundbehandlung. Ledol wirkt stark reizend auf Haut und Schleimhäute. Der Mißbrauch der Pflanze als Abtreibungsmittel und der Zusatz der Droge zum Bier, um die berauschende Wirkung zu erhöhen (Brauerkraut), haben früher zu Vergiftungen geführt.
F: Berberis-Tonicum-Pascoe, Ledum, Rheuma-Pasc, Schwörheumal u. a.

Bärentraube *Arctostaphylos uva-ursi* (L.) SPRENGEL Heidekrautgewächse *Ericaceae*

ħ
Bis 1,5 m
kriechend
IV - VII

s. S. 258

B: Niederliegender, teppichbildender Strauch. Blätter immergrün, verkehrt-eiförmig, derb, mit flachem Rand. Blütenkrone krugförmig mit 5 rötlichen Zipfeln. Rote Beeren.
V: Zwergstrauchheiden, Kiefernwälder; Europa, Nordasien, Nordamerika.
D: Bärentraubenblätter - Uvae ursi folium (DAB 10), die getrockneten Laubblätter. Arctostaphylos uva-ursi, Uva ursi (HAB 1).
I: Arbutin (spaltet sich nach Ausscheidung durch die Niere in Glucose und Hydrochinon), Methylarbutin, viel Gerbstoffe, Flavonoide, Triterpene.
A: Häufig verwendet bei bakteriellen Infektionen der Harnwege und der Harnblase. Die Wirkung tritt jedoch nur bei alkalischer Reaktion des Harns und genügend hoher Dosierung ein. Ein harntreibender Effekt ist bei der Droge nicht vorhanden. Wegen des hohen Gerbstoffgehaltes sind Reizungen der Magen- und Darmschleimhäute möglich, bei längerem Gebrauch auch Hydrochinonvergiftungen. In der Homöopathie ähnliche Anwendungsgebiete.
F: Arctuvan, Blasen- und Nierentee Stada, Uroflux, Uvalysat u. v. a.

Preiselbeere *Vaccinium vitis-idaea* L. Heidekrautgewächse *Ericaceae*

ħ
0,1 - 0,3 m
V - VIII

B: Zwergstrauch. Blätter immergrün, verkehrt-eiförmig, mit verdicktem, nach unten umgerolltem Rand, unterseits durch braune Drüsenhaare punktiert. Blütenkrone glockig, offen, bis zur Hälfte 5(-4)teilig, weiß bis rötlich. Rote Beeren.
V: Nadelwälder, Heiden, auf kalkarmen Böden, ganze nördliche Hemisphäre.
D: Preiselbeerblätter - Folia Vitis Idaeae (Erg.B.6).
I: Arbutin, Pyrosid, Salidrosid, Gerbstoffe, Flavonglykosid.
A: Selten wie Bärentraubenblätter als Harndesinfiziens verwendet. Wegen des geringeren Arbutingehaltes ist eine höhere Dosierung notwendig. Daneben bei rheumatischen Erkrankungen.
F: Uriginex N u. a.

Fieberklee, Bitterklee *Menyanthes trifoliata* L. Fieberkleegewächse *Menyanthaceae*

♃
0,1 - 0,3 m
V - VI

s. S. 268

B: Pflanze mit lang kriechendem Wurzelstock und dreizähligen, langgestielten, grundständigen Blättern. Blüten in dichter Traube, Kronblätter weiß bis rosa, am Grunde verwachsen, innen bärtig.
V: Sumpfwiesen, Moore; durch fast ganz Europa, Asien, Nordamerika.
D: Bitterkleeblätter - Trifolii fibrini folium (DAC), die getrockneten Laubblätter der blühenden Pflanze. Menyanthes (HAB 34), die frische, ganze Pflanze.
I: Bitterstoffglykosid Foliamenthin, Loganin (Menyanthin), bitter schmeckende Alkaloide wie Gentianin, Gerbstoffe.
A: Als Bittermittel zur Anregung der Verdauungssaftsekretion bei Appetitlosigkeit, Verdauungsstörungen und Gallenleiden. Volkstümlich früher gegen Fieber, aufgrund der Inhaltsstoffe aber ohne Wirkung. In der Homöopathie bei Fieberanfällen, Muskelschmerzen und Kopfschmerzen. In der Likörindustrie (Boonekamp).
F: Gallexier, Nerviguttum forte, Regasinum antiinfectiosum, Stagnosan u. v. a.

Schwalbenwurz *Vincetoxicum hirundinaria* MED. (*Cynanchum vincetoxicum* (L.) PERS.) Schwalbenwurzgewächse *Asclepiadaceae*

♃
0,3 – 1,2 m
V – VIII

B: Zahlreiche aufrechte, einem Wurzelstock entspringende Stengel. Blätter gegenständig, eilanzettlich, zugespitzt. Blüten klein, weiß bis gelblich, in zusammengesetzten Blütenständen.
V: Lichte Wälder, Waldränder, in Kalkschutt; Europa bis Asien, Nordafrika.
D: Vincetoxicum hirundinaria, Vincetoxicum (HAB 1), die frischen Blätter.
I: Steroidglykoside mit saponinähnlichen Eigenschaften (Vincetoxin), in den Samen ein herzwirksames Prinzip.
A: Vincetoxin hat aconitinähnliche Wirkung und ruft Lähmungen hervor. Früher die Wurzel in der Volksmedizin als harn- und schweißtreibendes Mittel, auch bei Schlangenbissen (Name von lat. Gift besiegen). Heute noch in der Homöopathie u. a. bei Bluthochdruck und zur Aktivierung der unspezifischen körpereigenen Abwehr bei Virusinfektionen.
F: Engystol N, Isoskleran u. a.

Acker-Winde *Convolvulus arvensis* L. Windengewächse *Convolvulaceae*

♃
Bis 1,2 m lang
V – IX

B: Niederliegend-windende Pflanze mit weit kriechendem Wurzelstock und pfeilförmigen Blättern. Blütenkrone trichterförmig verwachsen, 1 – 2,5 cm lang, weiß bis rosa.
V: Äcker, Wegränder, Unkrautfluren, heute fast weltweit verbreitet.
D: Ackerwindenkraut – Herba Convolvuli arvensis, das getrocknete Kraut. Convolvulus arvensis (HAB 34).
I: Harzglykoside, Gerbstoff, Flavonoide, blutgerinnungsfördernde Stoffe.
A: Die Harzglykoside haben abführende Wirkung. Anwendung meist zusammen mit anderen abführenden Drogen. In der Homöopathie bei Rückenschmerzen.
F: Abführ-Tee Stada, Fidaxan u. a.

Zaunwinde *Calystegia sepium* (L.) R. BR. Windengewächse *Convolvulaceae*

♃
1 – 3 m lang
VI – IX

B: Windende Pflanze mit großen, herz-pfeilförmigen Blättern. Blütenkrone trichterförmig, bis 6 cm lang, meist weiß, Kelch von zwei Vorblättern umgeben.
V: Unkrautfluren, Hecken, Auenwälder, heute weltweit verbreitet.
D: Zaunwindenharz – Resina Convolvuli sepium.
I: Harzglykoside.
A: Starkes Abführmittel, früher unter der Bezeichnung Scammonium germanicum gebräuchlich. Im Unterschied zu den ausschließlich dickdarmwirksamen Anthraglykosiden (siehe Faulbaum) wirkt das Harz der Zaunwinde vor allem auf den Dünndarm wie auch die verwandten, häufig in Fertigpräparaten enthaltenen Harze der mexikanischen Skammoniawurzel und Jalapenwurzel (ebenfalls Windengewächse). Die Pflanze selber wird nicht angewendet, da der hohe Gerbstoffgehalt die Abführwirkung beeinträchtigen soll.

Gemeiner Beinwell *Symphytum officinale* L. Rauhblattgewächse *Boraginaceae*

♃
0,5 – 1,5 m
V – VII

s. S. 260

B: Borstig behaarte Pflanze mit langen, an beiden Enden verschmälerten Blättern. Blattstiel geflügelt und am Stengel herablaufend. Blütenkrone verwachsen, gelblichweiß oder rotviolett.
V: Häufig auf feuchten Wiesen, an Bachufern, Europa, Asien.
D: Beinwellwurzel – Symphyti radix (im DAC bis 1986), die getrockneten Wurzeln mit Wurzelstöcken. Symphytum (HAB 34). Daneben die Blätter – Folia Symphyti.
I: Allantoin, Schleimstoffe, Gerbstoffe, Pyrrolizidinalkaloide.
A: Entzündungshemmende, wundheilende und reizmildernde Wirkung. Zubereitungen der Wurzeln, z. T. zusammen mit Blattextrakten, als Breiumschlag oder in Salben zur lokalen Behandlung von Knochenverletzungen (Anregung der Kallusbildung), Blutergüssen, Prellungen, Verstauchungen, schlecht heilenden Wunden (Allantoin-Wirkung), Drüsenschwellungen, Venenentzündungen und rheumatischen Beschwerden. Ähnlich auch in der Homöopathie gebräuchlich. Von innerlicher Anwendung wird wegen möglicher leberschädigender und krebserregender Wirkung der Pyrrolizidinalkaloide abgeraten.
F: Arthrodynat, Kytta-Plasma, Rephastasan, Traumeel S u. v. a.

Blüten weiß, radiär, 5 Blütenblätter

Judenkirsche *Physalis alkekengi* L. Nachtschattengewächse *Solanaceae*

♃
0,3 – 0,6 m
V – VIII

B: Pflanze mit kriechendem Wurzelstock. Blätter lang gestielt, oval, zugespitzt. Blütenkrone grünlichweiß. Kelch zur Fruchtzeit orangerot, lampionartig aufgeblasen, mit kirschgroßer, roter Beere.
V: Wälder, Hecken, Schuttplätze; Europa, Asien.
D: Judenkirschen – Fructus Alkekengi, Baccae Alkekengi, die reifen Beeren. Physalis alkekengi (HAB 1).
I: Bitterstoff Physalin (nicht in den reifen Früchten), Carotinoid Physalien.
A: Harntreibende Wirkung. In der Volksmedzin ein mit Branntwein hergestellter Auszug bei Blasen- und Nierensteinen sowie bei Rheuma und Gicht. In der Homöopathie ebenfalls bei Harnsteinleiden. Die Giftigkeit der Pflanze ist nicht endgültig geklärt, die reifen Früchte sind aber wohl harmlos.
F: Diurex, Osparen, Solidago Similiaplex N u. a.

Paprika *Capsicum annuum* L. Nachtschattengewächse *Solanaceae*

⊙ – ⊙
0,2 – 0,5 m
VI – IX

B: Blätter lanzettlich bis oval, ganzrandig. Blütenkrone weiß, gelblichweiß oder rötlich. Frucht je nach Sorte rundlich bis länglich, rot, orange, gelb oder grün.
V: Heimat Mittelamerika, heute in wärmeren Gegenden weltweit kultiviert.
D: Paprika - Fructus Capsici (DAB 7), die getrockneten reifen Früchte der var. *longum.* Capsicum annuum, Capsicum (HAB 1).
I: Capsaicin (scharf schmeckend), Carotinoide, Flavonglykoside, Vitamin C.
A: Capsaicin wirkt stark durchblutungsfördernd und erzeugt Rötung und Wärmegefühl auf Haut und Schleimhäuten. Anwendung als Pflaster, Salbe oder Tinktur bei rheumatischen Beschwerden, Rippenfell- und Herzbeutelentzündungen, Frostschäden, zu Mundspülungen und in Haarwässern. Innerlich zur Anregung der Magensaftsekretion bei Appetitmangel und Verdauungsschwäche. In zu hoher Dosis Reizung der Darmschleimhaut, äußerlich Blasen- und Geschwürbildung. In der Homöopathie u. a. bei Hals- und Mittelohrentzündungen. Als Gemüse und Gewürz.
F: Arthrodynat N, Myalgol, Pectapas u. v. a.

Kartoffel *Solanum tuberosum* L. Nachtschattengewächse *Solanaceae*

♃
0,4 – 0,8 m
VI – VIII

☠

B: Pflanze mit unterirdischen Knollen. Blätter unpaarig gefiedert, abwechselnd mit größeren und kleineren Fiederblättern. Blütenkrone verwachsen, ausgebreitet, weiß, rötlich oder lila. Früchte fleischige, gelbgrüne Beeren, giftig.
V: Heimat Südamerika, heute in vielen Sorten kultiviert, selten verwildert.
D: Kartoffelstärke – Solani amylum (DAB 10), die Stärke aus den Knollen. Volkstümlich der Preßsaft aus den frischen Kartoffeln.
I: Im Preßsaft geringe Mengen Solanin, Acetylcholin, Vitamine, Schleim.
A: Die Stärke als Puderzusatz, Tablettensprengmittel (s. auch S. 22). Der Preßsaft als krampflösendes und säurebindendes Mittel bei Magenerkrankungen. Extrakte aus dem frischen Kraut dagegen zur Anregung der Magensaftsekretion. Als Giftpflanze siehe S. 252.
F: Kartoffelsaft Florabio, Papayasanit u. a.

Stechapfel *Datura stramonium* L. Nachtschattengewächse *Solanaceae*

⊙
0,3 – 1,2 m
VI – X

☠

B: Verzweigte Pflanze mit großen, ovalen, buchtig gezähnten Blättern. Blütenkrone trichterförmig, 6 – 10 cm lang, meist weiß, selten violett. Frucht eiförmig, stachelig.
V: Heimat Mittelamerika, heute in Unkrautfluren weltweit verschleppt.
D: Stramoniumblätter, Stechapfelblätter – Stramonii folium (DAB 10), die getrockneten Blätter und blühenden Zweigspitzen. Datura stramonium, Stramonium (HAB 1). Stechapfelsamen – Semen Stramonii (Erg.B.6).
I: Alkaloide, hauptsächlich Hyoscyamin, begleitet von Scopolamin und Atropin, Nicotin, Flavonoide, Cumarine.
A: Ähnliche Wirkung wie die Tollkirsche. Anwendung auf ärztliche Verordnung meist in Fertigpräparaten besonders als krampflösendes Mittel bei Husten und Asthma, früher auch in Form von Asthma-Zigaretten und -räucherpulvern, ferner bei Parkinsonscher Krankheit. In der Homöopathie u. a. bei hochfieberhaften Infektionen, Hirnreizungs- und Erregungszuständen, Krämpfen.
F: Asthma-Bomin, Asthmacolat *Rp,* Cicuta Similiaplex, Delmasthin u. a.

Schwarzer Holunder *Sambucus nigra* L. Geißblattgewächse *Caprifoliaceae*

♄
Bis 7 m
VI – VIII

s. S. 272

B: Hoher Strauch, gelegentlich baumartig, Äste mit reinweißem Mark. Blätter meist 5zählig gefiedert. Blütenkrone am Grunde verwachsen, 5zählig, weiß bis gelblich, Staubblätter gelb, Blüten in doldenförmigen Rispen. Früchte (oben rechts) schwarz, Fruchtstände überhängend.
V: Waldränder, Hecken, auf feuchten, stickstoffreichen Böden, Europa.
D: Holunderblüten – Sambuci flos (DAB 10) die getrockneten, durch Sieben von den Stielen befreiten Blüten. Holunderbeeren, Fliederbeeren – Fructus Sambuci. Holunderblätter – Folia Sambuci. Sambucus nigra, Sambucus (HAB 1).
I: Blüten: Flavonoide, ätherisches Öl, Gerbstoffe, Blausäureglykosid Sambunigrin, Phenolcarbonsäuren, Schleim. Früchte: organische Säuren, Gerbstoffe, Zucker, Anthocyanfarbstoff, Vitamine.
A: Die Blüten als heißer Tee (Fliedertee) in größeren Mengen getrunken gelten als schweißtreibendes Mittel, das gerne bei fieberhaften Erkältungskrankheiten angewendet wird. Ob dabei die Wirkung auf spezifischen Inhaltsstoffen beruht oder auf die große Menge heißer Flüssigkeit zurückgeführt werden muß, ist umstritten. Außerdem soll die Droge harntreibende Eigenschaften haben. Einigen Teemischungen (Abführtees) ist sie auch nur als Geschmackskorrigens beigegeben. Äußerlich zu Gurgelwässern und Bädern (Gerbstoffwirkung). Die vitamin und mineralstoffreichen Früchte als Saft oder Mus volkstümlich bei Erkältungskrankheiten, auch bei Rheuma und Nervenschmerzen, roh als Abführmittel. In größeren Mengen roh oder unreif erzeugen sie ebenso wie Rinde und Blätter Übelkeit und Erbrechen. In der Homöopathie Blätter und Blüten u. a. bei Entzündungen der Atemwege.
F: Arthrodynat, Grippe-Tee Stada, Nettigall, Sinupret u. v. a.

Zwerg-Holunder, Attich *Sambucus ebulus* L. Geißblattgewächse *Caprifoliaceae*

♃
0,5 – 2 m
VI – VIII

B: Krautige Pflanze mit kriechendem Wurzelstock. Blätter 7 – 9zählig gefiedert. Blütenkrone am Grunde verwachsen, weiß bis rosa, Staubblätter rot. Blüten in doldigen Rispen. Früchte schwarz, Fruchtstand aufrecht.
V: Waldränder, Lichtungen; Europa, fehlt im Norden.
D: Attichwurzel, Zwergholunderwurzel – Radix Ebuli (Erg.B.6), die getrocknete Wurzel. Sambucus Ebulus (HAB 34), die frischen, reifen Beeren.
I: In allen Organen chemisch noch unerforschter „Bitterstoff", in der Wurzel außerdem Saponin, Gerbstoff, Iridoide.
A: Als Giftpflanze s. S. 250. Die Droge hat harntreibende und abführende Wirkung und wird heute noch in Fertigarzneimitteln vor allem zur Ausschwemmung von Wasseransammlungen verwendet, in der Volksheilkunde wie auch das Mus der Beeren früher als Abführmittel. Nach Einnahme größerer Mengen Attich-Tees ist mit heftigem Erbrechen und Durchfällen zu rechnen.
F: Makoselect u. a.

Buschwindröschen *Anemone nemorosa* L. Hahnenfußgewächse *Ranunculaceae*

♃
0,1 – 0,3 m
III – V

B: Pflanze mit kriechendem Wurzelstock. Laubblätter fünfteilig handförmig. Blütenstengel meist mit einer 6 (– 9)zähligen Blüte und dreiteiligen Hochblättern. Blütenblätter weiß bis blaßviolett überlaufen.
V: Laubwälder, durch fast ganz Europa, im Süden nur im Gebirge.
D: Anemone nemorosa (HAB 34), die frische, vor Entfaltung der Blüte gesammelte Pflanze.
I: Im frischen Kraut Protoanemonin (Anemonol), das beim Trocknen in Anemonin und schließlich in die unwirksame Anemonsäure übergeht; daneben ein Saponosid.
A: Die Pflanze ist nur frisch giftig (auch fürs Vieh) durch das stark haut- und schleimhautreizende, blasenziehende Protoanemonin. In der Volksheilkunde früher äußerlich bei Gelenkleiden, Brustfellentzündung und Bronchitis gebräuchlich, in der Homöopathie heute noch u. a. bei Zyklusstörungen. Ebenso zu bewerten sind das Große Windröschen (*Anemone sylvestris* L.) und das Gelbe Windröschen (*Anemone ranunculoides* L.).

Blüten weiß, radiär, 6 Blütenblätter

Weißer Germer, Nieswurz *Veratrum album* L. Liliengewächse *Liliaceae*

♃
0,5 – 1,5 m
VI – VIII

B: Kräftige Pflanze mit spiralig angeordneten (Unterschied zu *Gentiana),* elliptischen bis lanzettlichen Blättern. Blüten weiß bis grünlich, in dichter, 30 - 60 cm langer Rispe.
V: Alpine Weiderasen und Staudenfluren, Europa, Asien.
D: Weiße Nieswurz – Rhizoma Veratri (DAB 6), der getrocknete Wurzelstock mit Wurzeln. Veratrum (HAB 34).
I: Alkaloide Protoveratrin A, B, Germerin, Jervin.
A: Gehört zu den gefährlichsten Giftpflanzen. Protoveratrin hat blutdruck- und herzfrequenzsenkende Wirkung und wurde zeitweise in Fertigpräparaten verwendet. Die Droge selbst wegen der großen Giftigkeit nur noch selten äußerlich in schmerzstillenden Salben gegen Trigeminusneuralgie, wegen der niesenerregenden Eigenschaften früher in Schnupfpulvern. Homöopathisch u. a. bei Durchfallerkrankungen, Herz- und Kreislaufschwäche und vegetativer Dystonie gebräuchlich. In der Tiermedizin als Ungeziefermittel.
F: Camphora Oligoplex, Diarrheel S, Dysto-loges, Procordal, Scillacor u. v. a.

Bären-Lauch *Allium ursinum* L. Liliengewächse *Liliaceae*

♃
0,2 – 0,5 m
V – VI

B: Pflanze mit länglicher, schlanker Zwiebel. Blätter breit lanzettlich, langgestielt, meist zu 2 grundständig. Scheindolde flach, ohne Brutzwiebeln, mit rein weißen Blüten. Intensiver Knoblauchgeruch.
V: Laubwälder, oft in großen Beständen, Europa.
D: Bärlauchkraut – Herba Allii ursini. Allium ursinum (HAB 1).
I: Lauchöl in ähnlicher Zusammensetzung wie beim Knoblauch.
A: Volkstümlich wie Knoblauch bei Verdauungsstörungen, Arteriosklerose und Bluthochdruck, Hautausschlägen. Die Blätter als Gemüse und Gewürz.

Knoblauch *Allium sativum,* L. ssp. *sativum* Liliengewächse *Liliaceae*

♃
0,2 – 0,7 m
VI – VIII

B: Zwiebel mit länglich-eiförmigen Nebenzwiebeln (Zehen). Stengel bis zur Mitte mit flachen, gekielten, am Rande rauhen Blättern besetzt. Scheindolde mit wenigen, weißlichen, lang gestielten Blüten und Brutzwiebeln, das einzige Hüllblatt lang geschnäbelt.
V: Häufig kultiviert, besonders in Südeuropa, Heimat Zentralasien.
D: Knoblauchzwiebel – Bulbus Allii sativi (Erg.B.6), die Hauptzwiebel mit ihren Nebenzwiebeln. Allium sativum (HAB 1).
I: In der frischen Pflanze das geruchlose Alliin, das fermentativ zu dem antibakteriell und antimykotisch wirksamen Allicin mit Knoblauchgeruch abgebaut wird. Dieses zerfällt in verschiedenartige Polysulfide mit stark unangenehmem Geruch. Außerdem schwefelhaltige Peptide, Flavonoide, Vitamine.
A: Seit dem Altertum Gewürz und Heilmittel mit darmdesinfizierender, fäulniswidriger und verdauungsfördernder Wirkung. Anwendung vor allem bei Darmstörungen (in warmen Ländern vorbeugend, wie auch gegen einige Wurmkrankheiten). Nachgewiesen wurde auch ein fibrinolytischer, thrombozytenaggregationshemmender und lipid- sowie blutdrucksenkender Effekt, weshalb dem Knoblauch bei längerer Einnahme und hoher Dosierung (2 – 3 Zehen pro Tag) eine vorbeugende antiarteriosklerotische Wirksamkeit zukommt.
F: Asgoviscum N, Ilja Rogoff, Kwai, Zirkulin Knoblauch-Perlen u. v. a.

Küchenzwiebel *Allium cepa* L. Liliengewächse *Liliaceae*

♃
0,6 – 1,2 m
VI – VIII

B: Röhrige Blätter und Stengel unterhalb der Mitte bauchig aufgeblasen. Blütenstand groß, kugelig, die Blütenstiele bis 8mal so lang wie die grünlich-weißen Blütenblätter.
V: Häufig angebaut, Heimat Westasien.
D: Küchenzwiebel – Bulbus Allii cepae. Allium cepa, Cepa (HAB 1).
I: Propyl- und Cycloalliin, Propanthialoxid (tränenerregendes Prinzip), blutzuckersenkende und herzwirksame Substanzen (zweifelhaft).
A: Vorwiegend als Hausmittel gegen Husten, Erkältungskrankheiten, als Blutreinigungsmittel, zur Anregung von Verdauung und Appetit. Neuerdings konnten antiasthmatische Eigenschaften nachgewiesen werden. Äußerlich gegen Insektenstiche, in Fertigarzneimitteln zur Narbenbehandlung. In der Homöopathie u.a. bei Schnupfen, Entzündungen der Luftwege, Darmstörungen.
F: Carito, Contractubex, Nomon N, Zwiebelöl-Kapseln verschiedener Hersteller.

Spargel *Asparagus officinalis* L. Liliengewächse *Liliaceae*

♃
0,3 – 1,5 m
V – VII

B: Blätter (Phyllokladien) nadelartig zu 3 – 8 büschelig in den Achseln von kleinen, häutigen Blättchen. Blüten an dünnen, in der Mitte gegliederten Stielen, nickend, weißlichgelb. Leuchtend rote Beeren.
V: Kulturpflanze, zuweilen verwildert, Heimat wohl östl. Mittelmeergebiet.
D: Spargelwurzel – Radix Asparagi, der getrocknete Wurzelstock mit den Wurzeln. Asparagus officinalis (HAB 1), die frischen, unterirdischen Sprosse.
I: Saponine, Aminosäuren (Asparagin, Arginin), Kaliumsalze.
A: Starke harntreibende Wirkung. In wenigen Fertigpräparaten und volkstümlich bei Wasseransammlungen, manchen Blasen- und Nierenleiden, Nierensteinen, Gicht und Rheuma. Spargelsprosse, die ebenfalls harntreibend wirken, als Gemüse, in der Homöopathie bei Nierensteinleiden und Herzschwäche. Asparagin verleiht dem Harn den charakteristischen Geruch nach Methylmercaptan.
F: Blasen- und Nieren-Tee Stada, Vital Blasen- und Nieren-Tee u. a.

Meerzwiebel *Urginea maritima* (L.) BAK. Liliengewächse *Liliaceae*

♃
0,5 – 1,5 m
VII – X

B: Blätter alle grundständig, lanzettlich, einer 15 – 20 cm großen Zwiebel entspringend, zur Blütezeit verwelkt. Hoher Blütenschaft mit reichblütiger Traube aus etwa 1 cm großen Blüten.
V: Felsfluren, Dünen, Weideunkraut; Mittelmeergebiet.
D: Meerzwiebel – Scillae bulbus (DAB 10), die getrockneten, mittleren fleischigen Zwiebelschuppen der weißzwiebeligen Rasse. Urginea maritima var. alba, äthanol. Digestio (HAB 1). Urginea maritima var. rubra, Scilla (HAB 1).
I: Herzglykoside, vor allem Glucoscillaren A und Scillaren A (liefert nach fermentativer Spaltung Proscillaridin A). In der roten Rasse Scillirosid.
A: Auf einen bestimmten Wirkwert eingestellte Präparate, häufig auch Proscillaridin A nach ärztlicher Verordnung, vor allem bei leichterer Herzmuskelschwäche. Die Wirkung ist stärker, aber weniger anhaltend als bei Fingerhutzubereitungen. Auch zur Ausschwemmung herzbedingter Wasseransammlungen, da die Harnabsonderung kräftig angeregt wird. Die rote Rasse in der Homöopathie als Herzmittel und bei Bronchitis, von alters her als Rattengift.
F: Cordi sanol, Husteel, Miroton, Scillase Tee, Szillosan u. v. a.

Maiglöckchen *Convallaria majalis* L. Liliengewächse *Liliaceae*

♃
0,1 – 0,3 m
V – VI

B: Pflanze mit unterirdisch kriechendem, dünnem Wurzelstock und 2 breitlanzettlichen Blättern. 5 – 10 duftende, glockenförmige Blüten in langgestielter, einseitswendiger Traube. Früchte rot.
V: Laubwälder, auch Zierpflanze; Europa, Asien, Nordamerika.
D: Maiglöckchenkraut – Convallariae herba (DAB 10), die getrockneten, oberirdischen Teile, auch von nahestehenden Arten. Convallaria majalis (HAB 1). Maiglöckchenblüten – Flores Convallariae (Erg.B.6).
I: Herzglykoside, vor allem Convallatoxin, Convallatoxol, Convallosid, Lokundjosid; Saponine.
A: Als Giftpflanze siehe S. 244. Herzmittel wie der Rote Fingerhut. Man verwendet die auf einen bestimmten Wirkwert eingestellte Droge oder die Reinglykoside auf ärztliche Verordnung in Präparaten gegen leichtere Herzmuskelschwäche und zur Ausschwemmung herzbedingter Wasseransammlungen, da auch die Harnabsonderung gesteigert wird. Ähnlich in der Homöopathie. Das Pulver der Blüten wirkt niesenerregend (Schnupftabak).
F: Angioton, Cardiosan, Cefascillan N, Convacard, Cordi-sanol, Miroton u. v. a.

Schneeglöckchen *Galanthus nivalis* L. Narzissengewächse *Amaryllidaceae*

♃
0,1 – 0,3 m
II – IV

B: Zwiebelpflanze mit 2 blaugrünen, linealen Grundblättern. Blüten einzeln, hängend, von einem Hüllblatt überragt, die 3 äußeren Blütenblätter abstehend, die 3 inneren halb so lang, mit grünem Fleck.
V: Feuchte Wälder, häufig aus Gärten verwildert, Süd-, Mitteleuropa, SW-Asien.
D: Alkaloid Galanthamin. In der Homöopathie die frische, blühende Pflanze.
I: Besonders in der Zwiebel die Alkaloide Galanthamin, Lycorin, Nivalin u. a.
A: Galanthamin hat physostigminähnliche Wirkung (Cholinesterasehemmer) und wird in einigen Ländern u. a. zur Behandlung von Folgeerscheinungen der Kinderlähmung verwendet. In der Homöopathie als Herzmittel.

Gänseblümchen, Maßliebchen *Bellis perennis* L. Korbblütler *Asteraceae*

♃
Bis 0,2 m
III - XI

B: Rosettenpflanze mit einköpfigem, unbeblättertem Stengel. Blütenboden kegelförmig aufgewölbt, hohl, ohne Spreublätter.
V: Häufige Wiesenpflanze durch fast ganz Europa.
D: Gänseblümchenblüten (-kraut) - Flores (Herba) Bellidis. Bellis perennis (HAB 1), die frische, blühende Pflanze.
I: Saponine, Gerbstoff, Bitterstoff, Schleim, ätherisches Öl, Flavonoide, Inulin.
A: In der Homöopathie gebräuchlich bei Verstauchungen, Prellungen, Muskelschmerzen, Furunkulose und Ekzemen. Selten noch in der Volksheilkunde bei Katarrhen der Atemwege, Hautkrankheiten und Leberleiden. Äußerlich gegen Akne und zur Wundbehandlung. Die jungen Blätter als Salat zu Frühjahrskuren.
F: Bellis Oligoplex, Euphorbia-Plantaplex N, Phytocortal u. a.

Kanadisches Berufkraut *Conyza canadensis* (L.) CRONQ. (*Erigeron canadensis* L.) Korbblütler *Asteraceae*

⊙ - ⊙
0,1 - 1 m
VI - IX

B: Aufrechte, zerstreut behaarte Pflanze mit lanzettlichen Blättern. Blütenköpfe nur 3 - 5 mm breit, mit unscheinbaren, weißen bis rötlichen Zungenblüten, in rispig verzweigten Blütenständen.
V: In offenen Unkrautfluren häufig. Heimat Nordamerika, heute außerhalb der Tropen fast weltweit verbreitet.
D: Conyza canadensis, Erigeron canadensis (HAB 1), die frische, blühende Pflanze.
I: Ätherisches Öl mit Limonen; Gerbstoffe.
A: Vorwiegend in der Homöopathie bei Blutungen verschiedenster Art und Neigung zu Blutungen (u. a. der Nasenschleimhaut), in der Volksheilkunde außerdem als Mittel gegen Durchfall.
F: Gentiana Oligoplex, Millefolium-Pentarkan u.a.

Moschus-Schafgarbe *Achillea moschata* WULFEN Korbblütler *Asteraceae*

♃
0,1 - 0,2 m
VII - IX

▽

B: Unterirdisch kriechende Pflanze mit aufrechten Stengeln. Blätter einfach fiederteilig. Blütenköpfe 1 - 1,4 cm breit mit 6 - 8 weißen Zungenblüten.
V: In Steinschuttfluren und Rasen der Ostalpen, auf kalkarmem Untergrund.
D: Moschusschafgarbenkraut, Ivakraut - Herba Ivae moschatae (Erg.B.6), Herba Genipi veri, das getrocknete Kraut. Auch *Achillea nana* L., *A. erba-rotta* ALL. und *A. atrata* L. werden verwendet.
I: Ätherisches Öl mit Cineol, Campher, Bornylacetat, Thujon, Cumarine, Flavonoide.
A: Wie die Gewöhnliche Schafgarbe als aromatisches Bittermittel bei Appetitlosigkeit und Magen- und Darmstörungen, besonders in der Schweiz in Form des Iva-Likörs (Ivabitter).

Gewöhnliche Schafgarbe *Achillea millefolium* L. s. l. Korbblütler *Asteraceae*

♃
0,2 - 0,8 m
VI - XI

s. S. 286

B: Blätter 2 - 3fach fiederteilig. Blütenköpfe etwa 0,5 cm breit mit meist 5 weißen bis rosa Zungenblüten, in schirmförmigen Rispen.
V: Häufig in Rasen und Unkrautfluren, in Europa weit verbreitet.
D: Schafgarbenkraut - Millefolii herba (DAB 10), die getrockneten, blühenden Sprosse. Achillea millefolium, Millefolium (HAB 1). Schafgarbenblüten - Flores Millefolii (Erg.B.6), die getrockneten Trugdolden.
I: Ätherisches Öl mit Cineol, Chamazulen bzw. Vorstufen (nur in tetraploiden Pflanzen, weshalb die Herkunft der Droge wichtig ist), Sesquiterpenlactone (vermutlich allergieauslösend), Gerbstoffe, Flavonoide.
A: Neben der anregenden Wirkung auf die Sekretion der Verdauungsdrüsen hat die Droge durch den Gehalt an Chamazulen auch krampflösende und entzündungshemmende Eigenschaften wie die Kamille. Anwendung vor allem bei Appetitmangel, Verdauungsstörungen, Leber- und Gallenleiden, Menstruationsbeschwerden, äußerlich bei Hautleiden und Wunden. In der Homöopathie u. a. bei Krampfaderleiden, Krampfschmerz, juckenden Hautveränderungen mit Bläschenbildung. Zu Magenbittern. Die jungen Blätter als Gewürzkraut. Bei empfindlichen Personen kann durch den Saft der Pflanze „Wiesendermatitis" entstehen.
F: Aristochol N, Asgocholan, Digestivum-Hetterich N, Menodoron N u. v. a.

Römische Kamille *Chamaemelum nobile* (L.) ALL. (*Anthemis nobilis* L.)
Korbblütler *Asteraceae*

♃
0,1 – 0,4 m
VII – IX

s. S. 274

B: Niederliegende bis aufsteigende, aromatische Pflanze. Blätter 2 – 3fach fiederteilig. Blütenboden kegelförmig, mit stumpfen Spreublättern. Kulturformen nur mit weißen Zungenblüten.
V: Westeuropa, bei uns nur noch selten kultiviert und verwildert.
D: Römische Kamille – Chamomillae romanae flos (DAB 10), Anthemidis flos, die getrockneten Blütenköpfchen der kultivierten, gefülltblütigen Varietät. Chamaemelum nobile, Chamomilla romana (HAB 1), ungefülltblütige Pflanzen.
I: Ätherisches Öl mit Chamazulen bzw. Vorstufen (geringer Gehalt). Ester der Angelikasäure u. a.; Sesquiterpenlactone, u. a. Nobilin, Flavonglykoside.
A: Volkstümlich wie Echte Kamille, vor allem als krampflösendes Mittel bei Verdauungsbeschwerden und schmerzhaften Monatsblutungen, zur Appetitanregung, zu Mund- und Wundspülungen. Zum Aufhellen blonder Haare.
F: Stovalid N, Vier-Winde-Tee u. a.

Echte Kamille *Chamomilla recutita* (L.) RAUSCHERT
(*Matricaria chamomilla* auct., *M. recutita* L.) Korbblütler *Asteraceae*

⊙
0,1 – 0,6 m
V – IX

s. S. 274

B: Aromatische Pflanze, Blätter 2 – 3fach gefiedert. Blütenköpfe mit kegelförmigem, hohlem Blütenboden, ohne Spreublätter.
V: Als Unkraut und Ruderalpflanze häufig und fast weltweit verbreitet, gelegentlich auch kultiviert. Heimat östliches Mittelmeergebiet.
D: Kamillenblüten – Matricariae flos (DAB 10), Flores Chamomillae, die getrockneten Blütenköpfchen. Chamomilla recutita, Chamomilla (HAB 1), die ganze, frische Pflanze.
I: Ätherisches Öl mit Chamazulen, Bisabolol, Enolätherpolyin; Flavonoide, Cumarine. Das therapeutisch wertvolle Chamazulen bildet sich erst bei der Gewinnung des ätherischen Öles durch Wasserdampfdestillation bzw. bei der Bereitung von Aufgüssen aus seiner Vorstufe, dem Proazulen Matricin.
A: Als entzündungshemmendes und krampflösendes Mittel bei Erkrankungen im Magendarmbereich und bei Menstruationsbeschwerden. Auch vielfältige Anwendung bei Entzündungen der Haut und Schleimhäute, eiternden Wunden, als Inhalation, Spülung, Salbe, zu Umschlägen und Bädern.
F: Chamo Bürger, Kamillan, Kamillosan, Perkamillon, Rekomill u. v. a.

Mutterkraut, Bertram *Tanacetum parthenium* (L.) SCHULTZ-BIP.
(*Chrysanthemum parthenium* (L.) BERNH.) Korbblütler *Asteraceae*

♃
0,3 – 0,8 m
VI – VIII

B: Pflanze mit kamillenartigem Geruch. Blätter 1 – 2fach fiederteilig, mit breiten Abschnitten. Blütenköpfe 1,5 – 2 cm breit, in lockerer, doldenartiger Rispe.
V: Östliches Mittelmeergebiet. In Europa und weiter angebaut, verwildert.
D: Mutterkraut – Herba Matricariae, Herba Parthenii, das blühende Kraut.
I: Ätherisches Öl mit Campher, Borneol u. a., Bitterstoff.
A: Nur noch selten in der Volksheilkunde ähnlich wie die Echte Kamille, u. a. bei Menstruationsbeschwerden, Verdauungsstörungen, im Wochenbett wegen der angeblich günstigen Beeinflussung des Wochenflusses. Äußerlich zu Umschlägen bei Quetschungen und Schwellungen. Das ätherische Öl enthält nicht die wertvollen Bestandteile des Kamillenöles.

Dalmatinische Insektenblume *Tanacetum cinerariifolium* (TREV.) SCHULTZ-BIP. (*Chrysanthemum cinerariifolium* (TREV.) VIS.) Korbblütler *Asteraceae*

♃
0,3 – 0,6 m
V – VI

B: Aromatische, dünnfilzig behaarte Pflanze. Blätter 2 – 3fach fiederteilig mit schmallinealen Abschnitten. Blütenköpfe 2 – 3,5 cm breit, einzeln.
V: Heimat Jugoslawien und Albanien; selten angebaut und verwildert.
D: Insektenblüten – Flores Chrysanthemi cinerariifolii, Flores Pyrethri (Erg.B.6), die getrockneten, geschlossenen oder halbgeöffneten Blüten.
I: Pyrethrine und Cinerine, ätherisches Öl, Stachydrin.
A: Extrakte der Blütenköpfe haben nach Verbot des DDT wieder größere Bedeutung als Insektizid, da sie für den Menschen weitgehend ungiftig sind. In der Heilkunde gegen Läuse und Krätzmilben, die Droge auch als Wurmmittel.
F: Goldgeist forte u. a.

Gemeines Katzenpfötchen *Antennaria dioica* (L.) GAERTN.
(*Gnaphalium dioicum* L.) Korbblütler *Asteraceae*

♃
0,1 - 0,3 m
V - VII

▽

B: Zweihäusige Pflanze, an oberirdischen Ausläufern Blattrosetten bildend. Blätter lanzettlich bis spatelförmig, besonders unterseits weißfilzig behaart. Hüllblätter der weiblichen Blütenköpfe meist rötlich, die der männlichen weißlich.
V: Magerrasen bis lichte Wälder; Europa, im Süden selten, Vorderasien.
D: Weiße oder Rosa Katzenpfötchen - Flores Antennariae dioicae, Flores Gnaphalii dioici, Flores Pedis Cati, die getrockneten Blütenstände.
I: Bitterstoff, Gerbstoffe, Spuren ätherisches Öl, Schleim.
A: Heute nur noch in der Volksheilkunde bei Erkrankungen der Atemwege, Gallenleiden und Durchfall. Gelbe Katzenpfötchen (Flores Stoechados) stammen von der Sand-Strohblume (s. Seite 120).
F: Rheumex Tee.

Stengellose Eberwurz, Silberdistel, Wetterdistel *Carlina acaulis* L.
Korbblütler *Asteraceae*

♃
0,1 - 0,4 m
VII - X

▽

B: Mehr oder weniger kurzstengelige Pflanze mit zahlreichen, stachelig gezähnten oder fiederteiligen Blättern. Blütenköpfe mit silbrig-weißen Hüllblättern, ausgebreitet bis 12 cm im Durchmesser.
V: Weiderasen und lichte Wälder der Mittelgebirge, Alpen und südeuropäischen Gebirge.
D: Eberwurzel - Radix Carlinae (Erg.B.6), die getrockneten Wurzeln.
I: Ätherisches Öl mit Carlinaoxid, Carlinen; Gerbstoff, viel Inulin.
A: Selten noch in Fertigarzneimitteln und in der Volksheilkunde als harn- und schweißtreibendes Mittel und gegen Verdauungsstörungen. Äußerlich bei Wunden und Hautleiden. Für das Carlinaoxid wurde antibakterielle Wirkung festgestellt. Die Blütenböden sind wie Artischocken eßbar (Naturschutz!).
F: Infi-tract, Schwedenkräuter Elixier, Schwedentrunk u. a.

Schnurbaum, Japanischer Pagodenbaum *Sophora japonica* L.
Schmetterlingsblütler *Fabaceae*

♄
Bis 30 m
VII - VIII

B: Mittelhoher Baum mit großen, bis 25 cm langen, 11 - 15zählig gefiederten Blättern. Blüten klein, gelblichweiß, in vielzähligen, aufrechten Rispen. Schoten perlschnurartig eingeschnürt.
V: Heimat Ostasien, als Zierbaum häufig gepflanzt.
D: Schnurbaumknospen - Gemmae Sophorae japonicae. Sophora japonica (HAB 34), die reifen Samen.
I: Rutin, in den Blättern Alkaloide.
A: Die Anwendung beruht auf der Wirkung des Rutins, die sich u. a. in einer Verminderung der Kapillardurchlässigkeit äußert. Rutin kann aus der Droge gewonnen werden (siehe auch Buchweizen *Fagopyrum esculentum* MOENCH). Anwendung in Fertigarzeimitteln gegen venöse Stauungen und Arteriosklerose.
F: Ilja Rogoff Knoblauchpillen mit Rutin u. a.

Robinie, Falsche Akazie *Robinia pseudacacia* L. Schmetterlingsblütler
Fabaceae

♄
Bis 25 m
V - VI

☠

B: Baum mit tief-längsrissiger Borke. Zweige bedornt. Blätter 9 - 21zählig gefiedert. Blüten weiß, wohlriechend, in hängenden Trauben, Früchte bis 10 cm lange Hülsen.
V: Weltweit kultiviert und eingebürgert, Heimat südöstliches Nordamerika.
D: Robinia Pseudacacia (HAB 34), die frische Rinde junger Zweige.
I: Giftige Eiweißstoffe (Robin, Phasin), Glykosid Syringin, Gerbstoff, Harz.
A: Vergiftungen wurden bei Kindern durch Kauen auf der Rinde hervorgerufen. In der Homöopathie häufig gebräuchlich bei zu viel Magensäure und den damit in Zusammenhang stehenden Störungen, Durchfall. Ferner bei Migräne, Gesichtsneuralgien u. a. In den gelegentlich zum Würzen verwendeten Blüten ätherisches Öl mit stark duftenden Substanzen. Die Samen sollen nur geringe Mengen Giftstoffe enthalten.
F: Duodenoheel, Bismutum-Pentarkan, Tamarindus Oligoplex u. a.

Geißraute *Galega officinalis* L. Schmetterlingsblütler *Fabaceae*

♃
0,3 – 1,2 m
VI – VIII

B: Fast kahle Pflanze mit unpaarig gefiederten Blättern, Fiederchen zu 9–17, mit aufgesetzter Spitze. Blüten hellblau oder weiß, in Trauben.
V: Gelegentlich angebaut und verwildert, Heimat östliches Mittelmeergebiet.
D: Geißrautenkraut – Herba Galegae (Erg.B.6), die getrockneten, blühenden, oberirdischen Teile. Galega officinalis e seminibus sicc. (HAB 1).
I: Alkaloid Galegin (Guanidinderivat) und weitere Alkaloide, Flavonglykosid Galuteolin u. a., Saponine, Chromsalze.
A: Galegin bewirkt ähnlich wie die synthetischen Guanidinderivate eine Senkung des Blutzuckers. Die Droge wird daher gelegentlich zur unterstützenden Behandlung der Zuckerkrankheit verwendet, ist aber wegen unsicherer Wirkung und möglicher toxischer Nebenwirkungen nur mit Vorsicht zu gebrauchen. Die harntreibenden und die Milchsekretion fördernden Eigenschaften werden nur noch selten volkstümlich genutzt. In der Homöopathie bei Milchmangel stillender Mütter.
F: Antidiabeticum Hanosan, Glucorect N, Tumulca S u. a.

Garten-Bohne *Phaseolus vulgaris* L. Schmetterlingsblütler *Fabaceae*

⊙
0,5 – 4 m
VI – IX

s. S. 262

B: Niedrig-buschige (Buschbohne) oder windende (Stangenbohne) Pflanze mit 3zähligen Blättern. Blüten weißlich, rosa oder violett, in armblütigen Blütenständen, diese kürzer als die Stengelblätter.
V: Heimat Mittel- und Südamerika, in zahlreichen Sorten kultiviert.
D: Bohnenhülsen – Phaseoli pericarpium (DAC), Frustus Phaseoli sine Semine, die von den Samen befreiten, getrockneten Hülsen. Phaseolus nanus (HAB 34).
I: Arginin, Kieselsäure, Chromsalze, nach älteren Angaben auch Glukokinine, in Spuren ein Blausäureglykosid.
A: Als harntreibendes Mittel u. a. bei Nieren- und Herzkrankheiten, Rheuma, in Abführtees. Die evtl. vorhandene blutzuckersenkende Wirkung wird zur unterstützenden Behandlung leichter Fälle von Zuckerkrankheit genutzt. In der Homöopathie bei Herzschwäche. Rohe Samen und unreife Hülsen sind giftig (s. S. 252).
F: Abführ-Tee Stada, Nephropur, Phytoren, Rheumex Tee u. a.

Weißer Andorn *Marrubium vulgare* L. Lippenblütler *Lamiaceae*

♃
0,3 – 0,6 m
VI – VIII

s. S. 256

B: Dicht filzig behaarte Pflanze. Blätter gestielt, rundlich, runzelig gekerbt-gesägt. Blüten in dichten, vielzähligen Blütenständen in den Blattachseln, Kelch 10zähnig.
V: Heimat Mittelmeergebiet, nördlich selten in Unkrautfluren.
D: Andornkraut – Herba Marrubii (Erg.B.6), die getrockneten Blätter und oberen Pflanzenteile. Marrubium vulgare, Marrubium album (HAB 1).
I: Bitterstoff Marrubiin, Gerbstoffe, ätherisches Öl, Flavonoide.
A: Wirkt sekretionsanregend auf die Drüsen der Atemwege und fördert die Gallenabsonderung. Von alters her bei Bronchialkatarrhen, Gallen- und Leberleiden und Durchfallerkrankungen angewendet. Auch homöopathisch bei Atemwegsentzündungen. Äußerlich früher zur Wundheilung und bei Hautausschlägen.
F: Dolichos Oligoplex, Fidesan, Stagnosan N, Toxorephan u. a.

Weiße Taubnessel *Lamium album* L. Lippenblütler *Lamiaceae*

♃
0,2 – 0,5 m
IV – X

B: Pflanze mit verzweigtem, kriechendem Wurzelstock. Blätter nesselartig, gestielt. Blütenkrone 2 – 2,5 cm groß, Kelch 5zähnig.
V: In feuchten Unkrautfluren und Gebüschen verbreitet durch weite Teile Europas und Asiens, im Süden meist fehlend.
D: Weiße Taubnesselblüten – Flores Lamii albi (Erb.B.6), die getrockneten Blumenkronen, daneben auch Weißes Taubnesselkraut – Lamii albi herba, Lamium album (HAB 1), die frischen Blätter und Blüten. Daneben auch die Blumenkronen im HAB 1.
I: Gerbstoff, Saponin, Schleim, Flavonglykoside, ätherisches Öl in Spuren.
A: In der Volksheilkunde verbreitet als Tee, zu Waschungen bei Weißfluß und Periodenstörungen. Die Wirkungsweise ist bisher unbekannt. Saponin und Gerbstoffgehalt begründen Anwendung bei Katarrhen der Atem- und Harnwege, Magen- und Darmstörungen. In der Homöopathie auch bei Schlaflosigkeit.
F: Inconturina S, Lamioflur u. a.

Echte Katzenminze *Nepeta cataria* L. Lippenblütler *Lamiaceae*

♃
0,4 – 1 m
VII – IX

B: Oft am Grunde verzweigte, dicht graufilzig behaarte Pflanze. Blätter gestielt, herzförmig, grob gekerbt-gesägt. Blüten in ährig-gehäuften Scheinquirlen. Blütenkrone gelblich-weiß, bis 1 cm lang, Kelch mit 5 lang zugespitzten Zähnen.
V: Ursprünglich südosteuropäisch-westasiatische Art, in Mitteleuropa und weiter früher öfter kultiviert und verwildert.
D: Echtes Katzenkraut – Herba Nepetae catariae.
I: Ätherisches Öl mit Nepetalacton, Carvacrol, Thymol, Pulegon; Bitterstoff.
A: Früher häufig, heute nur noch selten volkstümlich verwendete Heilpflanze gegen Erkältungskrankheiten und Durchfall. Das ätherische Öl soll wie Baldrian anlockend auf Katzen wirken. Die zitronenartig duftenden Blätter der var. *citriodora* enthalten im ätherischen Öl Geraniol, Citronellol, Citral u. a. Sie können zur Gewinnung dieser Substanzen herangezogen werden. Sonst wie Melisse bei nervösen Störungen verwendet.

Melisse, Zitronen-Melisse *Melissa officinalis* L. Lippenblütler *Lamiaceae*

♃
0,3 – 0,9 m
VI – VIII

s. S. 280

B: Pflanze mit starkem Zitronengeruch. Blätter gestielt, eiförmig bis länglich, grob gekerbt-gesägt. Blüten zu 3 – 6 in den Blattachseln, etwa 1 cm groß, weißlich bis bläulich, Kelch zweilippig mit 13 Nerven.
V: Heimat östlicher Mittelmeerraum, sonst angepflanzt und verwildert.
D: Melissenblätter – Melissae folium (DAB 10), die getrockneten Laubblätter. Melissa (HAB 34).
I: Ätherisches Öl mit Citral, Citronellal, Lamiaceen-Gerbstoffe, Flavonoide.
A: Die Droge hat krampflösende, leichte beruhigende, die Gallenabsonderung anregende, antibakterielle sowie virustatische Wirkungen. Häufig angewendet bei nervösen Magen- und Darmstörungen, nervösen Herzbeschwerden, leichten Fällen von Schlaflosigkeit. In Bädern und Einreibungen auch gegen Nervenschmerzen und rheumatische Erkrankungen, bei Herpes. In der Homöopathie bei Regelstörungen. Da die Ausbeute an ätherischem Öl gering ist, statt dessen häufig das billigere, ähnlich zusammengesetzte Zitronellöl (Oleum Citronellae) von dem ostindischen Gras *Cymbopogon winterianus* Jow. Zu Kräuterlikören (Chartreuse, Bénédictine) und als Gewürzkraut.
F: Carminativum-Hetterich, Klosterfrau Melissengeist, Sedatruw u. v. a.

Bohnenkraut *Satureja hortensis* L. Lippenblütler *Lamiaceae*

⊙
0,1 – 0,3 m
VII – IX

B: Stark aromatisch riechende, aufrechte, buschig verzweigte Pflanze mit schmallinealen Blättern. Blütenkrone etwa 0,5 cm lang, weißlich oder lila, Kelch 10nervig.
V: Heimat östliches Mittelmeergebiet, weiter kultiviert, verwildert.
D: Bohnenkraut – Herba Saturejae (Erg.B.6), die getr. oberirdischen Teile.
I: Ätherisches Öl mit Carvacrol, Cymol; Gerbstoff, wenig Schleim.
A: Verdauungsfördernde und appetitanregende, auch gewisse antiseptische Wirkung durch den Cymol- und Carvacrolgehalt des ätherischen Öles. Bei akuten Magendarmentzündungen, Durchfallerkrankungen, auch bei Husten und zum Gurgeln bei Halsentzündungen. Gewürz besonders für Bohnengerichte.

Majoran *Origanum majorana* L. (*Majorana hortensis* MOENCH) Lippenblütler *Lamiaceae*

⊙ – ⊙
0,2 – 0,6 m
VII – IX

B: Stark aromatische, verzweigte Pflanze mit ovalen, kurz gestielten Blättern. Blüten klein, weiß bis rosa, einzeln in den Achseln von Tragblättern in endständigen köpfchenartigen Blütenständen.
V: Heimat Nordafrika, SW-Asien. Als Gewürz kultiviert, selten verwildert.
D: Majorankraut – Herba Majoranae (Erg.B.6), die getrockneten, von den Stengeln abgestreiften Blätter und Blüten. Origanum majorana (HAB 1).
I: Ätherisches Öl, Phenolglykoside (Arbutin), Flavonoide, Lamiaceen-Gerbstoffe.
A: Wirkt anregend auf die Magensaftsekretion, krampf- und schleimlösend. Anwendung bei Verdauungsschwäche, Krämpfen im Magendarmbereich, Appetitlosigkeit, außerdem bei Husten, Keuchhusten und Asthma. In Einreibungen und Bädern gegen Erkältungskrankheiten und Rheuma, zu Schnupfensalbe. Als Gewürz.
F: Baby Luuf Balsam, Majorana Oligoplex, Menodoron N, Ventrovis u. a.

Gemeiner Wolfstrapp *Lycopus europaeus* L. Lippenblütler *Lamiaceae*

♃
0,2 – 1 m
VII – IX

B: Pflanze mit langen, unterirdischen Ausläufern. Blätter breit-lanzettlich, tief gesägt. Blüten zahlreich in den oberen Blattachseln, Blütenkrone etwa 5 mm lang, kaum länger als der Kelch.
V: Häufig an feuchten Standorten durch fast ganz Europa, Asien.
D: Lycopus europaeus (HAB 1), das frische, blühende Kraut.
I: Kaffeesäuren und die bei der Aufarbeitung der Droge daraus entstehende Lithospermsäure, Lamiaceen-Gerbstoffe, wenig ätherisches Öl.
A: Wolfstrapp-Extrakte hemmen durch Beeinflussung des thyreotropen Hormons der Hypophyse die Tätigkeit der Schilddrüse, wobei die Lithospermsäure vermutlich der Wirkstoff ist. Anwendung bei leichten Fällen von Schilddrüsenüberfunktion und den nervösen Begleiterscheinungen, z. B. nervösen Herzstörungen. Häufig ist in Präparaten auch der nordamerikanische Wolfstrapp, *Lycopus virginicus* Michx., enthalten, der dieselbe Wirksamkeit besitzt.
F: Cefavale, Lycovowen-N, Thyreo-Pasc, Thyreo-loges u. a.

Basilienkraut *Ocimum basilicum* L. Lippenblütler *Lamiaceae*

⊙
0,2 – 0,5 m
VI – IX

s. S. 260

B: Fast kahle, verzweigte Pflanze mit gestielten, eiförmig zugespitzten, ganzrandigen bis gezähnten Blättern. Blütenkrone gelblichweiß oder rötlich, Kelch glockig, Blüten in meist 6zähligen Wirteln.
V: Heimat Südasien, in Mitteleuropa und weiter von alters her kultiviert.
D: Basilienkraut – Herba Basilici, das zur Blütezeit gesammelte Kraut. Ocimum basilicum ex herba (HAB 1), vor der Blüte gesammelt.
I: Ätherisches Öl mit Methylchavicol (Estragol), Linalool, Cineol, Ocimen; Lamiaceen-Gerbstoffe, Saponin.
A: Basilienkraut regt Verdauung und Appetit an, wirkt blähungstreibend und fördert die Milchsekretion. Es wird vorwiegend als Gewürz gebraucht. Anwendung aber auch bei Magen- und Darmstörungen sowie selten bei Erkrankungen der Harnwege, Weißfluß und Schleimhautkatarrhen. Ähnlich in der Homöopathie.
F: Basilicum Oligoplex, Gastrol S, Rheumasalbe M (Weleda) u. a.

Gnadenkraut *Gratiola officinalis* L. Rachenblütler *Scrophulariaceae*

♃
0,2 – 0,4 m
VI – VIII

☠ ∇

B: Pflanze mit kriechendem Wurzelstock. Blätter ungestielt, lineal-lanzettlich, entfernt gesägt, gegenständig. Blüten gestielt, einzeln in den Blattachseln, Blütenkrone weiß bis rötlich, etwa 1,5 cm lang.
V: Verlandungsgesellschaften u. a. Feuchtstandorte durch Eurasien. In der Bundesrepublik Deutschland vom Aussterben bedroht.
D: Gottesgnadenkraut – Herba Gratiolae (Erg.B.6), die getrockneten, oberirdischen Teile. Gratiola officinalis, Gratiola (HAB 1). Daneben die unterirdischen Teile im HAB 1.
I: Giftiges Cucurbitacinglykosid Elaterinid.
A: Sehr stark wirkendes Abführmittel, wegen der Giftigkeit der Droge aber kaum mehr verwendet. Gebräuchlich dagegen in der Homöopathie bei Sommerdurchfällen und anderen Magendarmstörungen.
F: Basilicum Oligoplex, Carbo Similiaplex u. a.

Gemeiner Augentrost *Euphrasia rostkoviana* Hayne Rachenblütler *Scrophulariaceae*

⊙
0,1 – 0,3 m
VII – X

s. S. 258

B: Meist in der unteren Hälfte verzweigte, drüsig behaarte Pflanze mit sitzenden, scharf gesägten Blättern. Blüten einzeln in den Achseln der oberen Blätter, Krone 1 – 1,5 cm lang, oft mit lila Aderung.
V: Wiesen, Weiden, durch weite Teile Europas häufig, im Süden teils fehlend.
D: Augentrostkraut – Herba Euphrasiae (Erg.B.6), die getrockneten, oberirdischen Teile. Euphrasia officinalis, Euphrasia (HAB 1), die ganze, blühende, frische Pflanze.
I: Iridoidglykosid Aucubin u. a., Gerbstoffe, ätherisches Öl.
A: In der Homöopathie und in der Volksheilkunde bei Augenentzündungen, besonders der Augenbindehaut und des Lidrandes infolge von Katarrhen und bei Ermüdung der Augen durch Überanstrengung. Als Augentropfen, Augenbäder, Spülungen und auch innerlich angewendet. Ferner bei Husten und Heiserkeit. Die Verwendung bei Augenleiden geht wohl auf die Signaturenlehre zurück, in der Blüte wurde eine Ähnlichkeit mit dem Auge gesehen.
F: Bulbotruw, Euphrasia Oligoplex, Glautaract spag., Ophtol N u. a.

Zypressen-Wolfsmilch *Euphorbia cyparissias* L. Wolfsmilchgewächse *Euphorbiaceae*

♃
0,1 - 0,5 m
IV - VI

☠

B: Pflanze mit wechselständigen, linealen, ganzrandigen Blättern und einem endständigen, doldenartigen, oft 15strahligen Gesamtblütenstand, darunter nichtblühende Seitentriebe. Hochblatthülle gelb, zuletzt rot überlaufen, Drüsen sichelförmig.
V: Rasen, Heiden, Wegränder, häufig; ganz Europa.
D: Euphorbia cyparissias (HAB 1), die ganze, frische, blühende Pflanze.
I: Gerbstoffe, Cholin, Flavonoide, im Milchsaft eine als Euphorbon bezeichnete Mischung harzartiger Bestandteile. Giftige Diterpenester.
A: Der Milchsaft ruft auf der Haut Entzündungen hervor, z. B. bei der zweifelhaften Anwendung zur Entfernung von Warzen. Besonders gefährlich für die Augen! Innere Vergiftungen kamen früher durch Einnahme des eingedickten Milchsaftes als Brech- und Abführmittel (Scammonium europaeum) vor. Heute noch in der Homöopathie bei Hauterkrankungen gebräuchlich.
F: Calendula Oligoplex, Euphorbia Oligoplex, Euphorbia-Plantaplex N u. a.

Lorbeerbaum *Laurus nobilis* L. Lorbeergewächse *Lauraceae*

♄
2 - 20 m
III - IV

B: Immergrüner Strauch oder Baum. Blätter aromatisch, lanzettlich, am Rande gewellt. Blüten vierzählig, reife Frucht schwarz.
V: Immergrüne Zone des Mittelmeergebietes, gelegentlich auch angepflanzt.
D: Lorbeeren - Fructus Lauri (DAB 6), die getrockneten, reifen Früchte. Lorbeerblätter - Folia Lauri (Erg.B.6). Laurus nobilis (HAB 34).
I: Das Lorbeeröl der Früchte (Oleum Lauri) ist ein salbenartiges Gemenge von fettem und ätherischem Öl. Blätter: ätherisches Öl mit Cineol, Bitterstoff.
A: Das hautreizende Lorbeeröl in Furunkelsalben, häufiger in der Tiermedizin zu Euter- und Schnakenschutzsalben. Die Früchte und besonders die Blätter wirken appetitanregend. Als Gewürz und in der Likörindustrie.
F: Demozem, Multiplasan-Öl, Pankrevowen u. a.

Kalifornischer Mohn *Eschscholzia californica* CHAM. in NEES Mohngewächse *Papaveraceae*

☉ - ♃
0,3 - 0,5 m
VI - X

☠

B: Blaugrüne Pflanze. Blätter fein zerteilt, mit linealischen Zipfeln, Blüten 4zählig, einzeln, bis 4 cm breit, gelb bis orangerot, auch gefüllt, mit 2 verwachsenen Kelchblättern.
V: Als Zierpflanze kultiviert und selten verwildert, Heimat Kalifornien.
D: Kalifornisches Mohnkraut - Herba Eschscholziae.
I: Allocryptopin, Protopin, Chelerythrin u. a. Alkaloide, Flavonoide.
A: Der Pflanze werden krampflösende, schmerzstillende und auch schlaffördernde Wirkungen zugeschrieben. Früher nur in Amerika in der Kinderpraxis verordnet, findet man bei uns die Droge inzwischen in Präparaten gegen Schlafstörungen, nervöse Übererregbarkeit, Gallen- und Lebererkrankungen.
F: Gallitophen, Neurapas, Phytonoxon N, Reqiesan, Somnium u. a.

Schöllkraut *Chelidonium majus* L. Mohngewächse *Papaveraceae*

♃
0,3 - 0,8 m
V - IX

☠

B: Verzweigte Pflanze mit orangegelbem Milchsaft. Blätter gefiedert, unterseits blaugrün. Blüten 4zählig, 1 - 2 cm breit mit 2 freien Kelchblättern.
V: Häufig in Unkrautfluren durch ganz Europa und Asien.
D: Schöllkraut - Chelidonii herba (DAB 10), die zur Blütezeit gesammelten, getrockneten oberirdischen Teile. Schöllkrautwurzel - Radix Chelidonii (Erg.B.6), die getrockneten unterirdischen Teile. Chelidonium majus (HAB 1), die frischen unterirdischen Teile. Auch die Blüten werden verwendet.
I: Coptisin, Chelidonin, Chelerythrin, Sanguinarin, Berberin u.a. Alkaloide.
A: Chelidonin hat ähnlich einigen Opium-Alkaloiden schmerzstillende, auf die glatte Muskulatur krampflösende und zentralberuhigende Wirkung, während Berberin die Entleerung der Gallenblase fördern soll. Anwendung der Droge meist als Extrakt vor allem bei mit Krämpfen verbundenen Erkrankungen im Magen-Darm-Bereich und der Gallenwege. Die Wirkung des frischen Milchsaftes gegen Warzen (Vorsicht!) wird auf bakterientötende und zellteilungshemmende Eigenschaften zurückgeführt. Auch in der Homöopathie bei Leber- und Gallenleiden, ferner bei Entzündungen der Atemorgane, Rheumatismus.
F: Cheihepar S, Chol-Kugeletten Neu, Esberigal N, Mediolax, Panchelidon u. a.

Weg-Rauke *Sisymbrium officinale* (L.) Scop. (*Erysimum officinale* L.)
Kreuzblütler *Brassicaceae*

⊙ – ⊙
0,3 – 0,8 m
V – X

B: Abstehend verzweigte Pflanze mit fiederteiligen Blättern. Blütenkronblätter 3 – 4 cm lang, blaßgelb. Früchte 1 – 1,5 cm lange, dünne, dem Stengel anliegende Schoten.
V: Verbreitet in Unkrautfluren, an Wegrändern durch Europa, Asien.
D: Wegraukenkraut – Herba Erysimi. Sisymbrium officinale, Erysimum officinale (HAB 1), das frische, blühende Kraut.
I: Glucosinolate (Senfölglykoside), Gerbstoffe, vermutlich ein digitalisähnliches, herzwirksames Glykosid.
A: Selten in der Volksmedizin bei Katarrhen der Atemwege und Asthma, in der Homöopathie insbesondere bei Heiserkeit nach Erkältung. Die Herzwirkung wird bisher medizinisch nicht genutzt, kann jedoch bei Überdosierung der Droge zu unerwünschten Nebenwirkungen führen.
F: Ammonium bromatum Oligoplex, Kalium jodatum Organoplex u. a.

Goldlack *Cheiranthus cheiri* L. Kreuzblütler *Brassicaceae*

♃
0,2 – 0,8 m
V – VI

B: Aufrecht verzweigter Halbstrauch mit zahlreichen, länglich-lanzettlichen, behaarten Blättern. Blütenkronblätter 2 – 2,5 cm lang, goldgelb, bei Kultursorten auch bis orangerot oder braun.
V: Heimat östliches Mittelmeergebiet, in Süd- und Westeuropa oft kultiviert und an Mauern und Felsen eingebürgert.
D: Goldlackkraut – Herba Cheiranthi cheiri. Auch die Blüten und Samen werden daneben verwendet. Cheiranthus cheiri (HAB 1), frische, vor der Blüte gesammelte, oberirdische Teile.
I: Vor allem in den Samen herzwirksame Glykoside: Cheirotoxin (ein Strophanthidinglykosid), Cheirosid u. a., Glucosinolat (Senfölglykosid) Glucocheirolin, in den Blüten wohlriechendes ätherisches Öl, Flavonoide.
A: Bei Weisheitszahnschmerzen, aber auch als Herzmittel und bei Leberleiden, vorwiegend in homöopathischen Zubereitungen. In der Volksheilkunde früher auch als Abführmittel und bei Menstruationsstörungen verwendet. Der Farbstoff der Blüten zum Färben.
F: Bilicordan, Cheihepar, Cheiranthol, Heweskleran u. a.

Schwarzer Senf *Brassica nigra* (L.) Koch in Röhl. (*Sinapis nigra* L.)
Kreuzblütler *Brassicaceae*

⊙
0,6 – 1,2 m
VI – IX

B: Stark verzweigte Pflanze. Blätter gestielt, die unteren fiederteilig, mit großem Endabschnitt, die oberen ungeteilt, länglich. Blütenkronblätter 8 mm lang, Fruchtschoten aufrecht, dem Stengel anliegend, mit kurzem Schnabel, 1 – 2 cm lang. Samen (unten rechts) kugelig, je nach Herkunft 1 – 1,6 mm im Durchmesser, Samenschale hell bis dunkelrotbraun. Geschmack zuerst ölig, bald darauf brennend scharf.
V: Heimat Süd- und Westeuropa, durch Kultur fast weltweit verbreitet.
D: Schwarze Senfsamen – Sinapis nigrae semen (DAC), die reifen, getrockneten Samen. Sinapis nigra (HAB 34).
I: Glucosinolat (Senfölglykosid) Sinigrin, das nach Zusatz von Wasser durch enzymatische Spaltung stechend-scharf riechendes und schmeckendes Allylsenföl bildet. Daneben Sinapin, fettes Öl, Schleim.
A: Allylsenföl hat stark durchblutungsfördernde Wirkung und kann eingerieben reflektorisch auch auf innere Organe einwirken. In zu hoher Konzentration oder bei zu langer Einwirkungsdauer führt es zu Entzündungen mit Blasenbildung. Die gemahlenen Samen (Senfmehl) werden in Form von Breiumschlägen oder Senfpflastern wie auch das heute synthetisch hergestellte Allylsenföl (Oleum Sinapis DAB 7) in Einreibungen gegen Durchblutungsstörungen, Rheuma und Nervenschmerzen, bei Erkrankungen der Atemwege und bestimmten Herzbeschwerden verwendet. Innerlich haben Senfsamen appetitanregende und verdauungsfördernde Wirkung z. B. auch als Speisesenf (siehe bei Weißer Senf). In der Homöopathie u. a. bei Reizungen der oberen Atemwege und des Magen-Darm-Kanals gebräuchlich.
F: Baunscheidtier Öl, Cor-Select, Sinapis nigra Oligoplex u. a.

Weißer Senf *Sinapis alba* L. Kreuzblütler *Brassicaceae*

⊙
0,3 - 0,6 m
VI - IX

B: Pflanze mit unregelmäßig-buchtig gezähnten bis fiederteiligen Blättern. Blütenstiel etwas länger als die Kelchblätter, Blütenkronblätter 0,7 - 1 cm lang, hellgelb. Frucht abstehend, mit langem, abgeflachtem Schnabel, steif behaart. Samen (oben rechts) fast kugelig, 1,8 - 2,5 mm im Durchmesser, Samenschale gelblichweiß bis gelb. Geschmack anfangs ölig, erst allmählich brennend scharf.
V: Heimat Mittelmeergebiet, weltweit in verschiedenen Sorten kultiviert, bei uns gelegentlich verwildert.
D: Weiße Senfsamen - Erucae semen (DAC), die reifen Samen. Sinapis alba (HAB 34).
I: Glucosinolat (Senfölglykosid) Sinalbin, das nach Wasserzusatz durch enzymatische Spaltung Sinalbinsenföl (Hydroxybenzylsenföl) liefert. Daneben Sinapin, fettes Öl, Schleim.
A: Verwendung wie Schwarzer Senf, aber milder in Geschmack und Wirkung und daher besser für die innerliche Anwendung geeignet. Sinalbinsenföl ist nicht flüchtig wie das Allylsenföl, daher bleibt das mit Wasser versetzte Samenpulver praktisch geruchlos. Speisesenf besteht aus wechselnden Mengen von Weißem und Schwarzem Senf, Essig und Gewürzen. Neben beträchtlicher verdauungsfördernder Wirkung hat Senf gewisse antibakterielle Eigenschaften. In der Homöopathie bei Kopfschmerzen, Verdauungsstörungen, Entzündungen der oberen Luftwege.
F: Bifosept H, Bikaplex H 20 u. a.

Weißkohl *Brassica oleracea* L. var. *capitata* L. forma *alba* DC.
Kreuzblütler *Brassicaceae*

⊙
0,2 - 3 m
V - IX

B: Die Wildform der Kohl-Sorten hat kräftige, hohe Stengel mit dicklichen, blaugrünen Blättern und verlängerten Blütenständen mit großen, schwefelgelben Blüten. Zahlreiche Kulturformen, z. B. auch Rosenkohl, Blumenkohl, Wirsing, Rotkohl. Weißkohl bildet große runde bis kegelförmige, feste Köpfe und gelangt meist nicht zur Blüte.
V: Häufig kultiviert, Wildform an den Felsküsten des westlichen Mittelmeergebietes und Westeuropas bis Helgoland.
D: Der frische, rohe Weißkohlpreßsaft oder die gereinigte Trockensubstanz - Extractum Brassicae oleraceae sicc. Brassica oleracea e planta non florescente (HAB 1).
I: Antiulcus-Faktor, auch Vitamin U genannt (Methylmethioninsulfoniumbromid), Glucosinolat (Senfölglykosid) Glucobrassicin mit thyreostatischer Wirkung.
A: Kohlsaft (etwa 1 l pro Tag) soll die Heilung von Magen- und Zwölffingerdarmgeschwüren beschleunigen, indem die Magenschleimhaut vor dem Angriff der Magensalzsäure geschützt wird. Sauerkrautsaft hat sich bei Verdauungsbeschwerden bewährt. In der Homöopathie die frische Pflanze bei Verdauungsstörungen und bei Kropf mit Schilddrüsenunterfunktion.
F: Papayasanit, Sauerkraut-Pflanzensaft Kneipp, Vit-u-pept u. a.

Blutwurz, Ruhrwurz *Potentilla erecta* (L.) Räusch. (*P. tormentilla* Stokes)
Rosengewächse *Rosaceae*

♃
0,1 - 0,3 m
V - VIII

s. S. 290

B: Pflanze mit kräftigem, innen rot gefärbtem Wurzelstock und niederliegend-aufsteigendem Stengel. Grundblätter 3zählig, Stengelblätter meist 5zählig gefingert, sitzend. Blüten meist 4zählig.
V: Wiesen, Moore, lichte Wälder, auf saurem Untergrund häufig; Eurasien.
D: Tormentillwurzelstock - Tormentillae rhizoma (DAB 10), der von den Wurzeln befreite, getrocknete Wurzelstock. Potentilla erecta, Tormentilla (HAB 1).
I: Catechingerbstoffe, darunter Tormentillrot, das beim Lagern der Droge in zunehmender Menge entsteht, das Pseudosaponin Tormentosid, ätherisches Öl.
A: Die gerbstoffreiche Droge innerlich bei Durchfällen, Entzündungen im Magendarmbereich, äußerlich gegen Hämorrhoiden, als Tinktur zu Pinselungen, Mundwässern und Gurgelmitteln bei Schleimhauterkrankungen des Mund- und Rachenraumes. Vor allem in homöopatischen Präparaten zum Stillen von Blutungen.
F: Cefadiarrhon, Diarrheel S, Duoform-Balsam, Entero-Fides u. a.

Weinraute *Ruta graveolens* L. Rautengewächse *Rutaceae*

♃
0,3 – 0,6 m
VI – VII

B: Am Grunde oft verholzte Pflanze mit starkem, aromatischem Geruch. Blätter 2 – 3fach fiederschnittig, etwas fleischig, blaugrün. Blütenstand trugdoldig mit 4zähligen Seitenblüten und 5zähliger Endblüte. Blütenkronblätter kapuzenförmig, am Rande nicht gewimpert.
V: Heimat östl. Mittelmeergebiet, in warmen Gebieten angebaut, verwildert.
D: Rautenkraut – Rutae herba (DAC), das vor der Blüte gesammelte und getrocknete Kraut der var. *vulgaris* WILLK. Ruta graveolens, Ruta (HAB 1).
I: Ätherisches Öl mit Methyl-n-nonylketon, Rutin, Furocumarine, Alkaloide.
A: Durch den Gehalt an Rutin hat die Droge Bedeutung in Präparaten gegen Venenerkrankungen, Arteriosklerose, Netzhautblutungen u. a. Daneben sind beruhigende und krampflösende Eigenschaften vorhanden. Das ätherische Öl mit Wirkung auf die Gebärmutter ist in höheren Dosen giftig, äußerlich ruft es Hautentzündungen hervor. Die Furocumarine wirken photosensibilisierend (s. S. 18). Anwendung in der Homöopathie u. a. bei Prellungen, Verrenkungen, Krampfaderleiden und Rheumatismus. Als Gewürzkraut.
F: Anisan, Bulbotruw, Metra-Tee, Opheyden, Venosyx forte u. a.

Gemeiner Buchsbaum *Buxus sempervirens* L. Buchsbaumgewächse *Buxaceae*

♄
0,2 – 2 m
III – IV

B: Immergrüner Strauch oder kleiner Baum. Blätter eiförmig, ledrig, oberseits glänzend dunkelgrün, unterseits heller, gegenständig. Blüten in Knäueln, aus mehreren 4zähligen männlichen und einer endständigen, 6zähligen, weiblichen Blüte.
V: Laubwälder in Süd- und Südwesteuropa, bis zur Mosel; Zierstrauch.
D: Buchsbaumblätter – Folia Buxi. Buxus sempervirens (HAB 34).
I: Zahlreiche Alkaloide (etwa 70), u. a. Cyclobuxin D.
A: Die Alkaloide erzeugen Durchfall, Erbrechen und schließlich Krämpfe und Atemlähmung. Einige wirken blutdrucksenkend oder zellschädigend. Früher volkstümlich als Chininersatz in der Malariabehandlung, bei Rheuma, Lues und chronischen Hautleiden. Durch Überdosierung der Droge kam es häufig zu Vergiftungen. Auch in der Homöopathie nur noch selten verwendet.

Echtes Labkraut *Galium verum* L. Rötegewächse *Rubiaceae*

♃
0,2 – 0,7 m
VI – IX

B: Blätter nadelförmig, bis 1 mm breit, glänzend grün, in Wirteln. Blütenstände rispig, Blütenkrone am Grunde verwachsen, ausgebreitet, mit 4 spitzen Zipfeln.
V: Trockene bis wechselfeuchte Rasen, Wegränder, häufig; Europa, Sibirien.
D: Echtes Labkraut – Galii lutei herba (DAC), das getrocknete, blühende Kraut. Galium verum (HAB 34).
I: Galiosin (Anthrachinonglykosid), Asperulosid, Rubiadinglykosid, Gerbstoffe, Flavonoide, Labenzym im frischen Kraut.
A: Nur noch selten in der Homöopathie und in der Volksmedizin als harntreibendes Mittel, besonders bei Wasseransammlungen verwendet. Ferner bei Magendarmkatarrhen, äußerlich bei Hautleiden und Wunden. Das frische Kraut früher zur Käseherstellung.

Gelbe Teichrose *Nuphar lutea* (L.) SIBTH. & SM. Seerosengewächse *Nymphaeaceae*

♃
0,5 – 3 m
unter der Wasseroberfläche
VI – IX

B: Schwimmblattpflanze mit waagrecht im Boden wachsendem, kräftigem Wurzelstock und lang gestielten, rundlich-ovalen Blättern. Blüten 4 – 5 cm breit, 5 große, gelbe Blütenblätter. Narbenscheibe mit 15 – 20 radiären Streifen.
V: Stehende bis langsam fließende Gewässer, häufig; Europa bis Westasien.
D: Nuphar luteum (HAB 34), der frische Wurzelstock, Teichrosenwurzelstock – Rhizoma Nupharis lutei.
I: Alkaloide, Gerbstoffe, Stärke.
A: Wurzelstock und Blüten in der Volksheilkunde u. a. zur Herabsetzung der sexuellen Erregbarkeit. In der Homöopathie noch gebräuchlich bei Impotenz, Kopfschmerzen und Darmkatarrh (Morgendurchfälle). Ähnlich verwendet wird die Weiße Seerose (*Nymphaea alba* L.), die verwandte Alkaloide und daneben ein herzaktives Glykosid enthält.

Sumpfdotterblume *Caltha palustris* L. Hahnenfußgewächse *Ranunculaceae*

♃
0,1 - 0,5 m
III - VI

☠

B: Aufsteigende bis aufrechte Pflanze mit großen, rundlichen, am Grunde herzförmigen Blättern. Blüten meist mit 5 glänzend gelben Blütenblättern. Früchtchen zu 5 – 8.
V. Häufig an Gräben, in nassen Wiesen, auf der ganzen nördlichen Erdhälfte.
D: Caltha palustris (HAB 1), das frische, blühende Kraut.
I: Saponine, Flavonoide, wenig Protoanemonin, in den Wurzeln das Alkaloid Magnoflorin.
A: Nach Genuß der Blätter als Salat kommt es zu Erbrechen, Durchfall, Magen- und Kopfschmerzen, Bläschenausschlag. Anwendung früher in der Volksheilkunde, heute noch in der Homöopathie bei pustulösen Hautausschlägen an Armen und Beinen. Die Blütenknospen als Deutsche Kapern eingelegt in gesalzenes Essigwasser, von dem Verzehr wird aber abgeraten.
F: Galium-Heel.

Knolliger Hahnenfuß *Ranunculus bulbosus* L. Hahnenfußgewächse *Ranunculaceae*

♃
0,1 - 0,5 m
V - VII

☠

B: Stengel am Grunde knollig verdickt. Grundblätter dreiteilig, lang gestielt, Stengelblätter sitzend, mit schmaleren Abschnitten. Blüten 2 – 3 cm breit, Kelch zurückgeschlagen, Blütenstiele gefurcht.
V: Häufig in Trockenrasen und trockenen Wiesen durch fast ganz Europa.
D: Ranunculus bulbosus (HAB 1), die frische, blühende Pflanze.
I: In der frischen Pflanze aus glykosidischen Vorstufen Protoanemonin (Anemonol), das beim Trocknen in das unwirksame Dimere Anemonin übergeht.
A: Das frische Kraut hat starke haut- und schleimhautreizende Wirkung. Äußerlich kommt es zu Rötungen mit Juckreiz und Bläschenbildung, innerlich zu Brennen im Mund, Erbrechen, kolikartigen Leibschmerzen, Magen- und Darmentzündungen, Nierenreizung. Die Pflanzen werden vom Vieh gemieden, können aber in noch frischem Zustand zusammen mit Gras verfüttert, Vergiftungen hervorrufen. Früher in der Volksheilkunde vorwiegend äußerlich bei rheumatischen Erkrankungen und Nervenschmerzen verwendet. Heute noch innerlich in der Homöopathie u. a. bei Viruserkrankungen der Haut (Gürtelrose), Rheumatismus und Nervenschmerzen. Getrocknet ist die Pflanze wirkungslos.
F: Ranunculus Oligoplex, Ranunculus-Pentarkan u. a.

Scharfer Hahnenfuß *Ranunculus acris* L. Hahnenfußgewächse *Ranunculaceae*

♃
0,2 - 0,8 m
V - IX

☠

B: Stark verzweigte Pflanze, Grundblätter 3 – 5teilig, mit schmalen, mehrfach geteilten Abschnitten. Blüten 2 – 3 cm breit, Kelch der Blütenkrone anliegend, Blütenstengel nie gefurcht.
V: In Wiesen häufig durch weite Teile Europas und Asiens.
D: Ranunculus acer (HAB 34), das frische Kraut.
I: Protoanemonin und Anemonin, Saponin, Gerbstoff.
A: Giftwirkung wie beim Knolligen Hahnenfuß. Durch die Häufigkeit der Pflanze auf Wiesen sind auch Vergiftungen durch Lagern oder Barfußlaufen auf frisch geschnittenem Heu möglich. Früher wurden die Hauterscheinungen gelegentlich absichtlich hervorgerufen, um Arbeitsunfähigkeit vorzutäuschen oder Mitleid zu erregen. Anwendung in der Homöopathie u. a. bei Hautausschlägen.

Gift-Hahnenfuß *Ranunculus sceleratus* L. Hahnenfußgewächse *Ranunculaceae*

⊙
0,1 - 0,6 m
VI - VIII

☠

B: Kahle Pflanze mit langgestielten, über die Mitte 3zählig geteilten Grundblättern, obere Stengelblätter sitzend, bis zum Grunde geteilt. Blüten nur 0,5 – 1 cm breit, Blütenstiel gefurcht, Kelchblätter zurückgeschlagen, hinfällig. Früchtchen einen eiförmigen Kopf bildend.
V: An sumpfigen, schlammigen Ufern; zerstreut durch Europa, Asien.
D: Ranunculus sceleratus (HAB 34), das frische Kraut.
I: Protoanemonin und Anemonin, Tryptaminderivate, darunter Serotonin.
A: Gilt als giftigste Hahnenfußart, Wirkung siehe Knolliger Hahnenfuß. Früher volkstümlich, heute nur noch in der Homöopathie bei rheumatisch-gichtischen Beschwerden, auch bei Leberstörungen und Bläschenausschlag.

Mauerpfeffer *Sedum acre* L. Dickblattgewächse *Crassulaceae*

♃
0,05 – 0,15 m
VI – VIII

☠

B: Pflanze mit verzweigten, kriechenden Sprossen rasenbildend. Blätter dicklich, halbrund. Blüten zu mehreren in doldenartigen Blütenständen, Blütenkrone goldgelb, Kronblätter zugespitzt.
V: Auf offenem Sand, Fels, an Mauern, häufig; durch weite Teile Europas.
D: Mauerpfeffer – Herba Sedi acris, die frische Pflanze. Sedum acre (HAB 34).
I: Alkaloide, u. a. Sedamin, Sedinin, Sedinon; Rutin Gerbstoffe.
A: Scharfer, pfefferartiger Geschmack der frischen Pflanze. Wird als Giftpflanze angesehen, jedoch sind in neuerer Zeit keine Vergiftungsfälle beobachtet worden. Früher zur Heilung von Wunden, Verbrennungen und als blutdrucksenkendes Mittel, heute noch in homöopathischen Präparaten vor allem gegen Hämorrhoiden und Analfissuren. Das ganz junge Kraut als Salatwürze (mit Vorsicht). Daneben wird auch die Alpen-Fetthenne *Sedum alpestre* Vill. (*S. repens* Schleich.) verwendet.
F: Duoform, Paeonia Oligoplex, Raucoviscin, Venosyx forte u. a.

Gewöhnlicher Odermennig *Agrimonia eupatoria* L. Rosengewächse *Rosaceae*

♃
0,5 – 1 m
VI – VIII

B: Nur oben verzweigte Pflanze mit unpaarig gefiederten, stengelständigen Blättern. Blüten 0,5 – 0,8 cm breit, in langen, traubigen Blütenständen. Frucht glockenförmig, mit senkrecht abstehendem, hakigem Borstenkranz und deutlichen Rillen.
V: Trockene Rasen, Gebüsche, lichte Wälder; Europa, SW-Asien.
D: Odermennigkraut – Agrimoniae herba (DAC), die während der Blüte gesammelten und getrockneten Sprosse, auch von *A. procera* Wallr.
I: Catechingerbstoffe, Triterpene, Spuren ätherisches Öl.
A: Milder adstringierender Effekt. Für eine Anwendung bei Gallenerkrankungen gibt es von den bisher bekannten Inhaltsstoffen her keine Begründung. Heute noch in Fertigarzneimitteln gegen Leber- und Gallenleiden, Magen- und Darmkatarrhe und Blasenschwäche enthalten. In der Volksheilkunde besonders als Gurgelmittel bei Rachenentzündungen („für Sänger und Redner"), zu Umschlägen bei Geschwüren und juckenden Hauterkrankungen.
F: Divinal-Bohnen, Inconturina S, Losapan, Rhoival, Stomasal u. a.

Gänse-Fingerkraut *Potentilla anserina* L. Rosengewächse *Rosaceae*

♃
0,1 – 0,3 m
V – VIII

s. S. 268

B: Pflanze mit bis 1 m lang kriechenden, an den Knoten wurzelnden Trieben. Blätter 13 – 21zählig gefiedert, oberseits grün, unterseits dicht seidenhaarig. Blüten 2 – 3 cm breit, einzeln auf langen Blütenstielen in den Blattachseln.
V: Häufig in Trittfluren, an Wegen und Ufern; fast weltweit verbreitet.
D: Gänsefingerkraut – Anserinae herba (DAC), die getrockneten Blätter und Blüten. Potentilla anserina (HAB 1).
I: Noch unerforschter, krampflösender Wirkstoff, Gerbstoffe, Flavonoide.
A: Häufig als krampflösender Bestandteil von Präparaten gegen schmerzhafte Monatsblutung, Magen- und Darmerkrankungen, Gallenleiden, auch in beruhigenden Mitteln. Als Gerbstoffdroge daneben gegen Durchfall, zum Gurgeln und zu Wundspülungen. In der Homöopathie ebenfalls bei Krampfzuständen.
F: Anethol „36" Lohmann, Esberi-Nervin, Euvegal, Ventrimarin u. v. a.

Kriechendes Fingerkraut *Potentilla reptans* L. Rosengewächse *Rosaceae*

♃
0,1 – 0,3 m
VI – VIII

B: Bis über 1 m lang kriechend, an den Knoten wurzelnd und Blattrosetten bildend. Blätter langgestielt, 5zählig gefingert, beidseitig grün. Blüten einzeln, auf langen Blütenstielen die Blätter überragend.
V: Häufig an Wegen, Ufern, in Äckern, feuchten Wiesen; Europa, Westasien.
D: Fünffingerkraut – Herba Pentaphylli. Potentilla reptans (HAB 34).
I: Gerbstoffe.
A: Wie Tormentillwurzel als Gerbstoffdroge verwendet, die Wirkung ist jedoch schwächer. In der Volksheilkunde vor allem bei Durchfällen, Nasenbluten, Zahnfleischentzündungen und zum Baden schlecht heilender Wunden. Ebenso das in den Alpen beheimatete Gold-Fingerkraut (*Potentilla aurea* L.).
F: Solixonum u. a.

Echte Nelkenwurz *Geum urbanum* L. Rosengewächse *Rosaceae*

♃
0,2 - 0,8 m
V - X

B: Verzweigte Pflanze mit unpaarig gefiederten Blättern. Endfieder oft groß und 3 - 5teilig. Blüten aufrecht, langgestielt, an den Zweigenden. Fruchtgriffel hakig geknickt.
V: Häufig in Unkrautfluren, feuchten Laubwäldern; Europa, Asien.
D: Nelkenwurzwurzel - Radix Caryophyllatae, die getrockneten Wurzeln und Wurzelstöcke. Geum urbanum (HAB 1).
I: Äther. Öl mit Eugenol aus glykosidischer Bindung, Gerbstoffe.
A: Heute nur noch selten in der Volksheilkunde bei Verdauungsstörungen, außerdem als Gurgelmittel bei Hals- und Zahnfleichentzündungen (neben der Gerbstoffwirkung schmerzstillende und keimtötende Wirkung des Eugenols). In der Homöopathie bei Entzündungen der Harnwege.
F: Lamioflur, Salvia Oligoplex, Vitanal u. a.

Götterbaum *Ailanthus altissima* (MILL.) SWINGLE (*A. glandulosa* DESF.)
Bittereschengewächse *Simaroubaceae*

♄
Bis 25 m
VII

B: Baum mit großen, unpaarig gefiederten Blättern. 13 - 25 eilanzettliche, lang zugespitzte Teilblätter, an der Basis mit 2 - 4 drüsentragenden Zähnen. Blüten etwa 8 mm breit, gelblich, von unangenehmem Geruch, zu 2 - 3 gebüschelt in großen, endständigen Rispen. Teilfrüchte geflügelt.
V: Als Zierbaum oft gepflanzt, gelegentlich verwildert, Heimat China.
D: Ailanthus altissima, Ailanthus glandulosa (HAB 1), frische Sprosse, Blüten und Rinde.
I: Quassinoide (überwiegend Bitterstoffe), Indolalkaloide, Flavonoide, Gerbstoffe.
A: In Europa nur in der Homöopathie gebräuchlich u. a. zur unterstützenden Behandlung von schweren Infektionskrankheiten und bei chronisch-infektiösen Prozessen des lymphatischen Rachenrings.
F: Anginovin, Belladonna-Pentarkan, Mercurius cyanatus Oligoplex u. a.

Winter-Linde *Tilia cordata* MILL. Lindengewächse *Tiliaceae*

♄
Bis 30 m
VI - VII

s. S. 278

B: Sommergrüner, hoher Baum. Blätter herzförmig, schief, am Rande gesägt, oberseits kahl, dunkelgrün, unterseits bläulichgrün, in den Aderwinkeln braunbärtig. Blüten hellgelb, 5zählig, zu 5 - 11, Stengel des Blütenstandes mit einem Hochblatt verwachsen.
V: Laubmischwälder wärmerer Standorte; Europa, oft gepflanzt.
D: Lindenblüten - Tiliae flos (DAB 10), die getrockneten Blütenstände, auch von der Sommer-Linde (*Tilia platyphyllos* SCOP.). Tilia europaea (HAB 34).
I: Ätherisches Öl mit Farnesol (wohlriechend), Flavonoide, Gerbstoffe, Schleim.
A: Wie Holunderblüten, oft auch mit diesen gemischt, als schweißtreibender Tee bei fieberhaften Erkältungskrankheiten und kurmäßig zur Stärkung der körpereigenen Abwehrkräfte. Durch die bisher bekannten Inhaltsstoffe ist die Wirkung nicht erklärbar. Auch bei Katarrhen der oberen Luftwege, Blasen- und Nierenleiden und als krampflösendes Mittel. In der Homöopathie u. a. bei Infekten mit vermehrter Schweißbildung, Ermüdungserscheinungen am Auge.
F: Cynobal-Tee, Grippe-Tee Stada, Nephrubin-Tee, Toxi Dolan N u. a.

Tüpfel-Johanniskraut, Tüpfel-Hartheu *Hypericum perforatum* L.
Johanniskrautgewächse *Hypericaceae*

♃
0,3 - 1 m
VI - VIII

s. S. 274

B: Stengel mit zwei Längsleisten. Blätter gegenständig, länglich bis eiförmig, durchscheinend getüpfelt. Blüten in rispigen Blütenständen.
V: Häufig an Wegrändern, Gebüschen, in Magerrasen; Europa, Asien.
D: Johanniskraut - Hyperici herba (DAC), die getrockneten oberirdischen Teile. Hypericum perforatum, Hypericum (HAB 1).
I: Hypericin, Flavonoide, Gerbstoffe, äther. Öl, Phloroglucinderivat Hyperforin.
A: Vor allem in Fertigarzneimitteln zur kurmäßigen Behandlung von depressiven Zuständen und nervösen Erkrankungen, wobei die Wirkung auf dem Gehalt an dem photosensibilisierenden Hypericin beruhen soll, das als Monoaminoxydasehemmer wirksam ist. Johannisöl (Oleum Hyperici), ein Auszug der frischen Blüten mit Olivenöl, äußerlich bei rheumatischen Schmerzen, als Wundheilmittel und bei Hauterkrankungen. In der Homöopathie vor allem bei Nervenschmerzen nach Verletzungen.
F: Befelka-Öl, Hyperforat, Phytogran, Psychatrin, Psychotonin M u. v. a.

Garten-Fenchel *Foeniculum vulgare* MILL. ssp. *vulgare* Doldenblütler *Apiaceae*

⊙ – ♃
0,5 – 2 m
VII – X

s. S. 266

B: Kahle, blaugrüne Pflanze. Blätter 2 – 3fach gefiedert mit schmalen, feinen Abschnitten. Blütendolde aus 12 – 25 Döldchen zusammengesetzt, mit meist ungleich langen Strahlen. Hülle und Hüllchen fehlend. Die Früchte (oben rechts) sind 5 – 10 mm lang und meist in 2 Teilfrüchte mit je 5 deutlichen, aber ungeflügelten Rippen zerfallen.
V: In verschiedenen Sorten weltweit kultiviert, ssp. *piperitum* (UCRIA) COUT. im ganzen Mittelmeergebiet heimisch.
D: Bitterer Fenchel – Foeniculi amari fructus (DAB 10), die getrockneten Früchte der var. vulgare mit würzig-scharfem Geschmack. Süßer Fenchel – Foeniculi dulcis fructus (DAB 10), die getrockneten Früchte der var. dulce mit anisähnlichem, milderem Geschmack. Fenchelöl – Foeniculi aetheroleum (DAB 10), Oleum Foeniculi, das ätherische Öl. Foeniculum vulgare, Foeniculum (HAB 1).
I: Ätherisches Öl mit Anethol und Fenchon, Pinen, Limonen.
A: Als schleimlösender Bestandteil vieler Hustentees und -säfte, in der Kinderpraxis auch als Fenchelhonig beliebt. Das ätherische Öl hat darüber hinaus krampflösende, blähungstreibende und antibakterielle Eigenschaften und soll milchbildend wirken. Die Früchte auch häufig als Zusatz zu Abführmitteln und als Tee bei leichten Verdauungsstörungen der Säuglinge. Äußerlich zu Augenwässern, wobei eine wissenschaftliche Begründung hierfür noch aussteht. Als Geschmackskorrigens und als Gewürz (var. dulce).
F: Abführ-Tee Stada, Gastricholan N, Guakalin, Meteophyt, Oralpädon u. v. a.

Echte Sellerie *Apium graveolens* L. Doldenblütler *Apiaceae*

⊙
0,3 – 1 m
IV – X

B: Pflanze mit rundlich-rübenförmig verdickter Wurzel und charakteristischem Geruch. Blätter ein- bis zweifach gefiedert mit rhombischen, oft 3teiligen Abschnitten. Blüten unscheinbar, gelblich bis weißlich, in zahlreichen Dolden, Hülle und Hüllchen fehlend. Früchte rundlich, etwa 1,5 – 2 mm groß.
V: Wildform eurasiatische Küstenpflanze, in verschiedenen Formen seit alters kultiviert und selten verwildert.
D: Fructus (Semen) Apii graveolentis – Selleriefrüchte. Apium graveolens (HAB 34). Auch die Wurzel und das Kraut werden verwendet.
I: Besonders reichlich in den Früchten ätherisches Öl mit Limonen, Selinen, Sedanonsäureanhydrid (Geruchsträger), Flavonoide, Furocumarine, Alkaloide, in dem knollig verdickten Wurzelstock außerdem Cholin, Asparagin, Schleim und Stärke.
A: Anregende Wirkung auf die Nierentätigkeit. Anwendung vor allem in der Volksheilkunde bei rheumatischen Beschwerden, manchen Blasen- und Nierenleiden (bei Nierenentzündungen kontraindiziert!), auch bei Verdauungsstörungen und Appetitlosigkeit. Der mit Zucker eingekochte Wurzelsaft als Hustenmittel. Früher wurde angenommen, daß Sellerie den Geschlechtstrieb anregt, worauf der Name Geilwurz zurückzuführen ist. Gemüse und Gewürz.
F: Salus Kräutertee Nr. 24, Sellerie-Pflanzensaft Kneipp, Uriginex N u. a.

Pastinak *Pastinaca sativa* L. Doldenblütler *Apiaceae*

⊙
0,3 – 1 m
VII – IX

B: Stengel kantig gefurcht. Blätter gefiedert, mit fiederteiligen oder grob gezähnten Abschnitten. Blütendolden ohne Hülle und Hüllchen. Blütenblätter bis 1,5 mm lang.
V: Unkrautfluren, Wegränder, Wiesen, durch ganz Europa, Westasien, fast weltweit verschleppt, früher öfter kultiviert.
D: Pastinakwurzel – Radix Pastinacae. Pastinaca sativa (HAB 34), die frische zweijährige Wurzel der angebauten Pflanze.
I: Ätherisches und fettes Öl, Alkaloid Pastinacin, Furocumarine, Vitamin C.
A: In der Volksheilkunde früher als harntreibendes und verdauungsförderndes Mittel. Die Gartenform mit möhrenartiger, verdickter Wurzel als Gemüse, die jungen Blätter und Zweigspitzen zum Würzen. Bei empfindlichen Personen führt der Saft der Pflanze bei gleichzeitiger Sonnenbestrahlung zu Rötungen und Pustelbildung auf der Haut.

Dill, Gurkenkraut *Anethum graveolens* L. Doldenblütler *Apiaceae*

⊙
0,4 – 1,2 m
VII – VIII

B: Sehr ähnlich dem Fenchel, aber mit charakteristischem Dillgeruch. Stengel fein gestreift. Blätter 3 – 4fach gefiedert mit fädlich-linealen Abschnitten. Blütendolde bei Kulturformen groß, gewölbt, mit 30 – 50 Döldchen, ohne Hülle und Hüllchen.
Früchte (oben rechts) etwa 3 – 5 mm lang, bräunlich, breit-oval, zusammengedrückt, gewöhnlich in die Teilfrüchte zerfallen. Von den jeweils 5 helleren Rippen sind die beiden seitlichen flügelartig verbreitert.
V: Von alters her kultiviert, selten verwildert; Heimat Südwestasien.
D: Dillfrüchte, Dillsamen – Fructus Anethi (Erg.B.6), die reifen Früchte. Anethum graveolens (HAB 1).
I: Ätherisches Öl mit Phellandren, Limonen, Carvon, Furocumarine.
A: Ähnlich wie Kümmel, Fenchel und Anis gegen Blähungen, Verdauungsstörungen und Appetitlosigkeit und zur Anregung der Milchsekretion verwendet. Ferner als harntreibendes Mittel und auch bei Schlaflosigkeit. In der Homöopathie u. a. bei Bluthochdruck. Das frische Kraut (Dillkraut, Gurkenkraut) mit den noch unreifen Samen als Gewürz vor allem für saure Gurken und in der Likörfabrikation.
F: Famitra-Kräuter-Extrakt-Tabletten, Salus Bronchial-Tee, Tesano u. a.

Garten-Petersilie, Echte Petersilie *Petroselinum crispum* (MILL.) HILL (*P. sativum* HOFFM., *P. hortense* auct.). Doldenblütler *Apiaceae*

⊙
0,3 – 1 m
VI – VII

B: Blätter dunkelgrün, 2 – 3fach gefiedert mit 3zähligen, dreieckigen Abschnitten, bei verschiedenen Kultursorten unterschiedlich zerteilt und auch kraus. Blüten klein, grünlichgelb bis rötlich, Hüllblätter wenige, Hüllchenblätter 6 – 8. Früchte grünlichgrau, rundlich-eiförmig bis birnenförmig, 2 mm lang.
V: Von alters her kultiviert, Heimat wohl Südwestasien, östliches Mittelmeergebiet.
D: Petersilienfrüchte – Fructus Petroselini (Erg.B.6). Petersilienwurzel – Radix Petroselini (Erg.B.6), die getrocknete Wurzel. Petroselinum crispum ssp. crispum, Petroselinum (HAB 1), die frische, ganze Pflanze.
I: Besonders in den Früchten ätherisches Öl mit Apiol, Myristicin, Allyltetramethoxybenzol; Flavonglykosid Apiin, Furocumarine.
A: Bewirkt kräftige Anregung der Harnausscheidung (wird auf die Reizwirkung des Apiols auf das Nierenparenchym zurückgeführt), daneben Kontraktion der Gebärmutter. Bei Überdosierung des ätherischen Öles sind Vergiftungen möglich. Anwendung in Fertigpräparaten vor allem bei Infekten der Harnwege, Wasseransammlungen, Nierensteinen und Menstruationsstörungen. Volkstümlich auch als appetitanregendes Mittel, äußerlich gegen Ungeziefer und Insektenstiche. In der Homöopathie u. a. bei Reizblase. Gewürzpflanze.
F: Eupond *Rp*, Nephrisan N, Nephro-loges, Nephrubin, Nieral u. a.

Liebstöckel, Maggikraut *Levisticum officinale* KOCH Doldenblütler *Apiaceae*

♃
1 – 2 m
VII – VIII

☕ s. S. 278

B: Kräftige, aromatische Pflanze. Blätter groß, 2 – 3fach gefiedert, mit rhombischen, grob gezähnten Abschnitten. Blüten sehr klein, mit etwa 1 mm großen, rundlichen, gelben Blütenblättern. Hüll- und Hüllchenblätter zahlreich.
V: In weiten Teilen Europas kultiviert, selten verwildert; Heimat Südwestasien.
D: Liebstöckelwurzel – Levistici radix (DAB 10), die getrockneten, unterirdischen Organe der 2 – 3jährigen Pflanzen. Levisticum officinale, äthanol. Decoctum (HAB 1).
I: Ätherisches Öl mit Alkylphthaliden (verantwortlich für den typischen Geruch), Cumarinderivate, Polyin Falcarindiol.
A: Als harntreibendes Mittel in Fertigpräparaten bei manchen Blasen- und Nierenleiden, Nierensteinen. In der Volksheilkunde auch zur Anregung der Verdauung, bei Menstruationsstörungen und Husten. Zu Magenschnäpsen. Das Kraut als Gewürz (Geruch und Geschmack nach Maggiwürze, in dieser jedoch nicht enthalten).
F: Canephron, Nephroselect, Pulvhydrops, Rheumex u. a.

Garten-Kürbis *Cucurbita pepo* L. Kürbisgewächse *Cucurbitaceae*

⊙
Bis 10 m lang
VI – IX

s. S. 276

B: Niederliegende oder kletternde Triebe mit fiederartig geteilten Ranken. Blätter groß, lang gestielt, fünflappig, Buchten mehr oder weniger deutlich ausgeprägt. Blütenkrone verwachsen, 7 – 10 cm breit, männliche und weibliche Blüten getrennt, aber an derselben Pflanze, mit fünfkantigem Blütenstiel.
V: Heute in vielen Sorten weltweit kultiviert, Heimat Nordamerika.
D: Kürbissamen – Cucurbitae semen (DAB 10), die Samen der reifen Früchte, auch von verschiedenen Kulturvarietäten; Cucurbita Pepo (HAB 34).
I: Phytosterole, Tocopherole, seltene Aminosäuren, u. a. das wurmwirksame Cucurbitin, Spurenelemente, vor allem Selen; fettes Öl.
A: In hoher Dosis als Wurmmittel, besonders gegen Bandwürmer, heute jedoch nur noch bei Versagen der gut wirksamen chemischen Präparate angewendet. Dagegen häufig in Fertigarzneimitteln gegen Prostataerkrankungen und Blasenstörungen. In der Homöopathie bei Übelkeit und Erbrechen.
F: Carito NA, Granufink Kürbiskerne, Nomon N, Prosta Fink, Prostamed u. a.

Pfennigkraut *Lysimachia nummularia* L. Primelgewächse *Primulaceae*

♃
0,1 – 0,6 m kriechend
V – VII

B: Niederliegende, oberirdisch kriechende Pflanze mit gegenständigen, kurzgestielten, rundlichen Blättern. Blüten einzeln in den Blattachseln, gestielt, mit fünfteiliger, nur am Grunde verwachsener, sattgelber Blütenkrone.
V: Häufig in Auenwäldern, feuchten Wiesen; fast ganz Europa.
D: Pfennigkraut – Herba Lysimachiae. Lysimachia Nummularia (HAB 34), die frische, blühende Pflanze.
I: Gerbstoffe, Saponine, Flavonoide.
A: Anwendung selten in der Volksheilkunde und in der Homöopathie bei Husten, Durchfallerkrankungen, schlecht heilenden Wunden, in einem Fertigpräparat bei Ekzemen im Kindesalter. Äußerlich bei Wunden und rheumatischen Erkrankungen. Der Pflanzenextrakt soll antibiotische Wirkung haben.
F: Dermatodoron u. a.

Echte Schlüsselblume, Arzneiprimel *Primula veris* L. (*Primula officinalis* (L.) Hill) Primelgewächse *Primulaceae*

♃
0,1 – 0,2 m
IV – V

B: Grundständige Blattrosette. Blätter eiförmig-länglich, runzelig, in den geflügelten Blattstiel verschmälert. Blütenstengel blattlos, mit vielblütiger Dolde. Blütenkrone dunkelgelb, glockenförmig, Fruchtkelch bauchig abstehend.
V: Trockene bis wechselfeuchte Rasen, durch weite Teile Europas.

Hohe Schlüsselblume *Primula elatior* (L.) Hill

♃
0,1 – 0,3 m
III – V

▽

s. S. 282 und S. 286

B: Sehr ähnlich der vorigen Art, Blütenkrone aber blaßgelb und ausgebreitet, Fruchtkelch eng anliegend.
V: Feuchte Laubwälder und Wiesen, Mittel- und Südeuropa.
D: Primelwurzel – Primulae radix (DAB 10), der getrocknete Wurzelstock mit den Wurzeln beider Arten. Schlüsselblumenblüten mit bzw. ohne Kelch – Flores Primulae cum bzw. sine calycibus (Erg.B.6), die getrockneten Blüten nur von *P. veris.* Primula veris (HAB 34), die frische, blühende Pflanze.
I: Primulasäure A und andere Saponine, Phenolglykoside (verantwortlich für den typischen Geruch der Droge). Die Blüten enthalten nur im Kelch Saponin, in den Blumenkronen Carotinoide und Flavonoide, Spuren ätherisches Öl, Enzyme.
A: Aufgrund des Saponingehaltes als auswurfförderndes Mittel bei Erkrankungen der Atemwege. Die heute häufig verwendete Droge kam erst nach dem 1. Weltkrieg als Ersatz für die nordamerikanische Art *Polygala senega* L. als Hustenmittel in Gebrauch. Die harntreibende Wirkung der Wurzel wurde dagegen schon länger in der Volksmedizin vor allem gegen rheumatische Leiden genutzt, ebenso die niesenerregende Wirkung. Die honigartig duftenden Blüten sind ebenfalls gegen Husten in Gebrauch, manchmal auch nur zur Schönung von Teemischungen, als harn- und schweißtreibendes Mittel und zur Nervenberuhigung. In der Homöopathie u. a. bei Kopfschmerzen, Hautausschlägen.
F: Expectysat, Guakalin, Primotussan N, Sinupret, Thymosirol u. v. a.

Färberröte, Krapp *Rubia tinctorum* L. Rötegewächse *Rubiaceae*

♃
0,5 – 1 m
VI – VIII

B: Stengel sommergrün, stachelig, aufsteigend oder aufrecht. Blätter zu 4 – 6 quirlförmig angeordnet, lanzettlich spitz. Blüten in lockeren Blütenständen, Krone 2 – 3 mm breit, grünlichgelb, meist mit 5 Zipfeln.
V: In Südeuropa früher häufiger kultiviert und verwildert, Heimat Asien.
D: Krappwurzel, Färberwurzel – Radix Rubiae tinctorum, der getrocknete Wurzelstock. Rubia tinctorum (HAB 34).
I: Glykosid Ruberythrinsäure, aus dem beim Trocknen der Farbstoff Alizarin entsteht, Galiosin und weitere Farbstoffglykoside, Asperulosid.
A: Ruberythrinsäure verringert im Harn den Gehalt an Calcium- und Magnesium-Ionen durch Chelatbildung und steht dadurch der Bildung von Harnsteinen entgegen, daneben entzündungshemmende und krampflösende Eigenschaften der Droge. Auch homöopathisch Anwendung bei Nierensteinleiden. Bis zur synthetischen Herstellung des Alizarins 1869 große Bedeutung als Farbstoffdroge.
F: Cefachol, Liruptin, Nephronorm, Nephropur, Nieral, Nieron, Urol N u. a.

Schwarzes Bilsenkraut *Hyoscyamus niger* L. Nachtschattengewächse *Solanaceae*

⊙
0,2 – 0,8 m
VI – IX

☠

B: Klebrig-zottig behaarte Pflanze mit buchtig gezähnten Blättern. Blütenstände einseitswendig, beblättert, Blütenkrone fast radiär, schmutziggelb mit violetter Aderung.
V: Schuttplätze, Wegränder, nicht häufig; Europa, Asien, weiter verschleppt.
D: Hyoscyamusblätter, Bilsenkrautblätter – Hyoscyami folium (DAB 10), getrocknete Blätter und blühende Zweigspitzen. Hyoscyamus niger, Hyoscyamus (HAB 1).
I: Hyoscyamin, Scopolamin, wenig Atropin, weitere Alkaloide, Gerbstoffe.
A: Wirkung wie bei der Tollkirsche, jedoch liegt der Gesamtalkaloidgehalt wesentlich tiefer. Als Droge nur noch selten verwendet. Zubereitungen in Fertigarzneimitteln auf ärztliche Verordnung als krampflösendes, beruhigendes und sekretionsbeschränkendes Mittel, besonders bei Bronchialasthma, Koliken, Parkinsonsyndrom. In der Homöopathie bei Unruhe, spastischen Zuständen der Atemwege und der Verdauungswege u. a. Bilsenkrautöl (Oleum Hyoscyami, ein Auszug der Blätter mit Erdnußöl) noch bisweilen als schmerzstillende Einreibung bei Rheuma und Nervenschmerzen. Bilsenkraut ist eines der ältesten Rauschmittel, im Mittelalter war es Bestandteil von Hexensalben und Liebestränken.
F: Asthma 6 *Rp,* Coradol, Mimopect, Monapax, Tussisana u. v. a.

Windblumen-Königskerze *Verbascum phlomoides* L. Rachenblütler *Scrophulariaceae*

⊙
0,5 – 1,5 m
VII – IX

B: Filzig behaarte Pflanze mit großen, länglich-zugespitzten Grundblättern und in der Größe abnehmenden Stengelblättern, die oberen nicht oder wenig am Stengel herablaufend. Blütenkrone 3,5 – 5 cm im Durchmesser, am Grunde verwachsen, nicht streng radiär, mit 2 längeren und 3 kürzeren Staubblättern. Blüten zu 2 – 7 in Büscheln.

Großblütige Königskerze *Verbascum densiflorum* BERTOL. (*V. thapsiforme* SCHRAD.)

⊙
0,5 – 2 m
VII – VIII

☕ s. S. 292

B: Ähnlich, aber Blätter flügelartig am Stengel bis zum nächsten Blatt oder weiter herablaufend.
V: Beide Arten in Schlagfluren, an Wegrändern, in Kiesgruben und Flußschotterfluren, verbreitet durch weite Teile Europas und Asiens.
D: Wollblumen – Verbasci flos (DAC), die getrockneten Blumenblätter mit den Staubblättern (ohne Kelch) beider Arten. Verbascum thapsiforme, Verbascum (HAB 1), das frische Kraut von *V. densiflorum.*
I: Schleimstoffe, Saponine, Zucker, Flavonoide, Iridoide.
A: Durch den Schleimgehalt reizmildernde und durch den Saponingehalt gleichzeitig auswurffördernde Wirkung. Daher häufig bei Katarrhen der Atemwege verwendet. Darüberhinaus hat die Droge schwach harntreibende Eigenschaften. Volkstümlich auch äußerlich zu erweichenden Umschlägen bei schlecht heilenden Wunden und zu Gurgelmitteln. In der Homöopathie außer bei Husten auch gegen Neuralgien. Die Samen früher als Fischgift.
F: Grippe-Tee Stada, Kneipp Husten- und Bronchial-Tee, Salus Asthma-Tee.

Gelber Enzian *Gentiana lutea* L. Enziangewächse *Gentianaceae*

♃
0,5 – 1,2 m
VI – VIII

∇

s. S. 264

B: Stattliche, unverzweigte Pflanze mit kräftigem Wurzelstock. Blätter gegenständig, breit-lanzettlich, 5 – 7nervig, blaugrün, die unteren kurz gestielt, die oberen sitzend, in ihren Achseln 3 – 10 gestielte Blüten. Blütenkrone goldgelb, trichterförmig ausgebreitet, mit 5 oder mehr nur am Grunde verwachsenen Zipfeln.
V: Rasen und Staudenfluren der mittel- und südeuropäischen Gebirge.
D: Enzianwurzel – Gentianae radix (DAB 10), die getrockneten unterirdischen Organe. Im DAB 7 waren auch *G. pannonica* Scop., *G. punctata* L. und *G. purpurea* L. für die Droge zugelassen. Gentiana lutea (HAB 1).
I: Glykosidische Bitterstoffe Gentiopikrin und Amarogentin (der bitterste bisher bekannte Naturstoff), Pseudoalkaloid Gentianin, das bei der Aufarbeitung entsteht, gelber Farbstoff Gentisin u. a., Zucker (Gentianose, Gentiobiose, Saccharose).
A: Die Bitterstoffe steigern die Speichel- und Magensaftsekretion, auch eine gärungswidrige Wirkung wird ihnen zugeschrieben. Anwendung in vielen Fertigarzneimitteln oder auch als Enzianschnaps (siehe *G. purpurea*) bei Verdauungsstörungen und Appetitlosigkeit. Daneben in Leber- und Gallepräparaten und Abführmitteln enthalten. In der Volksheilkunde früher gegen Fieber.
F: Gastricard N, Gastrol S, Lax-Lorenz, Magen-Tee Stada u. v. a.

Adonisröschen, Frühlings-Teufelsauge *Adonis vernalis* L. Hahnenfußgewächse *Ranunculaceae*

♃
0,1 – 0,4 m
IV – V

☠ ∇

B: Pflanze mit kräftigem Wurzelstock. Blätter stengelständig, 2 – 4fach gefiedert, mit schmallinealen Abschnitten. Blüten einzeln, endständig, 4 – 7 cm breit, mit 10 – 20 hellgelben Blütenblättern.
V: Steppenrasen; in Deutschland sehr selten, Hauptverbreitung Südosteuropa, Westasien.
D: Adoniskraut – Adonidis herba (DAB 10), die getrockneten, oberirdischen Teile. Adonis vernalis (HAB 1).
I: Herzwirksame Glykoside, die mit den K-Strophanthin-Glykosiden verwandt sind, besonders Adonitoxin und Adonitoxol, Cymarin, Flavonglykosid Adonivernith.
A: Wirkung wie beim Roten Fingerhut, schneller einsetzend, aber schwächer und weniger anhaltend, außerdem werden harntreibende und beruhigende Effekte angegeben. Hauptsächlich zur Behandlung leichterer Fälle von Herzschwäche und bei funktionellen Herzbeschwerden. Man verwendet die auf einen bestimmten Wirkwert eingestellte Droge. In der Homöopathie bei Überfunktion der Schilddrüse und gleichfalls als Herzmittel.
F: Angioton, Card-ompin S, Cordi sanol, Corguttin, Digaloid, Miroton u. v. a.

Berberitze, Sauerdorn *Berberis vulgaris* L. Sauerdorngewächse *Berberidaceae*

♄
1 – 3 m
V – VI

B: Sommergrüner Strauch mit einfachen bis 7teiligen Blattdornen und kräftigen, kurz gestielten, am Rande grannig gezähnten Blättern. Blüten duftend, in hängenden Trauben an Kurztrieben, meist 6zählig, nur die Endblüte 5zählig. Früchte (unten rechts) rote, etwa 1 cm lange, walzenförmige Beeren.
V: In trockenen Gebüschen durch West-, Mittel- und Südeuropa bis Westasien. Als Zwischenwirt des Getreiderostes gebietsweise fast ausgerottet.
D: Sauerdornbeeren – Fructus Berberidis (Erg.B.6). Berberis vulgaris e fructibus (HAB 1). Berberitzenwurzelrinde – Cortex Berberidis radicis. Berberis vulgaris, Berberis (HAB 1), die getrocknete Rinde ober- und unterirdischer Teile.
I: Früchte: Carotinoide, Fruchtsäuren, Oxalsäure, Vitamin C, Zucker, Pektin. Wurzelrinde: Alkaloid Berberin und Nebenalkaloide, Gerbstoffe.
A: Die alkaloidfreien, reifen Früchte als Vitamin-C-Lieferant, wie Hagebutten zu Marmeladen, erfrischenden Getränken, auch als leichtes Abführmittel und gegen Appetitlosigkeit. Die giftige Wurzelrinde ist vor allem in homöopathischen Präparaten bei rheumatischen Erkrankungen, Nierensteinen, Leber- und Gallestörungen und Hautleiden gebräuchlich. Das Alkaloid Berberin findet sich in Augentropfen gegen Reizzustände der Bindehaut und des Lidrandes.
F: Berberis-Tonikum-Pascoe, Gallitophen, Hepaduran, Hepagallin u. v. a.

Sumpf-Schwertlilie *Iris pseudacorus* L. Schwertliliengewächse *Iridaceae*

♃
0,5 - 1,2 m
V - VI

B: Blätter schwertförmig, die grundständigen etwa so lang wie der mehrblütige Stengel. Äußere Blütenblätter zurückgebogen, eiförmig bis breit lanzettlich, bartlos, die inneren aufrecht, viel kleiner, schmaler und kürzer als die blumenblattartigen Griffeläste.
V: Sümpfe, Ufer, Gräbern, häufig; Europa, Westasien.
D: Iris Pseudacorus (HAB 34), der frische Wurzelstock.
I: Ein unbekannter scharfer Stoff, Irisin (ein Polysaccharid), Gerbstoffe.
A: Der brennend scharf schmeckende Pflanzensaft verursacht Erbrechen und mit Koliken einhergehende Durchfälle. Vergiftungen sollen u. a. durch Verwechslung des Rhizoms mit Kalmus vorgekommen sein. Früher volkstümlich zur Wundbehandlung.

Gelbe Narzisse *Narcissus pseudonarcissus* L. Narzissengewächse *Amaryllidaceae*

♃
0,2 - 0,4 m
III - IV

B: Blätter breit lineal, stumpf, so lang wie der meist 1blütige Stengel. Freie Zipfel der Blütenblätter abstehend, eiförmig lanzettlich, blaßgelb, am Grunde mit einer etwa ebenso langen, becherförmigen, dunkelgelben Nebenkrone.
V: Wiesen, lichte Wälder Westeuropas, häufig als Zierpflanze.
D: Narcissus pseudonarcissus (HAB 34), die frische, blühende Pflanze.
I: Lycorin (Narcissin), Galanthamin, Tazettin u. a. Alkaloide, Bitterstoffe.
A: Vergiftungen beim Vieh und durch Verwechslung der Zwiebel mit Speisezwiebeln wurden beschrieben. Anwendung früher in der Volksheilkunde als Brechmittel, heute noch gelegentlich in der Homöopathie bei Brechdurchfall und Entzündungen der Atemwege. Ähnlich zu bewerten ist die Weiße oder Echte Narzisse (*Narcissus poeticus* L.), die ebenfalls homöopathisch verwendet wird.

Hohe Goldrute *Solidago gigantea* AIT. (*S. serotina* AIT.) Korbblütler *Asteraceae*

♃
0,5 - 1,5 m
VIII - X

s. S. 268

B: Hohe Pflanze mit kahlem, weißlich bereiftem Stengel (dieser bei *S. canadensis* L. behaart). Stengelblätter lanzettlich, lang zugespitzt, sitzend. Blütenköpfe nur 0,4 - 0,8 cm breit, mit 8 - 16 kleinen Zungenblüten, sehr zahlreich in zusammengesetzten, traubigen Blütenständen.
V: Beliebte Zierpflanze, häufig verwildert, Heimat Nordamerika.
D: Riesengoldrutenkraut - Solidaginis giganteae herba (DAC bis 1988), Herba Serotinae.
I: Flavonoide, Saponine, ätherisches Öl, Phenolcarbonsäuren, Gerbstoffe.
A: Wie die Echte Goldrute als harntreibendes Mittel; der Gehalt an wirksamen Inhaltsstoffen (Flavonoide und Saponine) soll höher sein. Oft ist in der Droge auch die Kanadische Goldrute (*Solidago canadensis* L.) anzutreffen.
F: Blasen-Nieren-Tee N Stada, Nieron Blasen- und Nieren Tee VI, Renob-Tee u. a.

Echte Goldrute *Solidago virgaurea* L. Korbblütler *Asteraceae*

♃
0,1 - 1 m
VII - X

s. S. 268

B: Kleiner als vorige Art, untere Stengelblätter länglich-elliptisch, gezähnt und mit geflügeltem Stiel, die oberen schmaler. Blütenköpfchen 1 - 1,5 cm breit mit 6 - 12 randlichen Zungenblüten, in einfacher oder zusammengesetzter Traube.
V: Magerrasen, Staudenfluren, lichte Wälder, fast ganz Europa, Westasien.
D: Goldrutenkraut - Herba Virgaureae (Erg.B.6), die getrockneten, oberirdischen Teile. Solidago virgaurea (HAB 1), die frischen Blütenstände.
I: Flavonoide, Saponine, ätherisches Öl, Gerbstoffe, Phenolcarbonsäuren.
A: Harntreibende Wirkung. Daneben wird neuerdings über eine durch die Saponine ausgelöste unspezifische Immunstimulation berichtet. In der Volksheilkunde, in Fertigpräparaten teilweise auf einen bestimmten Flavonoid-Gehalt standardisierte Extrakte, zur Ausschwemmung von Wasseransammlungen, gegen Nierenleiden, Rheumatismus, Venenerkrankungen und chronische Hauterkrankungen. Früher äußerlich als Wundheilmittel. Ähnlich in der Homöopathie.
F: Ariven SN, Rhoival, Solidagoren, Solidagosan N, Urol S u. v. a.

Sand-Strohblume, Immortelle *Helichrysum arenarium* (L.) MOENCH (*Gnaphalium arenarium* L.) Korbblütler *Asteraceae*

♃
0,1 - 0,3 m
VII - IX

∇

s. S. 276

B: Weißfilzige Pflanze mit lanzettlichen Blättern. Blüten in zahlreichen, doldig angeordneten, kleinen Köpfchen, gelb, röhrig, Hüllblätter trockenhäutig.
V: Sandtrockenrasen, lichte Wälder; Osteuropa bis Mitteleuropa.
D: Ruhrkrautblüten, Gelbe Katzenpfötchen - Flores Stoechados (citrinae) (Erg.B.6), die getrockneten Trugdolden. Gnaphalium arenarium (HAB 34).
I: Flavonoide, Bitterstoff, Gerbstoff, wenig ätherisches Öl.
A: Anregung der Gallenabsonderung, aber auch der Magensaft- und Bauchspeicheldrüsensekretion und der Harnausscheidung. Geringe krampflösende Wirkung. Beliebtes Mittel vor allem bei Gallenleiden. In manchen Tees nur als Schönungsdroge. In der Homöopathie gegen Ischiasschmerzen.
F: Aristochol N, Salus Leber-Galle-Tee, Stomachysat u. a.

Sonnenblume *Helianthus annuus* L. Korbblütler *Asteraceae*

⊙
1 - 3 m
VIII - X

B: Nur gelegentlich oben verzweigt, mit herzförmigen, unregelmäßig gesägten, gestielten Blättern. Blütenköpfe bis 40 cm groß, nickend, randlich mit 6 - 10 cm langen Zungenblüten.
V: Zier- und Kulturpflanze, selten verwildert, Heimat Nordamerika.
D: Sonnenblumenblütenblätter - Flores Helianthi annui. Sonnenblumenöl - Helianthi oleum (DAC), das fette Öl der Früchte. Helianthus annuus (HAB 1).
I: Blütenblätter: Flavonglykosid, Anthocyanglykosid, Xanthophyll. Im fetten Öl: hauptsächlich Linol- und Ölsäure, Sterole.
A: Die Blütenblätter vor allem als schmückender Bestandteil von Teemischungen, Extrakte auch gegen Venenerkrankungen. Volkstümlich wie Arnika oder Ringelblume bei Wunden. Das Öl der Samen aufgrund seines Gehaltes an ungesättigten Fettsäuren als wertvolles Speiseöl (Vorbeugung der Arteriosklerose) und zu Hautpflegemitteln. In der Homöopathie bei Fieberanfällen und Verdauungsstörungen.
F: Cefalymphat N, Derma-loges N, Piniol Nasensalbe N u. a.

Echter Alant, Helenenkraut *Inula helenium* L. Korbblütler *Asteraceae*

♃
0,6 - 2,5 m
VII - VIII

s. S. 256

B: Hohe Pflanze mit breit lanzettlichen, unregelmäßig gezähnten, bis 80 cm langen Blättern, die unteren in einen langen Stiel verschmälert, die oberen sitzend. Blütenköpfe bis 7 cm breit, mit zahlreichen, schmalen, gelben Zungenblüten, in doldenförmigen Rispen.
V: Zier- und Heilpflanze, selten verwildert; Südosteuropa, Südwestasien.
D: Alantwurzelstock - Rhizoma Helenii (Erg.B.6), getrockneter Wurzelstock mit Wurzeln 2 - 3jähriger Pflanzen. Inula Helenium (HAB 34).
I: Ätherisches Öl mit potentiell allergieauslösenden Sesquiterpenlactonen (Alantolactone, früher als Helenin bezeichnet), Inulin.
A: Hustenreizdämpfende und auswurffördernde Wirkung, die besonders bei chronischen Hustenzuständen und Keuchhusten zur Anwendung kommt. Darüber hinaus sind keimtötende, harntreibende, den Gallenfluß anregende und auch wurmwidrige Eigenschaften vorhanden. Das Inulin, dessen Name sich von der Pflanze ableitet, zur Herstellung von Diabetikernährmitteln.
F: Hanopect, Klosterfrau Magentonikum, Lophyptan N, Stagnosan N u. a.

Strahlenlose Kamille *Chamomilla suaveolens* (PURSH) RYDB. (*Matricaria matricarioides* (LESS.) PORT. p.p., *M. discoidea* DC.) Korbblütler *Asteraceae*

⊙
0,1 - 0,4 m
VI - VIII

B: Oft buschig verzweigte Pflanze mit aromatischem Geruch. Blätter 2 - 3fach fiederteilig. Blüten klein, röhrenförmig, grünlichgelb, in Köpfen mit kegelförmigem, hohlem Blütenboden, ohne Zungenblüten.
V: In Mitteleuropa seit etwa 100 Jahren in Unkrautfluren zunehmend verbreitet; Heimat Ostasien, Nordamerika.
D: Strahlenlose Kamille - Flores Chamomillae discoideae.
I: Ätherisches Öl, Flavonoide, Cumarinderivate.
A: Volkstümlich gelegentlich wie die Echte Kamille verwendet, jedoch fehlen der Droge die entzündungshemmenden und wundheilungsfördernden Eigenschaften (im ätherischen Öl kein Chamazulen). Dagegen soll eine gewisse krampflösende und wurmwidrige Wirkung vorhanden sein.

Gemeiner Beifuß *Artemisia vulgaris* L. Korbblütler *Asteraceae*

♃
0,5 - 1,5 m
VII - IX

B: Aromatische Pflanze mit oberseits grünen, unten weißlichen, 1 - 2fach fiederteiligen Blättern. Blüten gelb oder rotbraun, klein, länglich, Köpfchen in reichblütigen Rispen.
V: Schuttplätze, Flußufer, Wegränder; Europa, Asien und weiter verschleppt.
D: Beifußkraut - Herba Artemisiae (Erg.B.6), die getrockneten Zweigspitzen. Artemisia vulgaris (HAB 1), die frischen, unterirdischen Teile.
I: Ätherisches Öl mit Cineol, wenig Thujon, Bitterstoffe (Sesquiterpenlactone), Flavonoide.
A: Anregung der Verdauungssaftproduktion, jedoch schwächer als bei Wermut. Anwendung vor allem volkstümlich als appetitanregendes Mittel, bei Verdauungsstörungen und Menstruationsbeschwerden, als Wurmmittel. In der Homöopathie u. a. bei Krampfleiden. Als Gewürz. Das ätherische Öl ist durch den unbedeutenden Gehalt an Thujon wesentlich weniger giftig als Wermutöl.
F: Collinsonia Oligoplex, Tanacet-Heel u. a.

Wermut, Bitterer Beifuß *Artemisia absinthium* L. Korbblütler *Asteraceae*

♃
0,5 - 1 m
VII - IX

s. S. 292

B: Stark aromatischer Halbstrauch mit 2 - 3fach fiederteiligen, beiderseits seidig-filzig behaarten Blättern mit lineal-lanzettlichen Abschnitten. Blüten gelb, Köpfchen klein, fast kugelig, nickend, in reichverzweigten Rispen.
V: In Mitteleuropa seit alters aus Kulturen verwildert, Europa, Asien.
D: Wermutkraut - Absinthii herba (DAB 10), die getrockneten, oberen Sproßteile und die Laubblätter. Artemisia absinthium, Absinthium (HAB 1).
I: Ätherisches Öl mit Thujon, Bitterstoffe Absinthin und Artabsin (Sesquiterpenlactone), ein Proazulen, das bei der Wasserdampfdestillation Chamazulen bildet, Flavonoide.
A: Starke Anregung der Verdauungssaftproduktion. Anwendung vor allem bei Verdauungsstörungen, Appetitlosigkeit, auch Leber- und Gallenleiden, volkstümlich daneben gegen Würmer und als menstruationsförderndes Mittel. In der Homöopathie bei nervöser Reizbarkeit, Magenschleimhautentzündung. Das ätherische Öl ist durch seinen Thujongehalt giftig. Man verwendet es zu Absinthlikören, deren Herstellung heute aber in fast allen Ländern verboten ist. Wermutweine enthalten die Bitterstoffe, aber praktisch kein ätherisches Öl, so daß ihr Genuß unbedenklich ist. Zur Herstellung wird meist der Römische Wermut *Artemisia pontica* L. benutzt. Als Gewürz für fette Speisen.
F: Aristochol N, Digestivum-Hetterich N, Gallemolan N, Stomachysat u. a.

Eberraute, Eberreis *Artemisia abrotanum* L. Korbblütler *Asteraceae*

♃
0,5 - 1,2 m
VII - X

B: Halbstrauch, zitronenartig-aromatisch, mit 1 - 2fach fiederteiligen, nur unterseits filzig behaarten Blättern mit fädlich schmalen Zipfeln. Blüten gelblich, Köpfchen klein, rundlich, nickend, in stark beblätterten Rispen.
V: Alte Kulturpflanze, selten verwildert, Herkunft vielleicht Südwestasien.
D: Abrotanum, Zitronenkraut, Eberrautenbeifuß - Herba Abrotani, Blätter und blühende Zweigspitzen. Artemisia abrotanum, Abrotanum (HAB 1).
I: Ätherisches Öl mit Cineol, Isofraxidin; Rutin, Cumarine.
A: Volkstümlich wie Wermut zur Anregung der Magen- und Gallensaftsekretion. Breite Anwendung in der Homöopathie u. a. bei Drüsenschwellungen, Abmagerung, chronischen Entzündungen, Hauterkrankungen. Als Gewürz.
F: Berberis Oligoplex, Original-Hico-Gallenheil, Pasisana, Sensinerv u. a.

Estragon *Artemisia dracunculus* L. Korbblütler *Asteraceae*

♃
0,6 - 1,2 m
VIII - X

B: Kahle, aromatische Staude mit ungeteilten, linealen bis lanzettlichen, bis 10 cm langen, spitzen Blättern. Blüten gelb, Köpfchen klein, kugelig, nickend, in lockeren Rispen, Kultursorten selten blühend.
V: Alte Kulturpflanze; Heimat Asien, westliches Nordamerika.
D: Estragon - Herba Dracunculi, die Blätter und Zweigspitzen.
I: Ätherisches Öl mit Estragol (Methylchavicol, fehlt im Russischen Estragon), Ocimen, Myrcen, Phellandren; Flavonoide, Cumarine.
A: Gilt als harntreibend und verdauungsfördernd. Verwendung hauptsächlich als Gewürz für Salat, Saucen und zum Einmachen von Gurken, zur Herstellung von Estragonessig und -senf.

Blüten gelb, in Köpfchen

Rainfarn *Tanacetum vulgare* L. Korbblütler *Asteraceae*

♃
0,3 - 1,5 m
VII - IX

B: Aromatische, nur im oberen Teil verzweigte Pflanze mit doppelt gefiederten Blättern. Blüten alle röhrenförmig, gelb, Blütenköpfe etwa 1 cm groß, in doldenartigen Blütenständen.
V: In ausdauernden Unkrautfluren häufig, durch fast ganz Europa und Asien.
D: Rainfarnblüten - Flores Tanaceti (Erg.B.6), die getrockneten Trugdolden. Rainfarnkraut - Herba Tanaceti (Erg.B.6). Chrysanthemum vulgare, Tanacetum vulgare (HAB 1).
I: Ätherisches Öl mit Thujon, Bitterstoff Tanacetin (Sesquiterpenlactone).
A: Anwendung (insbesondere des ätherischen Öles wegen des Thujongehaltes nicht ganz ungefährlich) früher vorwiegend in der Volksmedizin als Wurmmittel, in der Homöopathie u. a. bei nervöser Erschöpfung und Krämpfen.
F: Presselin Stoffwechseltee, Tanacet-Heel u. a.

Huflattich *Tussilago farfara* L. Korbblütler *Asteraceae*

♃
0,1 - 0,3 m
II - V

s. S. 272

B: Blütenschäfte mit spinnwebig behaarten Schuppenblättern und bis 3 cm großen Blütenköpfen aus Zungenblüten, vor den Laubblättern erscheinend; diese herzförmig-rundlich, gezähnt, unterseits weißfilzig mit oben seicht und breit gefurchtem Stiel.
V: Häufig in Unkrautfluren auf lehmigen Böden, Europa, Westasien.
D: Huflattichblätter - Farfarae folium (DAB 10), die getrockneten Laubblätter. Farfara (HAB 34). Huflattichblüten - Flores Farfarae (Erg.B.6).
I: Schleimstoffe, Gerbstoffe, Flavonoide, Pyrrolizidin-Alkaloide.
A: Die Blätter, seltener die wirkstoffärmeren Blüten als schleimlösender, reizlindernder und entzündungshemmender Bestandteil von Hustenmitteln. In einzelnen Herkünften der Droge wurden Spuren (!) von Pyrrolizidin-Alkaloiden nachgewiesen, die leberschädigende und krebserregende Wirkung haben können. Vor Daueranwendung wird daher abgeraten.
F: Bronchostad, Brust- und Husten-Tee Stada, Hustinetten u. v. a.

Arnika, Bergwohlverleih *Arnica montana* L. Korbblütler *Asteraceae*

♃
0,2 - 0,6 m
V - VIII

▽

s. S. 256

B: Pflanze mit grundständiger, dem Boden anliegender Blattrosette und 1 - 3 Paaren gegenständiger Stengelblätter. Blütenköpfe 1 - 3 (selten bis 5), endständig, 5 - 8 cm breit, 15 - 25 Zungenblüten.
V: Magerrasen, lichte Wälder, bis in die alpine Stufe weiter Teile Europas.
D: Arnikablüten - Arnicae flos (DAB 10), die getrockneten Blütenstände, auch von *A. chamissonis* LESS. ssp. *foliosa* (NUTT.) MAGUIRE zugelassen. Arnica montana, Arnica (HAB 1), die getrockneten unterirdischen Teile. Weitere Monographien im HAB 1.
I: Ätherisches Öl, Flavonoide, potentiell allergieauslösende Sesquiterpenlactone, vor allem Helenalin.
A: Äußerlich viel verwendetes Hausmittel mit hautreizenden, entzündungswidrigen und wundheilungsfördernden Eigenschaften. Zur schnelleren Resorption von Blutungen bei Blutergüssen, bei Prellungen, Verstauchungen, ferner bei rheumatischen Beschwerden und zum Gurgeln und Pinseln bei Mund- und Zahnfleischerkrankungen. Innerlich wirkt Arnika anregend auf Herz und Kreislauf und wird häufig auch in Venenmitteln verwendet. Hier sind wegen der Vergiftungsgefahr durch Überdosierung Fertigpräparate angezeigt. Äußerlich können durch Gebrauch zu hoher Konzentrationen Hautschäden entstehen.
F: Angin-Heel S, Arnica Kneipp, Arnica-loges, Arniflor-N, Arnikamill u. v. a.

Weißfilziges Greiskraut *Senecio bicolor* (WILLD.) TOD. ssp. *cineraria* CHATER (*Senecio cineraria* DC.) Korbblütler *Asteraceae*

♃
0,2 - 0,8 m
V - VIII

B: Weißfilziger Halbstrauch mit 2fach fiederteiligen Stengelblättern. Blütenköpfchen mit 10 - 12 Zungenblüten in doldenförmigen Rispen.
V: Küstenpflanze des Mittelmeergebietes, bei uns häufig als Zierpflanze.
D: Cineraria maritima (HAB 34), die vor der Blüte gesammelte Pflanze.
I: Pyrrolizidin-Alkaloid Senecionin u. a.
A: In der Homöopathie meist als Augentropfen, aber auch innerlich bei Reizzuständen der Binde- bzw. Hornhaut, Ermüdungserscheinungen am Auge, im Anfangsstadium des Grauen Stars, Hornhauttrübungen.
F: Euphrasia-Pentarkan N Extern, Physostigma Oligoplex u. a.

Gemeines Greiskraut, Kreuzkraut *Senecio vulgaris* L. Korbblütler *Asteraceae*

⊙
0,1 - 0,4 m
I - XII

B: Kahle bis etwas spinnwebig behaarte Pflanze mit fiederteiligen oder buchtig gelappten, oft etwas fleischigen Blättern. Blüten in walzlichen Köpfchen, umgeben von 21 Hüllblättern, Zungenblüten fehlend.
V: Häufiges Unkraut, Äcker, Gärten, Schuttplätze; ganz Europa, Asien.
D: Gemeines Kreuzkraut - Herba Senecionis vulgaris, das blühende Kraut.
I: Pyrrolizidinalkaloid Senecionin u. a., Rutin, Vitamin C.
A: Vergiftungen wurden bei Tieren nach Verfüttern von Heu, das Kreuzkraut-Arten enthielt, beim Menschen nach Anwendung der Droge beschrieben (s. unten). Diese ruft u. a. Kontraktionen der Gebärmutter hervor und wurde früher in der Volksmedizin und in der Homöopathie bei Menstruationsstörungen und Blutungen verschiedener Art, auch äußerlich bei Wunden verwendet. Das Jakobs-Kreuzkraut (*Senecio jacobaea* L.) hat ähnliche Inhaltsstoffe.

Fuchs'sches Greiskraut, Kreuzkraut *Senecio nemorensis* L. ssp. *fuchsii* (C. GMEL.) CELAK. (*S. fuchsii* C. GMEL.) Korbblütler *Asteraceae*

♃
0,6 - 1,5 m
VII - IX

B: Pflanze mit breitlanzettlichen, in einen Stiel verschmälerten, fein gezähnten Stengelblättern. Blütenköpfe 2,5 - 3 cm breit, mit 5 - 8 Zungenblüten, in doldenartigen Rispen.
V: Bergmischwälder und Lichtungen, Mittel- und nördliches Südeuropa.
D: Fuchs'sches Kreuzkraut - Herba Senecionis Fuchsii.
I: Pyrrolizidinalkaloide Fuchsisenecionin, Senecionin u. a., Flavonoide.
A: Wie das Gemeine Greiskraut selten noch zum Stillen von Blutungen, besonders der Gebärmutter, der Nasenschleimhaut und nach Zahnextraktionen verwendet, außerdem als Diabetiker-Tee, äußerlich der Saft bei Wunden. Für das Pyrrolizidinalkaloid Senecionin wurden leberschädigende und krebserregende Wirkungen nachgewiesen, so daß von der Anwendung der Droge abzuraten ist.
F: Hormeel S, Senecion u. a.

Garten-Ringelblume *Calendula officinalis* L. Korbblütler *Asteraceae*

⊙ - ⊙
0,2 - 0,5 m
VI - IX

s. S. 284

B: Stark aromatische Pflanze mit ganzrandigen oder schwach gezähnten, breitlanzettlichen Blättern. Blüten gelb bis orange, in 4 - 7 cm großen Köpfen, diese mit vielen, langen Zungenblüten.
V: Alte Heil- und Zierpflanze, Heimat nicht sicher bekannt.
D: Ringelblumenblüten - Calendulae flos (DAC bis 1988), die getrockneten Zungenblüten. Calendula officinalis, Calendula (HAB 1), das frische, blühende Kraut.
I: Ätherisches Öl, hämolytisch wirkende Oleanolsäureglykoside (Calenduloside), Carotinoide, Flavonoide, Triterpenalkohole.
A: Mit entzündungshemmender und granulationsfördernder Wirksamkeit wie Arnika zu Umschlägen, in Salben und Pudern zur Behandlung von Wunden, Unterschenkelgeschwüren, zum Gurgeln und Spülen bei Rachen- und Zahnfleischentzündungen. Außerdem soll eine gewisse krampflösende und entzündungswidrige Wirkung auf innere Organe, vor allem Leber und Galle vorhanden sein. In der Volksheilkunde wie auch in der Homöopathie gebräuchlich.
F: Cefalymphat, Cesrasanol, Traumeel S-Salbe, Warondo-Wundsalbe u. v. a.

Benediktenkraut *Cnicus benedictus* L. Korbblütler *Asteraceae*

⊙
0,1 - 0,4 m
VI - VII

s. S. 260

B: Distelartig steife, verzweigte Pflanze mit schrotsägezähnigen bis fiederspaltigen, bedornten Blättern. Nur Röhrenblüten in endständigen Köpfchen, Hüllblätter mit großen, fiederförmig verzweigten Stacheln.
V: Heimat Mittelmeergebiet, sonst nur selten angebaut und verwildert.
D: Benediktenkraut - Cnici benedicti herba (DAC), Herba Cardui benedicti, die getrockneten Blätter und krautigen Zweigspitzen mit den Blütenköpfchen. Cnicus benedictus, Carduus benedictus (HAB 1).
I: Bitterstoff Cnicin (Sesquiterpenlacton) u. a., Flavonoide, wenig ätherisches Öl.
A: Als Bittermittel zur Anregung der Verdauungssaftsekretion bei Verdauungsbeschwerden, Appetitlosigkeit, Leber- und Gallenleiden. Häufig in Kräuterlikören. Cnicin hat in größeren Dosen brechenerregende Wirkung. In der Volksheilkunde äußerlich bei Frostbeulen und Geschwüren.
F: Asgocholan, Carvomin, Digestivum-Hetterich N, Esberigal N u. a.

Gift-Lattich, Stink-Salat *Lactuca virosa* L. Korbblütler *Asteraceae*

⊙ - ⊙
0,6 - 2 m
VII - IX

B: Pflanze mit unangenehmem Geruch. Die waagrecht stehenden Blätter blaugrün, dornig gezähnt, unterseits auf den Nerven borstig behaart. Blütenköpfchen aus mehr als 5 hellgelben Zungenblüten in großen, rispigen Blütenständen.
V: Heimat Mittelmeergebiet, nördlich selten verwildert und eingebürgert.
D: Deutsches Lactucarium – Lactucarium germanicum, der eingetrocknete Milchsaft. Lactuca (HAB 34), die ganze, frische Pflanze.
I: Im Milchsaft die Bitterstoffe Lactucin und Lactupikrin, Lactucerin, Lactucerol, ein atropinartiges Alkaloid.
A: Die Bitterstoffe des Milchsaftes wirken ähnlich wie Morphin oder Kodein beruhigend und hustenreizdämpfend, ohne daß Gewöhnungsgefahr bestehen soll. Zur Zeit werden nur homöopathische Zubereitungen verwendet. Vergiftungen durch Genuß der Blätter als Salat oder durch Überdosierung des in seiner Wirkung unsicheren, da leicht zersetzlichen Lactucariums waren früher nicht selten.
F: Cynobal, Ipecacuanha Oligoplex u. a.

Garten-Salat *Lactuca sativa* L. Korbblütler *Asteraceae*

⊙ - ⊙
0,2 - 1 m
VI - VIII

B: Blätter weich, unbehaart, breitoval, je nach Sorte sehr unterschiedlich. Blüten in kleinen Köpfchen, ähnlich denen des Giftlattichs, in großen doldenförmigen Rispen.
V: Alte Kulturpflanze, in verschiedenen Sorten angebaut, selten verwildert.
D: Lactuca sativa (HAB 34), die frische, blühende Pflanze.
I: Besonders im blühenden Trieb Milchsaft mit geringen Mengen der Bitterstoffe Lactucin und Lactupikrin, Lactucerol.
A: Bedeutender Eisen- und Vitaminlieferant. Früher volkstümlich der eingedickte Milchsaft wie auch von *L. serriola* L., der Stammpflanze des Gartensalates, als beruhigendes und hustenreizstillendes Mittel, aber weniger wirksam als jener von *L. virosa* L. Heute noch in der Homöopathie u. a. bei Impotenz.

Löwenzahn *Taraxacum officinale* WEBER s. l. Korbblütler *Asteraceae*

♃
0,05 - 0,4 m
IV - VI

s. S. 280

B: Milchsaftführende, formenreiche Sammelart. Blätter meist tief eingeschnitten bis fiederspaltig, in grundständiger Rosette. Blüten in einzelnen, großen Blütenköpfen, endständig auf blattlosem Schaft.
V: Häufig auf Wiesen, in Unkrautfluren, heute weltweit verbreitet.
D: Löwenzahn – Taraxaci radix cum herba (DAC), die getrocknete, im Frühjahr vor der Blüte geerntete, gesamte Pflanze. Taraxacum officinale Rh, Taraxacum Rh (HAB 1), die frische, blühende Pflanze.
I: Sesquiterpenlacton-Bitterstoffe, Triterpene, Sterole, Flavonoide, hoher Kaliumgehalt, in der Wurzel Fructose, Inulin.
A: Förderung der Gallensekretion und harntreibende Wirkung. Anwendung vor allem bei Leber- und Gallenleiden (auch in der Homöopathie), Verdauungsstörungen, chronischen rheumatischen Erkrankungen, volkstümlich die frischen, jungen Blätter zu Frühjahrskuren. Nach Aussaugen des Milchsaftes aus den Blütenstengeln wurden bei Kindern Vergiftungserscheinungen beobachtet.
F: Arthrosetten, Asgocholan, Cholaflux S, Galleb, Nieron N, Urol N u. v. a.

Kleines Habichtskraut *Hieracium pilosella* L. Korbblütler *Asteraceae*

♃
0,05 - 0,3 m
V - X

B: Formenreiche Art mit langen, beblätterten Ausläufern. Rosettenblätter breitlanzettlich, ganzrandig oder schwach gezähnelt, mit langen, einfachen Haaren. Zungenblüten gelb, außen mit roten Streifen, in einzelnen, endständigen Köpfchen auf meist blattlosem Stengel.
V: Trockenrasen, offene Stellen; fast ganz Europa, Westasien.
D: Kleines Habichtskraut – Herba Hieracii pilosellae, Herba Auriculae muris. Hieracium Pilosella (HAB 34).
I: Umbelliferon, Flavonoid, Gerbstoffe, Bitterstoff.
A: Selten noch in der Volksheilkunde bei Darmkatarrh und Erkrankungen der Atemwege, auch als harntreibendes Mittel. In einem Präparat gegen Herz- und Kreislaufschäden.

Osterluzei *Aristolochia clematitis* L. Osterluzeigewächse *Aristolochiaceae*

♃
0,2 - 1 m
V - VI

B: Einfache Stengel mit gelbgrünen, langgestielten, am Grunde tief herzförmigen, rundlichen Blättern. Blüten zu 2 - 8 in den Blattachseln. Blütenhülle am Grunde bauchig, oben in eine Zunge verbreitert.
V: Als Heilpflanze früher öfter angebaut und verwildert; Heimat Südeuropa.
D: Osterluzeikraut(-wurzel) - Herba (Radix) Aristolochiae. Aristolochia clematitis, Aristolochia (HAB 1), die frischen, oberirdischen Teile.
I: Aristolochiasäure, Gerbstoffe, Bitterstoffe, freie Aminosäuren.
A: Aristolochiasäure bewirkt eine Steigerung der Phagozytoseaktivität und wurde wie auch Drogenauszüge bei Infektionskrankheiten, chronischen Eiterungen und zur Verbesserung der Heilerfolge der Antibiotika- bzw. Chemotherapie verwendet. Äußerlich von alters her als Wundheilmittel und bei Hauterkrankungen. In der Homöopathie gegen Darmkatarrhe, Reizblase, Menstruationsstörungen, Venenerkrankungen, Gelenkleiden, Akne. Droge und Präparate mit Osterluzei oder Aristolochiasäure wurden 1981 wegen möglicher krebserregender Wirkung aus dem Handel genommen, ausgenommen homöopathische Dilutionen ab D 11.
F: Aringal (frei von Aristolochiasäure).

Wolfs-Eisenhut, Gelber Sturmhut *Aconitum vulparia* Rchb. (*A. lycoctonum* auct.) Hahnenfußgewächse *Ranunculaceae*

♃
0,4 - 1,5 m
VI - VIII

☠ ▽

B: Pflanze mit handförmigen, 5 - 7teiligen, fiederschnittigen Blättern. Blüten mit helmförmig vergrößertem oberen Blütenblatt, zwei Nektarblätter einschließend, in lockeren Trauben.
V: Wälder, subalpine Hochstaudenfluren; West-, Mittel- und Südosteuropa.
D: Aconitum Lycoctonum (HAB 34), das frische, blühende Kraut.
I: Alkaloid Lycaconitin und dessen Spaltprodukt Lycoctonin, Magnoflorin.
A: Giftpflanze wie der Blaue Eisenhut (*Aconitum napellus* L.). Lycoctonum bedeutet deutsch wolfstötend und weist auf die frühere Verwendung hin. Als Heilpflanze nur in der Homöopathie bei Mandelentzündung und Drüsenerkrankungen.

Echter Steinklee *Melilotus officinalis* (L.) Pall. Schmetterlingsblütler *Fabaceae*

⊙
0,3 - 1,2 m
V - IX

B: Blätter 3zählig gefiedert mit länglichen, unregelmäßig gezähnten Teilblättchen. Blüten in 4 - 10 cm langen Trauben. Fahne und Flügel länger als das Schiffchen (bei *M. altissima* etwa gleich lang). Hülsen kahl, querrunzelig.
V: Unkrautfluren, Wegränder, Schuttplätze, häufig; Europa, Westasien.
D: Steinklee - Meliloti herba (DAC), getr. Blätter und Blütenstände, auch vom Hohen Steinklee (*M. altissima* Thuill.). Melilotus officinalis (HAB 1).
I: Cumaringlykoside, aus denen beim Trocknen das nach Waldmeister duftende Cumarin abgespalten wird, Flavonoide, Gerbstoffe, Schleim.
A: In Fertigarzneimitteln gegen Venenerkrankungen und zur Thromboseprophylaxe. In der Volksheilkunde gelegentlich noch als schleimlösendes Mittel bei Husten, äußerlich zu erweichenden Umschlägen bei Schwellungen und Geschwüren. In zu hoher Dosis kommt es zu Kopfschmerzen und Schwindel. In der Homöopathie gegen Kopfschmerzen, Migräne, Neigung zu Nasenbluten.
F: Cyclamen Oligoplex, Esberiven, Venalot, Venosyx forte u. a.

Wundklee *Anthyllis vulneraria* L. Schmetterlingsblütler *Fabaceae*

⊙
0,1 - 0,4 m
V - IX

B: Formenreiche Sammelart. Untere Blätter häufig einfach oder wenig gefiedert mit großem Endblatt, die stengelständigen mit bis 7 Fiederpaaren. Blüten in vielblütigen Köpfchen, Kelche zottig behaart, zur Fruchtzeit aufgeblasen.
V: Trockenrasen, lichte Wälder, Wegränder; fast ganz Europa.
D: Wundkleekraut (-blüten) - Herba (Flores) Anthyllidis vulnerariae.
I: Saponine, Gerbstoffe, Flavonoide.
A: Selten noch volkstümlich in Blutreinigungs- und Abführtees, äußerlich das frische zerquetschte Kraut als Wundheilmittel, zu Waschungen bei Hautleiden, zum Gurgeln bei Zahnfleischerkrankungen und Mandelentzündung.
F: Akne-Wasser „Wala“ u. a.

Gemeiner Goldregen *Laburnum anagyroides* MED. (*Cytisus laburnum* L.)
Schmetterlingsblütler *Fabaceae*

♄
Bis 7 m
IV – VI

B: Strauch oder kleiner Baum. Blätter langgestielt, 3zählig, Blattunterseiten und junge Zweige dicht anliegend behaart. Blütentrauben bis 30 cm lang, hängend. Früchte behaart, mit verdicktem oberen Rand.
V: Zierstrauch, gelegentlich verwildert, ursprünglich im südlichen Europa.
D: Laburnum anagyroides, Cytisus laburnum (HAB 1), gleiche Teile frische Blätter und Blüten.
I: In allen Teilen der Pflanze, besonders in den reifen Samen die Alkaloide Cytisin, Methylcytisin u. a.
A: Vergiftungen bei Kindern nicht selten durch Essen der Samen (schon 2 Stück können gefährlich sein) oder Kauen auf den Zweigen. Arzneiliche Anwendung nur noch in der Homöopathie u. a. bei nervös-depressiven Zuständen, bei Magendarmerkrankungen, Schwindel und Hirnhautentzündung. Extrakte früher als Brech- und Abführmittel, ferner bei Nervenschmerzen und Asthma, die Blätter während des 1. Weltkrieges als Tabakersatz. Ebenso giftig sind *Laburnum alpinum* (MILL.) BERCHT. et PRESL und der häufig gepflanzte Bastard *L.* × *watereri* (KIRCH.) DIPP. siehe S. 252.
F: Cocculus Oligoplex u.a.

Besenginster *Cytisus scoparius* (L.) LK. (*Sarothamnus scoparius* (L.) WIMM. ex KOCH) Schmetterlingsblütler *Fabaceae*

♄
0,5 – 2 m
V – VI

B: Strauch mit 5kantigen, rutenförmigen, grünen Zweigen. Blätter hinfällig, obere ungeteilt, untere mit 3 Teilblättchen. Blüten 2 – 2,5 cm lang, einzeln oder zu 2, mit spiralig eingerolltem Griffel.
V: Gebüsche, lichte Wälder; durch weite Teile Europas, fehlt im Osten.
D: Besenginsterkraut – Sarothamni scoparii herba (DAC), die getrockneten, holzigen, grünen Sprosse mit Zweigen und Blättern. Besenginsterblüten – Flores Sarothamni scoparii. Cytisus scoparius, Spartium scoparium (HAB 1).
I: Spartein und Nebenalkaloide, biogene Amine Dopamin und Tyramin, vor allem in den Blüten des Flavonglykosid Scoparin.
A: Anwendung bei Rhythmus- und Reizleitungsstörungen des Herzens, nervösen Herzbeschwerden, zu niedrigem Blutdruck, ferner bei venösen Erkrankungen. Wegen des wechselnden Spartein-Gehaltes meist als Fertigpräparat, häufig auch das Reinalkaloid. Dieses besonders in Frankreich auch als Wehenmittel. Vor allem die Blüten haben harntreibende Wirkung.
F: Cordi sanol, Liruptin, Repowine, Schwoeroton, Spartiol, Venacton u. v. a.

Färber-Ginster *Genista tinctoria* L. Schmetterlingsblütler *Fabaceae*

♄
0,3 – 0,8 m
VI – VIII

B: Halbstrauch mit dornenlosen, gefurchten, grünen Ästen. Blätter ungeteilt, lanzettlich, dunkelgrün. Blüten 1 – 1,5 cm lang, ebenso wie die Hülsen kahl, in endständigen Trauben.
V: Nicht selten in Magerrasen, lichten Wäldern; Europa, Westasien.
D: Färberginsterkraut (-blüten) – Herba (Flores) Genistae tinctoriae. Genista tinctoria (HAB 1).
I: Alkaloide (Anagyrin, Cytisin, Methylcytisin u. a.), in den Blüten Flavonoide.
A: Als harntreibendes Mittel bei Harnwegsinfektionen, Nierensteinen, auch bei Rheuma und Gicht. In der Homöopathie u. a. bei Kopfschmerzen.
s. S. 266
F: Nephronorm-Tee, Vital Blasen- und Nieren-Tee u. a.

Blasenstrauch *Colutea arborescens* L. Schmetterlingsblütler *Fabaceae*

♄
Bis 2 m
V – VIII

B: Strauch mit 7 – 13zählig gefiederten Blättern. Blütenstände blattachselständig, bis 10 cm lang, kürzer als das tragende Laubblatt, mit 2 – 8 nikkenden Blüten. Hülsen blasig aufgetrieben, 6 – 8 cm lang.
V: Häufig kultiviert, gelegentlich eingebürgert; Heimat Südeuropa.
D: Blasenstrauchblätter – Folia Coluteae.
I: Noch nicht erforschter „Bitterstoff", Coluteasäure, Flavonoide, in den Samen Canavanin, fettes Öl.
A: Giftverdächtig. Früher in der Volksheilkunde als Abführ- und Blutreinigungsmittel, zeitweise als Ersatz für Sennesblätter empfohlen, obwohl die abführende Wirkung sehr gering ist. Die Samen sollen brechenerregend wirken.

Bockshornklee *Trigonella foenum-graecum* L. Schmetterlingsblütler *Fabaceae*

⊙
0,1 – 0,5 m
IV – VII

s. S. 262

B: Blätter luzerneähnlich, gestielt, 3zählig gefiedert, Teilblättchen an der Spitze gezähnelt. Blüten zu 1 – 2 fast sitzend in den Blattachseln, mit blaßgelber, am Grunde violetter 1 – 1,8 cm langer Krone. Hülse bis 10 cm, mit 2 – 3 cm langem Schnabel, aufrecht abstehend, gerade oder etwas gekrümmt. Zahlreiche gelbbraune, flache, rautenförmige Samen mit unangenehm bocksartigem Geruch.
V: Kulturpflanze vor allem in Südeuropa, eingebürgert; Heimat SW-Asien.
D: Bockshornsamen – Foenugraeci semen (DAB 10), die reifen, getrockneten Samen. Trigonella foenum-graecum, Foenum graecum (HAB 1).
I: Schleim, Eiweiß, fettes und ätherisches Öl, Saponine, Alkaloid Trigonellin.
A: Selten noch als Kräftigungsmittel, aufgrund des Schleimgehaltes auch bei Katarrhen der Atemwege, in Abführmitteln. In Form von heißen Breiumschlägen als erweichendes Mittel bei Furunkeln, Nagelbettentzündungen, Drüsenschwellungen. Außerdem soll eine blutzuckersenkende Wirkung vorhanden sein, ohne daß der Wirkstoff bisher isoliert werden konnte. In der Tiermedizin als Mastpulver.
F: Kneipp Husten- und Bronchial-Tee, Makoselect, Umkehr Bohnen 14 u. a.

Wildes Stiefmütterchen *Viola tricolor* L. Veilchengewächse *Violaceae*

⊙ – ♃
0,1 – 0,4 m
V – X

s. S. 288

B: Formenreich, meist verzweigt mit gestielten, eiförmig-lanzettlichen bis eirunden gekerbten Blättern und großen, fiederspaltigen Nebenblättern. Blüten 1,5 – 3 cm, gelb, blauviolett oder mehrfarbig, die beiden seitlichen Kronblätter aufwärts gerichtet.
Das Acker-Stiefmütterchen (*V. arvensis* Murr.) mit kleineren Blüten wurde früher als Unterart zu *V. tricolor* L. gestellt.
V: Wiesen, Äcker; Europa, Asien.
Drogen, Inhaltsstoffe, Anwendung und Fertigarzneimittel s. S. 192.

Salbei-Gamander *Teucrium scorodonia* L. Lippenblütler *Lamiaceae*

♃
0,2 – 0,8 m
VII – IX

B: Pflanze mit unterirdischen Ausläufern. Blätter gestielt, eiförmig mit herzförmigem Grund, unregelmäßig gekerbt, mit stark runzeliger, behaarter Oberfläche. Blüten grünlichgelb, zu 1 – 2 in den Achseln kleiner Blättchen, einseitswendig, Oberlippe der Krone fehlend.
V: Waldränder, lichte Wälder auf kalkarmen Böden, West- und Mitteleuropa.
D: Waldgamanderkraut – Herba Teucrii scorodoniae. Teucrium scorodonia (HAB 1), das frische, blühende Kraut.
I: Ätherisches Öl, Gerbstoffe, Bitterstoffe, Flavonoide.
A: Selten noch bei Bronchialleiden, Magen- und Darmerkrankungen, äußerlich als entzündungshemmendes Mund- und Gurgelwasser und bei Wunden. Häufiger in der Homöopathie bei Tuberkulose und chronischem Bronchialkatarrh.
F: Agamadon, Cetraria Similiaplex, Scordal u. a.

Gelber Hohlzahn *Galeopsis segetum* Neck. (*G. ochroleuca* Lam.) Lippenblütler *Lamiaceae*

⊙
0,1 – 0,4 m
VII – VIII

B: Behaarte Pflanze mit eiförmig-lanzettlichen, gestielten Blättern mit wenigen kräftigen, stumpfen Zähnen. Blütenkrone 2,5 – 3 cm lang, hellgelb, mit deutlicher Ober- und Unterlippe, letztere mit 2 hohlen, zahnartigen Höckern. Blüten zu 4 – 8 in Scheinquirlen.
V: Auf Steinschutt, Äckern und offenen Stellen, kalkmeidend, Westeuropa.
D: Hohlzahnkraut, Blankenheimer Tee, Liebersches Kraut – Herba Galeopsidis (Erg.B.6), die getrockneten, oberirdischen Teile. Galeopsis (HAB 34).
I: Kieselsäure, Saponine (?), Gerbstoffe, wenig ätherisches Öl, Iridoide.
A: Bei chronischen Katarrhen der Atemwege, wobei die Wirkung auf das bisher in der Droge nicht sicher nachgewiesene, auswurffördernde Saponin zurückzuführen wäre. Die Anwendung bei Lungentuberkulose aufgrund des Kieselsäuregehaltes hat heute keine Bedeutung mehr (siehe auch Acker-Schachtelhalm und Vogelknöterich). In der Homöopathie bei Milzerkrankungen.
F: Hanopect, Silphoscalin, Tussiflorin Hustensaft N u. a.

Gewöhnliches Leinkraut *Linaria vulgaris* MILL. Rachenblütler *Scrophulariaceae*

♃
0,2 - 0,6 m
VI - IX

B: Pflanze mit blaugrünen, schmal-lanzettlichen, wechselständigen Blättern. Blüten gestielt, in dichter Traube, Blütenkrone gelb, Oberlippe zweispaltig, Unterlippe mit kräftigem, dunkelgelbem, den Schlund verschließenden Wulst und etwa 1 cm langem Sporn.
V: Offene Unkrautfluren, Bahndämme, Wegränder; Europa, Westasien.
D: Leinkraut - Herba Linariae (Erg.B.6), die getrockneten, oberen Stengelteile. Linaria (HAB 34).
I: In den Blüten die Flavonglykoside Linarin und Pektolinarin.
A: Nur noch selten in der Volksheilkunde als Abführmittel und zur Förderung der Harnabsonderung, als Salbe gegen Hämorrhoiden. In der Homöopathie u. a. bei Blasenentzündung, Bettnässen, Leberschwäche.
F: Inconturina S, Salariusin, Syntonia u. a.

Wolliger Fingerhut *Digitalis lanata* EHRH. Rachenblütler *Scrophulariaceae*

⊙ - ♃
0,4 - 1 m
VI - VII

☠

B: Blätter schmal-lanzettlich, ganzrandig, meist völlig kahl, Blüten 2 - 3 cm lang, gelbbraun geadert mit weißer Unterlippe, in langen, allseitswendigen Blütenständen, Blütenstiele und Kelche drüsig und weißwollig behaart.
V: Lichte Wälder und Gebüsche Südosteuropas, in Mitteleuropa angebaut.
D: Digitalis-lanata-Blätter - Digitalis lanatae folium (DAB 10), die getrockneten Laubblätter.
I: Über 60 herzwirksame Glykoside, vor allem Lanatosid A, B und C mit den Sekundärglykosiden Acetyldigitoxin, Acetylgitoxin und Acetyldigoxin, von denen die beiden ersteren mit den Sekundärglykosiden des Roten Fingerhutes übereinstimmen, Saponine und Flavonoide.
A: Anwendung der auf einen bestimmten Wirkwert eingestellten, rezeptpflichtigen Droge bzw. der isolierten Glykoside wie der Rote Fingerhut vor allem bei Herzinsuffizienz. Der Wollige Fingerhut gilt bei Einnahme jedoch allgemein als besser verträglich. Die Glykoside werden rascher resorbiert und wieder ausgeschieden, so daß die Kumulationsgefahr geringer ist. Zubereitungen aus der Pflanze selbst kommen nur gelegentlich in der Homöopathie zur Anwendung, alle anderen Präparate enthalten die reinen Glykoside bzw. deren Abbauprodukte. Die Pflanze gewinnt zunehmend an Bedeutung, da sie leichter anzubauen ist und 3 - 5mal mehr Wirkstoffe enthält, die außerdem leichter zu isolieren sind als aus dem Roten Fingerhut.
F: Cedilanid *Rp*, Ceglunat *Rp*, Celadigal *Rp*, Spirodigal *Rp* u. v. a.

Großblütiger Fingerhut *Digitalis grandiflora* MILL. (*D. ambigua* MURR.) Rachenblütler *Scrophulariaceae*

♃
0,3 - 1 m
VI - IX

☠ ∇

B: Blätter eiförmig bis lanzettlich, unregelmäßig gesägt, unterseits schwach behaart. Blüten über 3 cm lang, glockig, gelb, innen braun, netzartig gezeichnet, in langer einseitswendiger Traube.
V: Lichte Bergwälder, Schläge, Waldränder; Mittel-, Ost- und Südeuropa.
I: Herzwirksame Glykoside, vor allem Lanatosid A, Saponine, Flavonoide.
A: Bisher als Heilpflanze in Deutschland nicht gebräuchlich, soll aber besser verträglich sein als der Rote Fingerhut.

Gelber Fingerhut *Digitalis lutea* L. Rachenblütler *Scrophulariaceae*

♃
0,5 - 1 m
VI - VIII

☠ ∇

B: Blätter länglich-lanzettlich, fein gesägt, wie der Stengel kahl. Blüten nur 2 - 2,5 cm lang, eng röhrig, hellgelb, innen bärtig, in langen einseitswendigen Trauben.
V: Waldränder, Lichtungen, Schläge; westliches Europa, Italien.
D: Digitalis lutea (HAB 34), die frischen Blätter.
I: Herzwirksame Glykoside Lanatoside A, B, C, D, E, Saponine, Flavonoide.
A: In Deutschland nur gelegentlich in der Homöopathie, in Italien anstelle des Roten Fingerhutes verwendet. Die harntreibende Wirkung soll stärker sein als bei diesem.

Haselwurz *Asarum europaeum* L. Osterluzeigewächse *Aristolochiaceae*

♃
0,05 – 0,1 m
III – V

☠

B: Grundachse kriechend mit schuppenförmigen Niederblättern und 2 langgestielten, nierenförmigen, wintergrünen Blättern. Blüte kurz gestielt, innen rotbraun, glockenförmig, mit 3 Zipfeln.
V: Häufig in Laubwäldern; Mittel- und Osteuropa, Westasien.
D: Haselwurzwurzel – Radix Asari (Erg.B.6), der getrocknete Wurzelstock mit den Wurzeln. Asarum europaeum (HAB 1).
I: Ätherisches Öl mit Isoasaron (Haselwurzkampfer) und Isomethyleugenol.
A: Das ätherische Öl erzeugt auf der Zunge pfefferartiges Brennen, reizt die Magenschleimhaut so stark, daß Erbrechen eintritt und kann bei Überdosierung tödlich wirken. Anwendung der Droge früher als Brechmittel, heute noch als Zusatz zu Niespulvern, in einem standardisierten Präparat gegen entzündliche Erkrankungen der unteren Atemwege. In der Homöopathie u. a. bei Übelkeit, Schleimhautreizungen, geistiger Erschöpfung.
F: Escarol, Xanthoxylon Oligoplex u. a.

Wasserpfeffer, Scharfer Knöterich *Polygonum hydropiper* L. Knöterichgewächse *Polygonaceae*

☉
0,3 – 0,6 m
VII – IX

B: Pflanze mit scharfem Geschmack. Blätter lanzettlich, kurz gestielt, Nebenblattscheiden kahl, mit wenigen Wimpern. Blüten in lockeren Scheinähren, Blütenhülle meist 4teilig, drüsig punktiert.
V: Feuchte Gräben, Waldwege; gemäßigtes Europa, Asien, Nordamerika.
D: Wasserpfefferkraut – Herba Polygoni hydropiperis. Hydropiper (HAB 34).
I: Flavonoide, ein chemisch noch nicht definiertes, blutgerinnungsförderndes Glykosid, Gerbstoffe, ätherisches Öl mit Scharfstoffen, u. a. Tadeonal.
A: Vor allem in der Volksheilkunde bei zu starker Monatsblutung und Hämorrhoidalblutungen, in der Homöopathie bei Krampfaderleiden. Eine blutgerinnungsfördernde Wirkung konnte in neuerer Zeit bestätigt werden. Junges Laub als Pfefferersatz.

Schlaf-Mohn *Papaver somniferum* L. Mohngewächse *Papaveraceae*

☉
0,3 – 1,5 m
VI – VIII

☠

B: Blaugrün bereifte Pflanze. Blätter länglich-eiförmig, unregelmäßig tief gezähnt, die oberen stengelumfassend. Kronblätter violett bis weiß, am Grunde mit dunklem Fleck, bis 6 cm. Kapseln kahl, kugelig bis eiförmig, sehr groß, mit 5 – 12 Narbenstrahlen.
V: In Südosteuropa, Kleinasien und Südostasien zur Opiumgewinnung angebaut, sonst weltweit in verschiedenen Sorten als Ölpflanze und verwildert.
D: Opium – Opium crudum (DAB 10), der aus angeschnittenen unreifen Früchten an der Luft getrocknete Milchsaft (Bild unten rechts). Opium (HAB 34). Unreife Mohnköpfe – Fructus Papaveris immaturi (Erg.B.6), die von den Samen befreiten, unreifen Früchte der var. *album* DC.
I: Im Milchsaft über 30 Alkaloide, u. a. Morphin, Codein, Papaverin, Thebain, Noscapin (Narcotin), Säuren, Schleime, in den Samen fettes Öl.
A: Das auf einen bestimmten Morphingehalt eingestellte, sonst aber die Gesamtalkaloide enthaltene Opium und seine Zubereitungen zur Ruhigstellung des Darmes bei schweren Durchfällen und Operationen, bei schweren Schmerzzuständen und Depressionen. Häufiger verwendet werden die Reinalkaloide mit unterschiedlichen Einzelwirkungen: Morphin hat vor allem schmerzstillende und betäubende Eigenschaften und führt bei längerer Anwendung zur Sucht. Codein wirkt allein nicht ausreichend schmerzstillend, verstärkt aber die Wirkung anderer Schmerzmittel. Ferner ist es stark hustenreizstillend wie auch das Noscapin. Papaverin wirkt erschlaffend auf die glatte Muskulatur und wird daher bei Krampfzuständen im Magendarmbereich sowie der Gallen- und Harnwege eingesetzt. Früher verwendete man eine Abkochung von Mohnköpfen als Beruhigungsmittel für Säuglinge, was zu tödlichen Vergiftungen geführt hat. Wie die Stengel enthalten sie auch in unserem Klimagebiet geringe Mengen Alkaloide und können heute zur Morphingewinnung herangezogen werden. Ebenso sind unreife Samen alkaloidhaltig und daher giftig. Die reifen, alkaloidfreien Samen in der Bäckerei und zur Herstellung des fetten Öles, das medizinisch und auch als Speiseöl verwendet wird.
F: Alle Präparate unterliegen der Betäubungsmittelverschreibungsverordnung.

Blüten rot, radiär, höchstens 4 Blütenblätter

Klatsch-Mohn *Papaver rhoeas* L. Mohngewächse *Papaveraceae*

⊙
0,2 – 0,8 m
V – VII

B: Borstig behaarte Pflanze. Blätter 1 - 2fach fiederteilig, die unteren gestielt, die oberen sitzend. 4 Blütenblätter, am Grunde häufig mit einem dunklen Fleck. Kapsel kahl, unten abgerundet, 1 - 2mal so lang wie breit, mit 8 - 12 Narbenstrahlen.
V: Häufig in Getreidefeldern, Unkrautfluren, heute fast weltweit verbreitet.
D: Klatschrosenblüten – Flores Rhoeados (Erg.B.6), die getrockneten Kronblätter. Papaver rhoeas (HAB 1).
I: Im Milchsaft Alkaloide (Rhoeadin u. a.), Anthocyanglykoside, Schleim.
A: Früher in Form des schön gefärbten Sirupus Rhoeados oder in Teemischungen gegen Husten und Heiserkeit und als Beruhigungsmittel für Kleinkinder. Als Schönungsdroge und zum Färben von Nahrungsmitteln. Bei Kindern sind Klatschmohnvergiftungen beschrieben worden, jedoch ist die Pflanze bei weitem nicht so giftig wie der Schlaf-Mohn.
F: Gerner Anti-Bronchiticum, Hevert-Brust-Husten-Tee, Kalcobronchin u. a.

Großer Wiesenknopf *Sanguisorba officinalis* L. Rosengewächse *Rosaceae*

♃
0,3 – 1 m
VI – IX

B: Kahle Pflanze mit unpaarig gefiederten, langen Blättern, Fiederblättchen gestielt, eiförmig, scharf gezähnt. Blüten klein, dunkelrot, 4zählig, in dichten eilänglichen Köpfchen.
V: Feuchte Wiesen, Streuwiesen; gemäßigte Breiten Europas, Asien.
D: Wiesenknopfkraut - Herba Sanguisorbae, das frische, blühende Kraut.
I: Gerbstoffe, Saponin Sanguisorbin, Flavonoide, Vitamin C.
A: In der Volksheilkunde aufgrund des Gerbstoffgehaltes früher gegen Durchfall und innere Blutungen (lat. sanguis = Blut, sorbere = aufsaugen), in der Homöopathie gelegentlich auch bei Stauungen im Venensystem. Daneben wurde der Kleine Wiesenknopf, Pimpinelle (*Sanguisorba minor* Scop., *Poterium sanguisorba* L.) verwendet, von dem die jungen Blätter frisch noch als Gewürzkraut gebräuchlich sind. Die Art darf nicht mit der Kleinen Bibernelle (*Pimpinella saxifraga* L.) verwechselt werden.

Rizinus *Ricinus communis* L. Wolfsmilchgewächse *Euphorbiaceae*

⊙ – ♃
0,5 – 4 m
II – IX

☠

s. S. 284

B: Blätter groß, handförmig gelappt. Blütenstände rispig, unten männliche Blüten mit verzweigten gelben Staubblättern, darüber weibliche mit roten Narben, Blütenblätter 3 – 5, unscheinbar. Früchte dreifächrige, große Kapseln mit rotbraunen, grauweiß marmorierten Samen.
V: Im Mittelmeergebiet als Zierpflanze kultiviert und gelegentlich verwildert; Herkunft Tropen und Subtropen.
D: Raffiniertes Rizinusöl – Ricini oleum raffinatum (DAB 10), das bei der ersten Pressung aus den Samen gewonnene, raffinierte Öl. Ricinus communis (HAB 34), die reifen Samen.
I: Im Öl Glyceride der Ricinolsäure u. a. In den Samen außerdem der sehr giftige Eiweißstoff Ricin, der bei kalter Pressung nur in Spuren in das Öl übergeht und durch Behandlung mit Wasserdampf vollständig entfernt wird.
A: Die abführende Wirkung des Rizinusöls beruht auf der im Darm freigesetzten Ricinolsäure, deren Natriumsalz die Peristaltik des Dünndarms anregt. Das Öl ist außerdem in vielen kosmetischen Präparaten, z. B. Haarwässern enthalten. Von den sehr giftigen Samen wirken 6 für Kinder tödlich. In der Homöopathie werden sie bei Gallensteinerkrankungen und Durchfällen verwendet.
F: Laxopol, Primalax, Rizinuskapseln „Pohl“ u. a.

Kleinblütiges Weidenröschen *Epilobium parviflorum* Schreb.
Nachtkerzengewächse *Onagraceae*

♃
0,2 – 0,6 m
VI – IX

B: Blätter gegenständig, schwach entfernt gezähnt, weichhaarig, sitzend am abstehend behaarten Stengel. Die 4 Blütenblätter 5 – 10 mm lang, hellrosa. Narbe 4ästig. Knospen aufrecht.
V: Bachufer, Auwälder; Europa, Asien, N-Afrika und weiter verschleppt.
D: Weidenröschenkraut - Herba Epilobii. In der Droge meist verschiedene kleinblütige Arten wie auch *E. montanum, E. collinum* oder *E. roseum.*
I: Gerbstoffe, Flavonoide, Triterpensäure, β-Sitosterolderivate.
A: In der Volksheilkunde bei gutartiger Prostatavergrößerung und den damit verbundenen Beschwerden. Bisher kein Nachweis der Wirksamkeit.

Mastix-Strauch *Pistacia lentiscus* L. Sumachgewächse *Anacardiaceae*

ħ
1 - 3 m
III - VI

B: Immergrüner Hartlaubstrauch oder kleiner Baum mit paarig gefiederten Blättern, Blattstiel geflügelt. Blüten zweihäusig in dichten Blütenständen in den Blattachseln, männliche mit dunkelroten Staubbeuteln, weibliche gelblichgrün. Früchte rot, später schwarz.
V: Immergrüne Gebüsche und Wälder, im ganzen Mittelmeergebiet häufig.
D: Mastix (DAB 6), das Harz der auf Chios kultivierten baumartigen Form.
I: Masticadienonsäure, Oleanolsäure, ätherisches Öl mit Pinen, Bitterstoffe.
A: Heute noch vereinzelt in Lösungen zum Befestigen von Wundverbänden (im Theater u. a. zum Ankleben von Bärten), früher auch in Mundwässern, Zahnkitten, Pflastern. In Griechenland als Zusatz zu Weinen. Pistazien (Grüne Mandeln) stammen von der Echten Pistazie (*Pistacia vera* L.), die im Mittelmeergebiet kultiviert wird.
F: Mastofix.

Seidelbast *Daphne mezereum* L. Seidelbastgewächse *Thymelaeaceae*

ħ
0,3 - 1,5 m
II - IV

☠ ▽

B: Sommergrüner Strauch, Zweige nur an den Enden beblättert. Blätter lanzettlich, weich, randlich kurz behaart, nach den Blüten erscheinend. Blüten zu 1 - 4, blaßrosa bis hellrot, 4zählig, stark duftend. Leuchtend rote, beerenartige Früchte.
V: Laubwälder, besonders Buchenwälder, Europa, Westasien.
D: Seidelbastrinde - Cortex Mezerei (Erg.B.6), die getrocknete Rinde. Daphne mezereum, Mezereum (HAB 1), die frische, vor der Blüte gesammelte Zweigrinde.
I: Daphnetoxin und Mezerein (Diterpenester), Cumaringlykosid Daphnin.
A: Entzündungen von Haut und Schleimhäuten sind schon durch Berührung mit dem austretenden Saft beim Abreißen der Zweige oder durch den Staub der Droge möglich. Auch Blätter und Früchte sind stark giftig (s. S. 240). In der Heilkunde früher bei Gicht, Rheuma und Hautleiden, auch äußerlich als Zusatz in Pflastern und Salben. In der Homöopathie noch häufig bei mit starkem Juckreiz einhergehenden Hauterkrankungen, Gürtelrose, Nervenschmerzen.
F: Gelsemium Oligoplex, Naranocut H, Ranunculus-Pentarkan D u. a.

Glockenheide *Erica tetralix* L. Heidekrautgewächse *Ericaceae*

ħ
0,1 - 0,5 m
VI - VIII

B: Zwergstrauch, mit dünnen, behaarten Zweigen und nadelförmigen, zu 3 - 4 quirlständigen Blättern. Blütenkrone rosarot, krugförmig, mit 4 kurzen Zipfeln, Staubblätter nicht herausragend. Blüten kopfig gehäuft.
V: In feuchten Heiden, Mooren, von der Atlantikküste bis zur Ostsee, im Binnenland selten, gelegentlich eingebürgert.
D: Glockenheideblüten - Flores Ericae tetralicis.
I: Flavone, Saponine, Gerbstoffe, Ursolsäure.
A: In der Volksheilkunde selten bei fiebrigen Erkrankungen und gegen Husten aufgrund einer geringen auswurffördernden Wirkung.

Heidekraut, Besenheide *Calluna vulgaris* (L.) HULL. Heidekrautgewächse *Ericaceae*

ħ
0,2 - 0,8 m
VIII - X

B: Zwergstrauch mit aufsteigenden, besenartig dichten Zweigen. Blätter lineal, immergrün, 1 - 3 mm lang, vierzeilig angeordnet. Blütenstand traubig, reichblütig, Blütenkrone und Kelch blaßviolett, beide vierlappig.
V: Zwergstrauchheiden, Moore, Wälder, bis in die alpine Stufe; Europa.
D: Heidekraut - Herba Callunae, Herba Ericae (Erg.B.6), die getrockneten, jungen Triebe. Häufig auch nur die Blüten: Flores Ericae. Calluna vulgaris, Erica (HAB 1).
I: Flavonglykoside, Arbutin und das Spaltprodukt Hydrochinon, Gerbstoff.
A: Vor allem in der Volksheilkunde als harntreibendes Mittel (Wirkung der Flavonglykoside) bei Nieren- und Blasenleiden, Steinleiden, Rheumatismus und Gicht. Der Arbutingehalt dürfte zu gering sein, um der Droge auch harndesinfizierende Eigenschaften zu geben (siehe Bärentraube). Dagegen wird Heidekrautextrakten eine gewisse schlafbringende Wirkung nachgesagt.
F: Euvitan, Nephronorm, Salus Blutreinigungstee u. a.

Vogel-Knöterich *Polygonum aviculare* L. s. l. Knöterichgewächse *Polygonaceae*

⊙
Bis 1 m lang
VI – X

B: Sehr formenreiche Art. Junge Sprosse aufrecht, später niederliegend, verzweigt. Blätter an den Haupttrieben bis 5 cm lang, elliptisch, an den Seitentrieben meist kleiner und schmaler. Blüten rot bis grünlich, zu 1 – 3 in den Blattachseln.
V: Unkrautfluren, Äcker, Wege; heute weltweit verschleppt.
D: Vogelknöterichkraut – Herba Polygoni avicularis (Erg.B.6), die getrockneten, oberirdischen Teile. Polygonum aviculare (HAB 34).
I: Kieselsäure (zum Teil löslich), Gerbstoffe, Flavonglykoside, Schleimstoffe.
A: Vogelknöterich gehört zu den Kieselsäuredrogen, denen man bei Lungentuberkulose eine günstige Wirkung nachsagte. Häufig noch in Fertigarzneimitteln gegen Husten. In der Volksheilkunde auch als harntreibendes Mittel, gegen Hautunreinheiten, innere Blutungen und Durchfall, das frische Kraut zur Wundbehandlung. In der Homöopathie u. a. bei Rheumatismus der Finger, als Schleimhautmittel.
F: Jobatussin, Pulmona-Tee, Silphoscalin, Tussiflorin u. a.

Schlangen-Knöterich *Polygonum bistorta* L. Knöterichgewächse *Polygonaceae*

♃
0,3 – 1 m
V – VIII

B: Unverzweigte, kahle Pflanze mit schlangenartig gewundenem Wurzelstock. Blätter länglich-eiförmig, oberseits dunkelgrün, unterseits bläulich-grün, die unteren plötzlich in den geflügelten Stiel verschmälert. Blüten in einer endständigen, dichten, 1 – 2 cm dicken Scheinähre.
V: Feuchte Wiesen, Bergwiesen; gemäßigtes Europa, Westasien.
D: Schlangenwurzel – Rhizoma Bistortae, Wurzelstöcke mit Wurzeln.
I: Bis 20% Gerbstoffe, Stärke, Eiweiß, Spuren von Anthrachinonen.
A: In der Volksheilkunde früher ähnlich wie Blutwurz verwendet, so bei Durchfällen, inneren Blutungen, zu Mund- und Gurgelwässern, bei Wunden und Geschwüren. Zur Gerbstoffwirkung kommen einhüllende und reizmildernde Eigenschaften der Stärke.

Korn-Rade *Agrostemma githago* L. Nelkengewächse *Caryophyllaceae*

⊙
0,3 – 1 m
VI – IX
☠

B: Aufrechte, behaarte Pflanze. Blätter schmal lanzettlich, Blüten einzeln, mit purpurroten, am Grunde stielartig verschmälerten, 2 – 4 cm langen Blütenblättern, von den verwachsenen Kelchblättern überragt.
V: Getreideunkraut; weltweit verbreitet, heute durch Saatgutreinigung bei uns selten, Herkunft östliches Mittelmeergebiet.
D: Kornradesamen – Semen Githaginis. Agrostemma Githago (HAB 34).
I: Triterpensaponine, u. a. Githagosid, aromatische Aminosäuren.
A: Durch Vorkommen der Samen im Brotgetreide kam es früher häufig zu Vergiftungen (3 – 5 g des Samenmehles wirken bereits toxisch). Durch Herbizid-Anwendung ist die Pflanze als Ackerunkraut aber inzwischen sehr selten geworden. Anwendung nur noch bisweilen in der Homöopathie u. a. bei Magenschleimhautentzündung und Lähmungen, früher in der Volksheilkunde bei Hautleiden.

Große Fetthenne *Sedum telephium* L. Dickblattgewächse *Crassulaceae*

♃
0,2 – 0,7 m
VII – IX

B: Völlig kahle Pflanze ohne sterile Triebe. Blätter 2 – 10 cm groß, flach und fleischig, gezähnt. Zwittrige purpurn- oder gelblichgrüne Blüten in doldenartigen Blütenständen. Mehrere Unterarten, die z. T. auch als Arten betrachtet werden.
V: Gebüschsäume, Felsfluren; gemäßigtes Europa, Asien.
D: Fetthennenkraut – Herba Sedi telephii, das frische Kraut. Sedum Telephium (HAB 34). Auch die rübenförmigen unterirdischen Organe werden verwendet.
I: Gerbstoffe, Flavonglykosid, Alkaloide, organische Säuren, Schleim.
A: In der Volksheilkunde früher die frischen Blätter oder der Preßsaft als wundheilendes und blutstillendes Mittel. Selten in Fertigpräparaten gegen Hämorrhoiden, venöse Stauungen.
F: Agamadon u. a.

Hunds-Rose, Hagerose *Rosa canina* L. Rosengewächse *Rosaceae*

♄
Bis 5 m
VI

s. S. 270

B: Hoher Strauch mit überhängenden Ästen und gleichartigen, sichelförmig gekrümmten, am Grunde scheibenförmig verbreiterten Stacheln. Blätter 5- und 7zählig gefiedert, unterseits meist drüsenlos. Kelchblätter mit wenigen, schmalen Fiedern, nach der Blüte zurückgeschlagen und vor der Fruchtreife abfallend. Blütenblätter 2,5 cm lang, hellrosa, seltener weiß, Blütenstiele kahl. Griffel frei, nur wenig aus dem Blütenbecher herausragend.
Die Scheinfrüchte, Hagebutten (oben rechts) stellen die fleischigen Achsenbecher dar. Sie sind kahl, eiförmig bis kugelig, 1 – 2 cm groß und innen behaart. Die kantigen, hellen, steinharten Nüßchen sind die eigentlichen Früchte.
V: Häufig in Hecken, Gebüschen, lichten Wäldern; Europa bis Zentralasien.
D: Hagebuttenschalen – Rosae pseudofructus (DAB 10), Fructus Cynosbati, die reifen, geöffneten, von Früchten und Haaren befreiten, getrockneten Achsenbecher der Scheinfrucht verschiedener Arten der Gattung *Rosa* L. Hagebutten – Rosae pseudofructus cum fructibus (DAC), Achsenbecher und Früchte. Hagebuttensame, Kernlestee – Semen Cynosbati (Erg.B.6), die getrockneten Früchte (Nüßchen). Rosa canina (HAB 34), die frischen Blumenblätter.
I: Gerbstoffe, Fruchtsäuren, Pektine, Zucker, Rutin, Carotinoide, Vitamine, besonders in den frischen Hagebutten viel Vitamin C.
A: Häufig Anwendung als harntreibendes Mittel, besonders bei Blasen- und Nierensteinen, auch als mildes Abführmittel. Fruchtsäuren und Pektine werden für die Wirkung verantwortlich gemacht. Wegen des angenehmen süßsäuerlichen Geschmacks ein beliebter Haustee. Das vitaminreiche Fruchtfleisch zur Bereitung von Marmeladen (Hegenmus) und Säften, Extrakte auch in Vitaminpräparaten.
F: Aktivanad N, Buccotean, Canephron, Cynobal, Rheumex u. v. a.

Essig-Rose *Rosa gallica* L. Rosengewächse *Rosaceae*

♄
0,2 – 1 m
VI – VII

B: Niedriger, unterirdisch weit kriechender Strauch. Stacheln sehr verschiedenartig, gerade und gekrümmt, oft drüsig. Blätter häufig 5zählig, ledrig, z. T. wintergrün, unterseits grau-grün. Blüten meist einzeln, 5 – 7 cm groß, hell- bis dunkelrot. Reife Früchte kugelig, braunrot, mit Drüsen und Stachelborsten.
V: Lichte, trockene Wälder; Südeuropa und südliches Mitteleuropa.
D: Rosenblütenblätter – Flores Rosae (Erg.B.6), die getrockneten Blütenblätter (meist von gefüllten Kultursorten). Auch *R. centifolia* L. dient als Drogenlieferant. Das ätherische Öl gewinnt man aus den frischen Blüten, besonders von *R. damascena* auct. (Bulgarien, Frankreich).
I: Ätherisches Öl mit Geraniol, Nerol, Citronellol, Phenylaethylalkohol; Gerbstoffe, Anthocyanglykosid Cyanin, Flavonglykosid.
A: Die Blütenblätter aufgrund des Gerbstoffgehaltes früher gegen Durchfall, als Gurgelmittel und zu Bädern bei schlecht heilenden Wunden. Rosenöl (Oleum Rosae), das entzündungshemmende und bakterizide Wirkung hat, in Augentropfen, vor allem aber als Geruchskorrigens für Arzneimittel, in Backwaren (als Rosenwasser), in der Parfümerie- und Kosmetikindustrie. Rosenöl ist sehr teuer: Für 1 g benötigt man 3 – 4 kg Blütenblätter.
F: Melrosum, Ottinger Rheuma-Creme u. a.

Bach-Nelkenwurz *Geum rivale* L. Rosengewächse *Rosaceae*

♃
0,2 – 0,5 m
IV – V

B: Rosette aus langgestielten, unterbrochen gefiederten Blättern mit sehr großem, 3lappigem Endblatt. Blüten nickend, zu 2 – 6 an aufrechten Stengeln, mit 5 – 6 gelblichroten Blütenblättern, Kelchblätter rotbraun.
V: Feuchte Wiesen und Wälder; gemäßigtes Europa, Asien, Nordamerika.
D: Bachnelkenwurz – Radix Caryophyllatae (aquaticae), getrocknete Wurzeln und Wurzelstöcke. Geum rivale (HAB 34), die frische, blühende Pflanze.
I: Ätherisches Öl mit Eugenol, das durch Hydrolyse aus dem Glykosid Gein entsteht, Gerbstoffe.
A: In der Volksheilkunde wie die Echte Nelkenwurz bei Verdauungsstörungen, Durchfallerkrankungen, Appetitlosigkeit, als Gurgelmittel bei Entzündungen in Mund und Rachen, wobei die Wirksamkeit wohl auf dem Gerbstoffgehalt beruht. Eugenol, das keimtötende Eigenschaften hat, ist vor allem in Gewürznelken enthalten.

Mandelbaum *Prunus dulcis* (MILL.) D. A. WEBB Rosengewächse *Rosaceae*

♄
Bis 8 m
II - IV

B: Kleiner Baum oder Strauch, wilde Pflanzen mit verdornenden Zweigen. Blätter lanzettlich, stumpf gezähnt, mit drüsigem Stiel. Blüten meist zu 2, rosa. Fruchtfleisch ledrig, filzig behaart. Süße und Bittere Mandeln unterscheiden sich nur in ihren Inhaltsstoffen.
V: Heimat SW-Asien, in gemäßigtwarmen Gebieten kultiviert und eingebürgert.
D: Mandelöl – Amygdalae oleum (DAB 10), das kaltgepreßte, fette Öl der Süßen (Amygdalae dulces) und Bitteren Mandeln (Amygdalae amarae). Prunus dulcis var. amara, Amygdalae amarae (HAB 1).
I: Fettes Öl. In Bitteren Mandeln das Blausäureglykosid Amygdalin, aus dem z. B. beim Zerkauen durch ein Ferment giftige Blausäure frei wird. Das durch kaltes Auspressen gewonnene Öl ist amygdalinfrei.
A: Mandelöl, eines der teuersten Öle, zu Salbengrundlagen, auch als Speiseöl und in der Technik. Der Preßkuchen liefert Mandelkleie (Farina Amygdalarum) für kosmetische Zwecke. Der Genuß größerer Mengen bitterer Mandeln kann zu schweren Vergiftungen führen (bei Kindern schon 5 – 12). Das noch gelegentlich als Geschmackskorrigens und gegen Hustenreiz verwendete Bittermandelwasser enthält heute synthetisch hergestelltes Benzaldehydcyanhydrin.
F: Aok-Präparate.

Stinkender Storchschnabel, Ruprechtskraut *Geranium robertianum* L. Storchschnabelgewächse *Geraniaceae*

⊙ - ⊙
0,1 – 0,5 m
V – X

B: Unangenehm riechende Pflanze, häufig rot überlaufen, drüsig behaart. Blätter mit 3 – 5 gestielten, doppelt fiederspaltigen, abstehend behaarten Abschnitten. Blüten meist zu 2 mit 9 – 13 mm langen, rosa Blütenblättern. Früchte geschnäbelt.
V: Feuchte Wälder, Schuttfluren; gemäßigtes Europa, Asien, Nordamerika.
D: Ruprechtskraut – Herba Geranii Robertiani, Herba Ruperti (Erg.B.6), die getrockneten, oberirdischen Teile. Geranium robertianum (HAB 1).
I: Gerbstoffe, u. a. Geraniin, Flavonoide, in der frischen Pflanze ätherisches Öl mit unangenehmem Geruch.
A: Aufgrund der Gerbstoffwirkung in der Volksheilkunde früher gegen Durchfall, Magen- und Darmentzündungen und innere Blutungen. Äußerlich die frische Pflanze bei Geschwüren und Hautausschlägen. Ähnlich in der Homöopathie, auch bei Drüsenschwellungen. Geranium-Öl, Oleum Geranii, ein ätherisches Öl mit rosenartigem Duft, wird aus *Pelargonium*-Arten gewonnen.
F: Boldo „Hanosan“ Mixtur, Cefalymphat, Lymphomyosot u. a.

Blutroter Storchschnabel *Geranium sanguineum* L. Storchschnabelgewächse *Geraniaceae*

♃
0,1 – 0,5 m
V – IX

B: Blätter bis fast zum Grunde handförmig in lineale Abschnitte geteilt, wie die abstehend behaarten Stengel im Herbst blutrot. Blüten einzeln, mit purpurroten, 1,5 – 2 cm langen Kronblättern.
V: Trockene Säume, Gebüsche; Europa.
D: Blutkraut (Bluthühnerwurz) – Herba (Radix) Sanguinariae.
I: Gerbstoffe, u. a. Geraniin, Flavonoide.
A: Früher in der Volksheilkunde ähnlich wie Ruprechtskraut (siehe oben) gegen Durchfall und Blutungen, äußerlich bei Wunden.

Doldiges Wintergrün *Chimaphila umbellata* (L.) W. BART. Wintergrüngewächse *Pyrolaceae*

♃
0,1 – 0,2 m
VI – VIII

▽

B: Pflanze mit weit kriechendem Wurzelstock. Blätter immergrün, oval-lanzettlich, gezähnt. Rosa Blüten in 3 – 7blütigen Dolden.
V: Sand-Föhrenwälder, Mittel-, Nord- und Osteuropa, N-Asien, N-Amerika.
D: Chimaphila umbellata (HAB 1), die frische, blühende Pflanze.
I: Chimaphilin (Dimethylnaphthochinon), Arbutin, Gerbstoffe, Flavonoide.
A: Harndesinfizierende Wirkung wie bei der Bärentraube. Früher in der Volksheilkunde, heute noch in der Homöopathie bei chronischen Blasen- und Nierenbeckenentzündungen, Prostataerkrankungen.
F: Eviprostat, Fidesabel, Prostata-Gastreu N R25 u. a.

Weg-Malve *Malva neglecta* WALLR. Malvengewächse *Malvaceae*

⊙
0,2 – 0,5 m
VI – X

s. S. 280

B: Stengel niederliegend bis aufsteigend, Blätter nur schwach 5 – 7lappig, gekerbt. Blüten zu 3 – 6 mit 3 freien Außenkelchblättern und nur 9 – 13 mm langen, hellrosa bis weißen Blütenblättern.
V: Häufig in Unkrautfluren im Siedlungsbereich, heute weltweit verbreitet.
D: Malvenblätter – Folia Malvae (DAB 6), die getrockneten Laubblätter, auch von der Wilden Malve *Malva sylvestris* L.
I: Schleimstoffe, etwas Gerbstoff.
A: Der Schleimreichtum gibt der Droge reizlindernde, der Gerbstoffgehalt gewisse zusammenziehende Wirkung. Wie Eibisch, jedoch überwiegend äußerlich als Gurgelmittel und zu Umschlägen verwendet, seltener in Husten- und Magentees.

Wilde Malve *Malva sylvestris* L. Malvengewächse *Malvaceae*

⊙ – ♃
0,3 – 1,2 m
V – IX

s. S. 280

B: Stengel niederliegend, aufsteigend oder aufrecht, Blätter handförmig 3- bis 7lappig, gekerbt. Blüten zu 2 – 6 mit 3 freien Außenkelchblättern und 2 – 3 cm langen Kronblättern.
V: Trockene, meist nährstoffreiche Unkrautfluren, fast weltweit verbreitet.
D: Malvenblüten – Flores Malvae (DAB 7), die getrockneten Blüten, auch von der im südlichen Mittelmeergebiet heimischen *Malva sylvestris* ssp. *mauritiana* (L.) A. et GR., die zunehmend zur Drogengewinnung angebaut wird. Malva, äthanol. Infusum (HAB 1). Malvenblätter – Folia Malvae (DAB 6) siehe oben.
I: Schleimstoffe, Anthocyanglykosid Malvin, etwas Gerbstoff.
A: Reizmildernde Wirkung bei Katarrhen der oberen Luftwege und Schleimhautentzündungen von Magen und Darm. Als Gurgelmittel und für Bäder und Umschläge bei entzündlichen Ekzemen und Geschwüren. Schmuckdroge in Teemischungen. Die als „Afrikanische Malvenblüten" oder „Hibiscusblüten" im Handel befindliche Droge sind die dunkelroten Kelchblätter von *Hibiscus sabdariffa* L.
F: Brust- und Hustentee Stada, Kneipp Husten- und Bronchial-Tee u. a.

Echter Eibisch *Althaea officinalis* L. Malvengewächse *Malvaceae*

♃
0,6 – 1,5 m
VII – IX

▽

s. S. 262 und S. 264

B: Samtig behaarte Pflanze. Blätter 3 – 5lappig, länger als breit, unregelmäßig gezähnt. 1,5 – 2 cm lange, rosa bis weißliche Blüten, mit 6 – 9 am Grunde verwachsenen Außenkelchblättern.
V: Feuchte, besonders salzhaltige Standorte; Asien, östliches Europa bis zur deutschen Ostseeküste, sonst aus Kulturen verwildert und eingebürgert.
D: Eibischwurzel – Althaeae radix (DAB 10), die getrockneten, geschälten oder ungeschälten Wurzeln. Althaea (HAB 34). Eibischblätter – Althaeae folium (DAC), die getrockneten Laubblätter.
I: Schleimstoffe, Stärke, Zucker, Pektin, in den Blättern auch ätherisches Öl.
A: Aufgrund der einhüllenden Wirkung des Schleimes Reizmilderung bei entzündlichen Erkrankungen des Rachens und der oberen Luftwege, aber auch bei Schleimhautentzündungen im Magendarmbereich. Ähnlich die Blätter, die außerdem zu erweichenden Umschlägen und Bädern verwendet werden.
F: Bronchostad, Priatan, Tesano, Thymitussin, Tonsilgon N u. a.

Stockrose, Baumrose *Alcea rosea* L. (*Althaea rosea* (L.) CAV.) Malvengewächse *Malvaceae*

♃
1 – 3 m
VI – X

B: Hohe, rauhhaarige Pflanze, Blätter rundlich, schwach 3 – 7lappig, stumpf gezähnt. Blüten einzeln, mit weißen, rosa oder schwarzvioletten, 3– 5 cm langen Kronblättern, auch gefüllt. 6 – 9 am Grunde verwachsene Außenkelchblätter.
V: Alte Zier- und Heilpflanze, Herkunft unsicher.
D: Stockrosenblüten – Flores Malvae arboreae (Erg.B.6), Flores Alceae, die mit den Kelchen gesammelten, getrockneten Blüten der dunkelvioletten Sorte.
I: Schleimstoffe, Anthocyanfarbstoff Althaein, wenig Gerbstoffe.
A: Wie Eibisch- oder Malvenblüten aufgrund des Schleimgehaltes bei Husten und Heiserkeit, seltener bei Magendarmkatarrhen. Zu Umschlägen bei Geschwüren und Entzündungen. Früher zum Färben von Wein, Limonaden u. a.
F: Famitra-Kräuterkur 2 Komplex Lunge u. a.

Rosmarinheide *Andromeda polifolia* L. Heidekrautgewächse *Ericaceae*

ħ
0,1 – 0,3 m
V – VII

☠

B: Zwergstrauch mit kleinen, immergrünen, lineal-lanzettlichen, unterseits hellblaugrünen Blättern, Rand nach unten eingerollt. Blüten zu 2 – 8, nikkend, mit eiförmig-kugeliger Krone.
V: Häufige Hochmoorpflanze; nördliches Europa, Asien, Nordamerika.
I: Für Blätter und Blüten wurde giftiges Acetylandromedol (Andromedotoxin, Asebotoxin) angegeben, das aber nach neueren Untersuchungen in der Pflanze nicht enthalten ist.
A: Vergiftungen wurden außer bei Weidetieren beim Menschen durch Verwechslung mit Rosmarinblättern beobachtet. Auch der Bienenhonig acetylandromedolhaltiger Arten kann giftig sein. In der Heilkunde wird die Substanz als blutdrucksenkendes Mittel eingesetzt.

Rostblättrige Alpenrose *Rhododendron ferrugineum* L. Heidekrautgewächse *Ericaceae*

ħ
0,5 – 1,2 m
V – VII

▽

B: Immergrüner, buschiger Strauch. Blätter ganzrandig, oval-lanzettlich, am Rande umgerollt, kahl, später unterseits rostbraun. Blüten zu 6 – 12 an den Zweigenden, Krone bis zur Hälfte 5teilig.
V: Bestandsbildend in den Alpen, Pyrenäen, auf Urgestein, 1500 – 2300 m.
D: Alpenrosenblätter – Folia Rhododendri ferruginei. Rhododendron ferrugineum (HAB 34), die getrockneten Blätter.
I: Ätherisches Öl, Gerbstoff, Arbutin, Rhododendrin, Acetylandromedol.
A: Nur noch selten als harn- und schweißtreibendes Mittel vor allem bei rheumatischen Gelenk- und Muskelerkrankungen und Steinleiden. Häufiger verwendet wird Rhododendron (HAB 1), das von *Rhododendron campylocarpum* Hook. und *Rh. aureum* Georgi (*Rh. chrysanthum* Pall.) stammt.
F: Arthrinovan-N, Arthrosetten, Rhododendron cp-Fluid u. a.

Heidelbeere, Blaubeere *Vaccinium myrtillus* L. Heidekrautgewächse *Ericaceae*

ħ
0,2 – 0,5 m
V – VIII

☕ s. S. 270

B: Sommergrüner Zwergstrauch mit kantigen, grünen Zweigen und eiförmig zugespitzten, feingezähnten Blättern. Blüten einzeln in den Blattachseln, Krone kugelig, rot bis grün mit 4 – 5 kurzen Zipfeln.
V: Nadelwälder, Laubwälder, Zwergstrauchheiden; Europa, NW-Asien.
D: Heidelbeeren – Myrtilli fructus (DAC), die getrockneten, reifen Früchte. Vaccinium myrtillus, Myrtillus (HAB 1). Heidelbeerblätter – Folia Myrtilli (Erg.B.6).
I: Früchte: Catechingerbstoffe, Fruchtsäuren, Zucker, Pektin, Vitamine, Farbstoffgemisch Myrtillin (Anthocyanidinglykoside), Flavonoide. Blätter: Gerbstoffe, Flavonoide, blutzuckersenkende Glykoside.
A: Die getrockneten Beeren sind ein beliebtes Volksheilmittel gegen Durchfall, ebenso der mit Rotwein angesetzte Heidelbeerwein, dem antibakterielle Eigenschaften zugeschrieben werden. Frische Früchte in größeren Mengen wirken dagegen abführend. Der Saft als Gurgelmittel bei Entzündungen im Mund- und Rachenraum, die isolierten Anthocyanoside in Präparaten gegen Augenerkrankungen. Die Blätter zur unterstützenden Behandlung der Zuckerkrankheit, bei Dauergebrauch nicht ungefährlich.
F: Antidiabeticum „Hanosan", Diamyrtill, Difrarel 100, Fidesan, Tumulca S u. a.

Gift-Primel *Primula obconica* Hance Primelgewächse *Primulaceae*

♃
0,1 – 0,3 m
I – XII

☠

B: Drüsig behaarte Pflanze. Blätter herzförmig-rundlich, gezähnt bis lappig gezähnt, lang gestielt, in einer Grundrosette. Blüten in reichblütigen Dolden mit roter bis lilafarbener Krone und becherförmig erweitertem Kelch.
V: Heimat Zentralasien, als Topfpflanze kultiviert.
D: In der Homöopathie die ganze, frische, blühende Pflanze.
I: Im Sekret der Drüsenhaare das Primelgift Primin.
A: Primin kann bei dafür empfänglichen Personen Primeldermatitis hervorrufen, eine oft heftige und hartnäckige Hautentzündung. Sie entsteht entgegen früherer Ansicht nur durch unmittelbaren Kontakt mit dem Drüsensekret. Auch andere ausländische Primelarten können hautreizend wirken. Einheimische Primeln enthalten dagegen kein Primin. Anwendung in der Homöopathie gegen Primelausschlag, Nesselsucht und nässende Ekzeme.

Europäisches Alpenveilchen *Cyclamen purpurascens* MILL.
(*C. europaeum* auct.) Primelgewächse *Primulaceae*

♃
0,05 – 0,15 m
VI – X

☠ ▽

B: Pflanze mit allseitig bewurzelter Knolle. Blätter immergrün, silbrig gefleckt, nieren- bis herzförmig, am Grunde abgerundet, schwach gezähnt. Blütenkrone mit 1,5 – 2 cm langen, rückwärts gerichteten Zipfeln, stark duftend. Blütenstiele zur Fruchtzeit eingerollt.
V: Wälder, Gebüsche; Kalkalpen, besonders im Südosten.
D: Cyclamen europaeum, Cyclamen (HAB 1), die frischen unterirdischen Teile.
I: Triterpensaponin Cyclamin.
A: Cyclamin erzeugt heftige Haut- und Schleimhautreizungen, bereits nach Einnahme von 0,3 g Droge treten Erbrechen und Durchfälle auf, nach größeren Dosen Krämpfe, Lähmungen, schließlich Atemlähmung. In der Homöopathie gebräuchlich bei Zyklusstörungen, Migräne bei Frauen und Tubenkatarrh.
F: Cyclamen Oligoplex, Mastodynon N, Unotex N feminin u. a.

Acker-Gauchheil *Anagallis arvensis* L. Primelgewächse *Primulaceae*

⊙
0,05 – 0,3 m
V – X

☠

B: Pflanze niederliegend bis aufsteigend. Blätter gegenständig, sitzend, eiförmig bis lanzettlich. Blüten einzeln in den Blattachseln, lang gestielt, Krone meist rot, in Südeuropa häufiger blau.
V: Häufiges Ackerunkraut, heute fast weltweit verbreitet.
D: Anagallis arvensis (HAB 1), die frische, blühende Pflanze.
I: Saponine, u. a. mit stark pilztötenden Eigenschaften, Cucurbitacine, Flavonoide, Gerbstoff.
A: Vergiftungen wurden vor allem bei Haustieren beobachtet, sind aber auch beim Menschen bei größeren Gaben oder nach Dauergebrauch möglich. In der Volksheilkunde nützte man früher die harntreibende Wirkung. Heute noch bisweilen Anwendung in der Homöopathie bei Leber- und Gallenleiden, Verstimmungs- und Erschöpfungszuständen, Hautausschlägen.
F: Anagallis comp. (Wala), Gallcusan, Röwo 29, Renal Röwo 121 u. a.

Echtes Tausendgüldenkraut *Centaurium erythraea* RAFN (*C. umbellatum* GIL., *C. minus* MOENCH) Enziangewächse *Gentianaceae*

⊙ – ⊙
0,1 – 0,5 m
VII – IX

▽

s. S. 290

B: Pflanze kahl mit aufrechtem, nur oben verzweigtem Stengel. Blätter der grundständigen Rosette oval, die oberen viel schmaler und spitz. Blütenstand schirmförmig, Kronröhre beim Aufblühen länger als der Kelch, mit 5 – 8 mm langen, ausgebreiteten Zipfeln.
V: Waldlichtungen, Wegränder, Rasen; Europa, Asien.
D: Tausendgüldenkraut – Centaurii herba (DAB 10), die getrockneten, oberirdischen Teile blühender Pflanzen.
I: Bitterstoffe (Secoiridoidglykoside) Swertiamarin, Swerosid, Gentiopikrosid, Centapikrin; Flavonoide, Xanthonderivate.
A: Wie Gelber Enzian als Bittermittel, aber mit geringeren Bitterwerten. Wirksam durch Vermehrung der Speichel- und Magensaftsekrektion bei Appetitlosigkeit und Verdauungsbeschwerden, auch bei gleichzeitigen Leber- und Gallestörungen. Volkstümlich früher gegen Fieber. Zu Bitterschnäpsen.
F: Gastroplant, Magen-Tee Hanosan, Ventrimarin, Ventrodigest u. v. a.

Purpurroter Enzian *Gentiana purpurea* L. Enziangewächse *Gentianaceae*

♃
0,2 – 0,6 m
VII – IX

▽

B: Kräftige Pflanze mit gegenständigen, eilanzettlichen, 5 – 7nervigen Blättern. Blüten groß, purpurrot, innen gelblich, 5 – 8teilig. Kelch einseitig bis fast zum Grunde eingeschnitten, 2zipfelig.
V: Weiderasen, Staudenfluren; Westalpen, Apennin, Skandinavien.
D: Früher zusammen mit *Gentiana lutea* L., *G. pannonica* SCOP. und *G. punctata* L. als Enzianwurzel, Radix Gentianae, offizinell. Heute ist nur noch *G. lutea* im DAB 10 zugelassen.
I: Wie Gelber Enzian *Gentiana lutea* s. S. 116.
A: Arzneiliche Anwendung siehe Gelber Enzian. Die Hauptmenge der gestochenen Enzianwurzeln dient der Herstellung von Enzianschnaps. Man überläßt sie zunächst einem Gärungsprozeß, bei dem Aromastoffe gebildet, dagegen die Bitterstoffe weitgehend zersetzt werden. Diese sind außerdem bei der nachfolgenden Destillation nicht flüchtig, so daß der Schnaps kaum bitter schmeckt.

Blüten rot, radiär, 5 Blütenblätter

Oleander, Rosenlorbeer *Nerium oleander* L. Hundsgiftgewächse *Apocynaceae*

♄
1 – 4 m
VII – IX

B: Strauch, auch baumförmig, mit immergrünen, lanzettlichen, oft zu 3 quirlständigen Blättern. Blütenstände trugdoldig an den Zweigenden, Krone rosa, seltener weiß, bei Gartenformen auch gefüllt, mit 5 nach rechts gedrehten, ausgebreiteten, stumpfen Zipfeln. Früchte 8 – 16 cm lang.
V: An Wasserläufen im Mittelmeergebiet, häufig als Zierpflanze.
D: Oleanderblätter – Oleandri folium (DAB 9), die getrockneten Blätter. Nerium oleander, Oleander (HAB 1).
I: Oleandrin (Folinerin) u. a. herzwirksame Glykoside, Flavonolglykoside.
A: Oleander gehört zu den Pflanzen mit digitalisähnlicher Wirkung (s. S. 20) und wird bei Herzinsuffizienz gewöhnlich zusammen mit weiteren herzwirksamen Drogen in standardisierten Fertigpräparaten verordnet. Die Wirkung setzt rascher ein als bei *Digitalis*, ist jedoch weniger anhaltend. Der harntreibende Effekt ist stärker. In der Homöopathie ebenfalls als Herzmittel, daneben bei Darmkatarrhen und Ekzemen.
F: Corophan, Miroton, Oleander-Pentarkan D, Psorinoheel u. a.

Echtes Lungenkraut *Pulmonaria officinalis* L. Rauhblattgewächse *Boraginaceae*

♃
0,1 – 0,3 m
III – V

B: Rauh behaarte Pflanze, im Frühjahr zuerst einen Blütentrieb mit sitzenden Blättern treibend, danach grundständige, gestielte, weißgefleckte, herzförmige Rosettenblätter. Blüten zuerst hellrot, dann blauviolett. Ähnlich *P. obscura* Dum. mit ungefleckten Blättern.
V: In Laubwäldern nicht selten, gemäßigtes Europa.
D: Lungenkraut – Pulmonariae herba (DAB 10), die getrockneten, oberirdischen Teile. Pulmonaria officinalis, Pulmonaria vulgaris (HAB 1).
I: Schleimstoffe, Flavonoide, viel Mineralstoffe mit löslicher Kieselsäure, Allantoin. Pyrrolizidinalkaloide konnten nicht bestätigt werden. Keine Saponine.
A: Durch den Gehalt an Schleimstoffen reizlindernde Wirkung bei Erkrankungen der Atmungsorgane. Die angeblich günstige Wirkung bei Lungentuberkulose wird auf den Kieselsäuregehalt zurückgeführt, aber auch die Signaturenlehre dürfte für diese Anwendung eine Rolle gespielt haben (Fleckung der Blätter). In der Volksheilkunde ferner bei Durchfall, Hämorrhoiden und zur Wundbehandlung.
F: Asth-Med, Bronchostad, Older, Pulmona-Tee u. a.

Gemeine Hundszunge *Cynoglossum officinale* L. Rauhblattgewächse *Boraginaceae*

⊙
0,3 – 0,8 m
V – VII

B: Zahlreiche weich behaarte, graugrüne, lanzettliche Blätter. Blüten mit violetter, später rotbrauner Krone in zunächst gedrungenen, später traubig verlängerten Blütenständen. Früchte 4teilig mit widerhakigen Stacheln, am Rande wulstig verdickt.
V: Unkrautgesellschaften, vor allem in wärmeren Gebieten, Europa, Asien.
D: Hundszungenkraut (-blätter) – Herba (Folia) Cynoglossi, das getrocknete blühende Kraut, daneben die Wurzeln. Cynoglossum (HAB 34).
I: Schleimstoffe, Gerbstoffe, Fruktane, Allantoin, hoher Gehalt an Pyrrolizidinalkaloiden.
A: Wie Beinwell, jedoch nicht so häufig verwendet. Von innerlichem Gebrauch bei Magen- und Darmerkrankungen wird wegen möglicher leberschädigender und krebserregender Wirkung der Pyrrolizidinalkaloide abgeraten. Äußerlich (nur kurzfristig!) vor allem bei Rheuma, Neuralgien, Venenentzündungen und Sportverletzungen.

Gemeiner Beinwell *Symphytum officinale* L. Rauhblattgewächse *Boraginaceae*

♃
0,5 – 1,5 m
V – VII

s. S. 260

B: Borstig behaarte Pflanze mit langen, an beiden Enden verschmälerten Blättern, Blattstiel geflügelt und am Stengel herablaufend. Blütenkrone verwachsen, gelblichweiß oder rotviolett.
V: Häufig auf feuchten Wiesen, an Bachufern, durch weite Teile Europas, Asien. Drogen, Inhaltsstoffe, Anwendung und Fertigarzneimittel siehe S. 72.

Krainer Tollkraut, Glockenbilsenkraut *Scopolia carniolica* JACQ.
Nachtschattengewächse *Solanaceae*

♃
0,2 – 0,6 m
IV – V

B: Laubblätter verkehrt-eiförmig, länglich, in den Stiel verschmälert, ganzrandig. Blüten einzeln, gestielt, nickend, Krone röhrig-glockig, schwach 5zipfelig, außen braun-violett, innen gelblich-grün.
V: Laubwälder Südosteuropas, sonst selten aus Gärten verwildert.
D: Skopoliawurzel – Rhizoma Scopoliae carniolicae. Hyoscyamus Scopolia (HAB 34).
I: Alkaloid Hyoscyamin, wenig Scopolamin u. a., Cumarinderivat Scopoletin.
A: Wirkung wie bei der Tollkirsche, jedoch schwächer. Anwendung nur in Fertigpräparaten. Die Droge vor allem zur Herstellung von Hyoscyamin bzw. Atropin.
F: Chelidophyt N, Infi-tract, Ludoxin, Mandrorhinon, Nervogastrol u. a.

Tollkirsche *Atropa bella-donna* L. Nachtschattengewächse *Solanaceae*
Beschreibung und Vorkommen siehe S. 248.

♃
0,5 – 1,5 m
VI – VIII

D: Belladonnablätter – Belladonnae folium (DAB 10), die getrockneten Blätter, auch blühende Zweigspitzen und Früchte. Atropa belladonna, Belladonna (HAB 1). Tollkirschenwurzel – Belladonnae radix (DAC).
I: Alkaloide, vor allem Hyoscyamin, wenig Atropin und Scopolamin. Atropin (DL-Hyoscyamin) entsteht zunehmend während Trocknung und Aufbereitung.
A: Giftwirkung s. S. 248. Hyoscyamin und Atropin haben in relativ niedrigen, medizinisch gebräuchlichen Gaben lähmende Wirkung auf die Nervenendigungen des Parasympathicus. Daraus ergibt sich die krampflösende Wirkung der Belladonnaextrakte bei Spasmen im Bereich des Magendarmkanals, der Gallen- und Harnwege und bei Bronchialasthma. Außerdem wird die Sekretionseinschränkung der Speichel- und Schweißdrüsen und der Schleimdrüsen der Atemwege und des Magendarmkanals wie auch die zentral beruhigende Wirkung therapeutisch genutzt. Wurzelauszüge sind als sogenannte Bulgarische Kur bei der Behandlung von Parkinsonerkrankungen bekannt. In der Homöopathie häufig bei Entzündungen, Erkältungskrankheiten, Kopfschmerzen u. a.
F: Belladonnysat *Rp*, Bellergal *Rp*, Contramutan N, Hevertigon u. v. a.

Virginischer Tabak *Nicotiana tabacum* L. Nachtschattengewächse *Solanaceae*

⊙
0,8 – 2 m
VI – IX

B: Drüsige Pflanze mit großen, bis über 50 cm langen, sitzenden Blättern, die unteren am Stengel herablaufend. Blütenstand rispig, zahlreiche rosa bis weißliche, trichterförmige Blüten.
V: In vielen Sorten weltweit kultiviert, Heimat tropisches Amerika.
D: Tabakblätter – Folia Nicotianae. Nicotiana tabacum, Tabacum (HAB 1).
I: Alkaloid Nikotin und etwa 20 Nebenalkaloide.
A: Nikotin ist ein starkes Gift. 40 – 60 mg (1 – 2 Zigarren) gelten eingenommen als tödliche Dosis. Früher zu Klistieren bei hartnäckiger Verstopfung und Würmern, wegen der Vergiftungsgefahr heute nicht mehr verwendet. Jedoch als Ausgangsstoff für therapeutisch wichtige Substanzen wie Nikotinsäure, ferner zu Schädlingsbekämpfungsmitteln. In der Homöopathie bei Kreislaufschwäche, Schwindel, Reisekrankheit, Folgen übermäßigen Tabakgenusses.
F: Dilasate, Dysto-loges, Hevertigon, Naupathon u. a.

Großer Baldrian, Arznei-Baldrian *Valeriana officinalis* L. s. l. Baldriangewächse *Valerianaceae*

♃
0,3 – 1,5 m
V – VIII

s. S. 258

B: Formenreiche Art mit unpaarig fiederschnittigen oder gefiederten, gegenständigen Blättern. Blütenstand oft stark verzweigt, Teilblütenstände doldenartig, Krone trichterförmig, ausgesackt, rosa bis weiß.
V: Feuchte Wiesen, Gräben, Wälder; Europa, Asien, im Süden selten.
D: Baldrianwurzel – Valerianae radix (DAB 10), die getrockneten, unterirdischen Organe. Valeriana officinalis, Valeriana (HAB 1). Der spezifische Geruch der Droge (nach Isovaleriansäure) entwickelt sich erst beim Trocknen.
I: Valepotriate (im Tee oder in der Tinktur sind die Abbauprodukte, sog. Baldrinale, enthalten), Valerensäure, Alkaloide, ätherisches Öl.
A: Mildes Beruhigungsmittel bei nervösen Erregungszuständen und Herzbeschwerden, Schlaflosigkeit, auch bei nervösen Magen- und Darmbeschwerden.
F: Baldronit N, Baldriparan, Hovaletten N, Recvalysat, Valdispert u. v. a.

Arznei-Rhabarber *Rheum palmatum* L. Knöterichgewächse *Polygonaceae*

♃
1 – 2,5 m
V – VI

s. S. 282

B: Kräftige, hohe Pflanze mit großen, handförmig gelappten Blättern, Abschnitte ungeteilt bis fiederspaltig. Blütenstand rispenförmig, Blüten zwittrig mit 6zähliger Blütenhülle. Früchte geflügelt.
V: Als Arznei- und Zierpflanze kultiviert, Heimat China.
D: Rhabarberwurzel – Rhei radix (DAB 10), die unterirdischen, getrockneten und geschälten Organe, auch von *Rheum officinale* BAILL. Rheum (HAB 1).
I: Anthrachinonderivate (Rhein, Rheum-emodin, Aloe-emodin, Chrysophanol, Physcion) und deren Glykoside, Gerbstoffe, Flavonoide.
A: In niedriger Dosierung bei Magen- und Darmkatarrhen (Gerbstoffwirkung) und als appetitanregendes Mittel. In höheren Gaben überwiegt die Wirkung der Anthraderivate, so daß der Rhabarber ein mildes, dickdarmwirksames Abführmittel darstellt. Häufig auch als Zusatz zu Gallenmitteln. Für Anthranoid-Drogen insgesamt wird über ein gewisses Krebsrisiko diskutiert. In der Homöopathie bei Durchfallerkrankungen, Verhaltensstörungen bei Kindern, Zahnungsbeschwerden. Zu Bitterschnäpsen. Die Wurzeln des Speise-Rhabarbers (*Rheum rhabarbarum* L., *Rh. undulatum* L.) werden arzneilich nicht verwendet.
F: Becolax forte, Ilioton, Rheogen N, Schwedenkräuter Elixier B u. v. a.

Großer Sauerampfer *Rumex acetosa* L. Knöterichgewächse *Polygonaceae*

♃
0,3 – 1 m
V – VII

B: Zweihäusig, Grundblätter lang gestielt, am Grunde pfeilförmig. Blütenstand locker, äußere Blütenhüllblätter zur Fruchtzeit zurückgeschlagen, innere rundlich, mit einer kleinen Schwiele, rot bis blaßgrün.
V: Wiesen, Unkrautgesellschaften; Europa, Asien und weiter verschleppt.
D: Sauerampferkraut – Herba Rumicis acetosae. Rumex Acetosa (HAB 34).
I: Im Kraut primäres Kaliumoxalat (Kleesalz), freie Oxalsäure, Flavonglykosid, Vitamin C. Wurzeln: geringe Mengen Anthraverbindungen, Gerbstoffe.
A: In der Volksmedizin zu blutreinigenden Frühjahrskuren, bei Hautleiden und Erkrankungen der Mundschleimhaut, als Salat und Gewürzkraut. Vergiftungen mit Nierenschädigungen bei Kindern nach zu reichlichem Genuß der rohen Blätter. In der Homöopathie die Wurzel bei Hautkrankheiten, Krämpfen, Halsschmerzen, Reizhusten.
F: Sinupret, Solixonum u. a.

Sommer-Adonis, Kleines Teufelsauge *Adonis aestivalis* L.
Hahnenfußgewächse *Ranunculaceae*

⊙
0,2 – 0,5 m
V – VII

B: Blätter 3 – 4fach fiederteilig mit linealen Abschnitten. Blütenkrone meist 6 (5 – 8)zählig, rot (selten auch gelb), Kelchblätter grün, über 2/3 der Länge der Kronblätter.
V: Getreideunkraut; Mitteleuropa, Mittelmeergebiet bis Südwestasien.
D: Ackerröschenkraut – Herba Adonidis aestivalis. Adonis aestivalis (HAB 34).
I: In geringen Mengen herzwirksame Glykoside.
A: Früher wie das Frühlings-Teufelsauge verwendet, die Wirksamkeit und damit die Giftigkeit beträgt jedoch nur einen Bruchteil. Ebenso *Adonis annua* L. und *Adonis flammea* JACQ.

Echte Pfingstrose *Paeonia officinalis* L. Pfingstrosengewächse *Paeoniaceae*

♃
0,3 – 0,6 m
V – VI

▽

B: Pflanze mit knolligen Wurzeln und krautigen, unverzweigten Stengeln. Blätter doppelt 3zählig gefiedert. Blüten einzeln, 7 – 13 cm breit, mit meist 8 dunkelroten Blütenblättern. Gefüllte Gartenformen.
V: In lichten Wäldern Südeuropas bis Kleinasien, Zierpflanze.
D: Pfingstrosenblüten – Flores Paeoniae (Erg.B.6), die Kronblätter der gefüllten Gartenform. Paeonia officinalis (HAB 1), die frischen Wurzeln.
I: Blüten: Anthocyanglykosid Paeonin, Gerbstoffe, Flavonoide. Wurzeln: Glykoside Paeoniflorin, Peregrinin, ätherisches Öl, wohlriechendes Paeonol, Gerbstoffe.
A: Die Blütenblätter als Schönungsdroge in Teemischungen. Die Wurzel in der Homöopathie häufig gegen Hämorrhoiden, in der Volksheilkunde früher gegen Gicht (Gichtrose) und Krampfanfälle. Genuß von Blütenblättern, Samen, Wurzeln führt bei höherer Dosierung zu Erbrechen und Durchfall.
F: Aescosulf N, Grippe-Tee Stada, Haemotrop M, Venosyx forte u. v. a.

Echte Hauswurz *Sempervivum tectorum* L. Dickblattgewächse *Crassulaceae*

♃
0,2 – 0,6 m
VII – IX

∇

B: Pflanze mit kurzen Ausläufern. Große Blattrosette aus flachen, fleischigen, am Rande bewimperten Blättern. Stengel beblättert, drüsig-wollig behaart, mit verzweigtem, dichtem Blütenstand. Meist 13 rosarote Blütenblätter.
V: Felsrasen von den Alpen bis zu den Pyrenäen, außerdem früher häufig auf Mauern und Dächern als Schutz vor Blitzschlag angepflanzt.
D: Hauswurzblätter – Folia Sedi magni. Sempervivum tectorum (HAB 1).
I: Gerbstoffe, Schleimstoffe, Äpfelsäure, Harz.
A: Früher in der Volksmedizin der Saft der Blätter bei Verbrennungen, Wunden, Hautentzündungen, Quetschungen, Hühneraugen, Warzen und Sommersprossen, innerlich auch zu kühlenden Getränken bei Fieber und gegen Magengeschwüre. In der Homöopathie u. a. bei knotigen Verhärtungen in Haut und Zunge, Warzen.
F: Boldo „Hanosan“, Galium-Heel u. a.

Blut-Weiderich *Lythrum salicaria* L. Weiderichgewächse *Lythraceae*

♃
0,5 – 1,5 m
VI – IX

B: Blätter sitzend, eilanzettlich, in 3zähligen Quirlen oder gegenständig, die oberen auch wechselständig. Blüten zu mehreren in den Blattachseln, in ährigen, über 10 cm langen Blütenständen, mit 6 purpurroten Blütenblättern und verschieden langen Staubfäden.
V: An Gewässern und anderen feuchten Standorten; Europa, Asien.
D: Blutweiderich – Herba Salicariae, Herba Lysimachiae purpureae, die getrockneten, blühenden Zweigspitzen. Lythrum Salicaria (HAB 34).
I: Glykosid Salicarin, Gerbstoffe, Pektin, Harz, wenig ätherisches Öl.
A: Selten noch in der Volksheilkunde und in der Homöopathie gegen Durchfall. Auch bei Ruhr und Typhus wird der Droge Wirksamkeit nachgesagt. Daneben innerlich und äußerlich als blutstillendes Mittel.

Granatapfel *Punica granatum* L. Granatapfelgewächse *Punicaceae*

♄
2 – 5 m
V – IX

B: Sommergrüner, dorniger Strauch oder kleiner Baum mit glänzenden, ganzrandigen, ovalen bis lanzettlichen Blättern. Blüten an den Zweigenden, Kelchblätter wie die 5 – 8 zerknitterten Blütenblätter leuchtend rot. Frucht apfelförmig, zahlreiche Samen mit eßbarem Samenmantel.
V: Im Mittelmeergebiet kultiviert und verwildert; Herkunft Südwestasien.
D: Granatrinde – Cortex Granati (DAB 6), die getrocknete Rinde der oberirdischen Achsen und der Wurzel. Punica granatum, Granatum (HAB 1).
I: Alkaloide Pseudopelletierin, Isopelletierin u. a., Gerbstoffe.
A: Früher als Bandwurmmittel gebräuchlich, heute nur noch bei Versagen der modernen Mittel, da es infolge des hohen Gerbstoffgehaltes leicht zu Magenreizungen, in höheren Dosen auch zu Vergiftungserscheinungen, u. a. Sehstörungen, durch die Alkaloide kommt. In der Homöopathie u. a. bei Magen-Darm-Störungen, Schwindel.

Herbst-Zeitlose *Colchicum autumnale* L. Liliengewächse *Liliaceae*

♃
0,05 – 0,4 m
VIII – X

☠

B: Blätter meist 3, im Frühjahr zusammen mit der Fruchtkapsel erscheinend, länglich-lanzettlich, stumpf, zur Blütezeit verwelkt. Blüten blaßviolett, 6zählig, Fruchtknoten unterirdisch.
V: Feuchte Wiesen, gemäßigtes Europa.
D: Herbstzeitlosensamen – Colchici semen (DAC), die reifen Samen. Colchicum autumnale, Colchicum (HAB 1), die frischen Zwiebelknollen.
I: Colchicin und Nebenalkaloide, u. a. Demecolcin.
A: Colchicin ist ein Kapillargift. Mehrere Stunden nach der Einnahme treten Erbrechen, schwere Durchfälle und Lähmungen auf, nicht selten Tod durch Atemlähmung. Standardisierte Präparate oder reines Colchicin werden nach ärztlicher Verordnung bei Gicht, besonders im akuten Anfall verwendet. Colchicin wirkt auch zellteilungshemmend. Zur Behandlung der Leukämie wurde Demecolcin herangezogen, das bei gleicher Wirksamkeit weniger giftig ist. In der Homöopathie u. a. bei Gicht, Rheuma, Magen- und Darmkatarrhen.
F: Arthrifid S, Colchysat *Rp,* Colchicum-Dispert *Rp,* Vomitusheel u. a.

Wilde Karde, Kardendistel *Dipsacus fullonum* L. (*Dipsacus sylvestris* HUDS.)
Kardengewächse *Dipsacaceae*

⊙
0,5 – 2 m
VII – VIII

B: Hohe, stachelige Stengel mit paarweise verwachsenen, breitlanzettlichen, gekerbt-gesägten bis ganzrandigen Blättern. Blüten mit violetter, selten weißer, 4zipfeliger Kronröhre, kürzer als die spitzen Spreublätter, in eiförmigen, 3 – 8 cm langen Köpfen, diese am Grunde mit steifen, lineal-lanzettlichen, bogig aufsteigenden, verschieden langen Hochblättern.
V: Schuttplätze, Ufer; Europa, besonders im Süden, Südwestasien.
D: Dipsacus silvestris (HAB 34), die frische, blühende Pflanze.
I: Glykosid Scabiosid u. a., organische Säuren, Saponin.
A: In der Volksheilkunde früher bei rissiger Haut und Afterfisteln. Selten noch in der Homöopathie bei chronischen Hautleiden und Tuberkulose.

Acker-Witwenblume *Knautia arvensis* (L.) COULT. (*Scabiosa arvensis* L.)
Kardengewächse *Dipsacaceae*

♃
0,3 – 1 m
V – IX

B: Gegenständige, graugrüne Blätter, die unteren eine Rosette bildend, oft ungeteilt, die oberen meist fiederteilig. Blüten blauviolett, 4zipfelig, ohne Spreublätter, in lang gestielten, 2 – 4 cm breiten, flachen Köpfchen. Randblüten vergrößert, mit ungleichen Kronzipfeln.
V: Trockene Wiesen, Wegränder; Europa, Westasien.
D: Knautia arvensis (HAB 1), das frische, blühende Kraut.
I: Pseudoindikan Dipsacan, Bitterstoffe, Gerbstoffe, Triterpenglykosid Knautiosid.
A: Selten in der Volksheilkunde sowie in der Homöopathie bei chronischen Hautleiden, auch gegen Husten, Halsentzündungen und Blasenkatarrh.
F: Scabiosa Oligoplex, Pareira brava-Pentarkan.

Wasserdost, Wasserhanf *Eupatorium cannabinum* L. Korbblütler *Asteraceae*

♃
0,5 – 1,5 m
VII – IX

B: Zahlreiche gegenständige, bis zum Grunde handförmig 3 – 5teilige Blätter. Blüten rosa bis weißlich, in meist 5blütigen Köpfchen, mit lang herausragenden Griffeln. Die Köpfchen in endständigen, schirmförmigen Gesamtblütenständen.
V: Ufer, feuchte Wälder, Schlagfluren; Europa, Asien.
D: Wasserhanfkraut, Kunigundenkraut – Herba Eupatorii cannabini. Eupatorium cannabinum (HAB 34).
I: Sesquiterpenlactone und Flavonoide mit zellschädigenden Eigenschaften, Polysaccharide mit immunstimulierender Wirkung.
A: Früher als abführendes, harntreibendes, die Gallenabsonderung anregendes Mittel. In neuerer Zeit Extrakte der Droge bzw. Polysaccharid-Fraktionen in Präparaten zur Stärkung der körpereigenen Abwehr bei grippeartigen Erkrankungen, in der Rekonvaleszenz und zur Unterstützung der Antibiotika-Therapie. In der Homöopathie wird häufig auch die nordamerikanische Art *Eupatorium perfoliatium* L. verwendet.
F: Contramutan N, Gripp-Heel, Influvit, Lymphocausal, Pascotox u. v. a.

Gemeine Pestwurz *Petasites hybridus* (L.) G. M. SCH. (*P. officinalis* MOENCH)
Korbblütler *Asteraceae*

♃
0,2 – 1 m
III – V

B: Pflanze mit großen, langgestielten, rundlich-herzförmigen, unregelmäßig gezähnten Blättern, die zu Ende der Blütezeit erscheinen. Blüten alle röhrenförmig, rosa, in kleineren weiblichen oder größeren männlichen Köpfchen, Blütenstand dicht walzlich, nach der Blüte verlängert.
V: Bach- und Flußufer, feuchte Stellen; Europa, Westasien.
D: Pestwurzel (Pestwurzblätter) – Radix (Folia) Petasitidis. Petasites hybridus, Petasites (HAB 1), die oberirdischen Teile.
I: Sesquiterpenalkohole, u. a. Petasin, geringe Mengen Pyrrolizidinalkaloide mit toxischer Wirkung (s. Huflattich S. 124).
A: Die krampflösenden Eigenschaften der Drogenextrakte (nur als Fertigpräparat) werden vor allem bei Kopf- und Nackenschmerzen, ferner bei Bronchialasthma, Koronarspasmen und auch neurovegetativen Fehlregulationen eingesetzt. In der Volksmedizin früher als harn- und schweißtreibendes Mittel (im Mittelalter gegen die Pest).
F: Petadolex, Pneumonium LA u. a.

Große Klette *Arctium lappa* L. Korbblütler *Asteraceae*

⊙
0,6 – 1,5 m
VII – IX

B: Pflanze mit herz-eiförmigen Blättern, die grundständigen sehr groß, mit rinnig gefurchtem, markerfülltem Stengel. Blüten alle röhrenförmig, violett, in 3 – 4,5 cm großen Köpfen mit zahlreichen stechenden oder hakenförmigen Hüllblättern, in doldenartigen Blütenständen. Ähnlich die Kleine Klette – *Arctium minus* BERNH. mit hohlem Blattstiel und bis 2,5 cm großen, etwas behaarten Blütenköpfen (ohne Abb.).

Filzige Klette *Arctium tomentosum* MILL.

⊙
0,5 – 1,5 m
VII – IX

B: Ähnlich den vorigen, aber Blütenköpfe 1,5 – 3 cm groß, Hüllblätter dicht spinnwebig behaart.
V: An Wegrändern, Schuttplätzen, Ufern; Europa, Asien.
D: Klettenwurzel – Bardanae radix (DAC), die getrockneten Wurzeln der drei genannten Arten. Arctium Lappa (HAB 34).
I: Bis 45% Inulin, Schleimstoffe, Bitterstoffe, ätherisches und fettes Öl, Polyacetylene mit fungizider und bakteriostatischer Wirkung.
A: Harn- und schweißtreibende, außerdem gallensekretionsfördernde Eigenschaften. In der Volksheilkunde als Blutreinigungsmittel und gegen Rheuma, äußerlich gegen chronische Hautleiden und Geschwüre. Die mit fettem Öl (Oliven- oder Erdnußöl) hergestellten Auszüge in Einreibungen und Badeölen gegen rheumatische Muskel- und Gelenkerkrankungen, als „Klettenwurzelöl" gegen Kopfschuppen und Haarausfall. In der Homöopathie u. a. auch gegen Hauterkrankungen und Rheumatismus. Die jungen Triebe sind eßbar.
F: Dystoselect N, Echinacea Oligoplex, Rheuma-Badeöl (Wala), u. a.

Gemeine Eselsdistel *Onopordum acanthium* L. Korbblütler *Asteraceae*

⊙
0,5 – 3 m
VI – IX

B: Hohe, stark verzweigte, filzig behaarte Pflanze mit großen, fiederteiligen, stachelig gezähnten Blättern, die am Stengel als langer Flügel herablaufen. Blüten hellpurpurrot, in 3 – 5 cm großen, kugeligen, endständigen Köpfen, Hüllblätter mit kräftigen Dornen.
V: Trockene Unkrautfluren; Europa, Westasien, in wärmeren Gebieten häufiger.
D: Eselsdistelblüten (-kraut) – Flores (Herba) Onopordonis acanthii. Onopordon Acanthium (HAB 34), die frische Pflanze.
I: Onopordopikrin, Flavonglykoside, Gerbstoffe.
A: In homöopathischen Kombinationspräparaten gegen Herz- und Kreislaufstörungen. Früher in der Volksheilkunde als verdauungsförderndes Mittel, gegen Gallenleiden und Husten, äußerlich der Saft der Blätter zur Behandlung von Ausschlägen und Geschwüren. Wurzeln, junge Sprosse und der Blütenboden wie Artischocken in verschiedenen Ländern als Gemüse.
F: Cardiodoron *Rp* u. a.

Mariendistel *Silybum marianum* (L.) GAERTN. (*Carduus marianum* L.)
Korbblütler *Asteraceae*

⊙
0,3 – 1,5 m
IV – VIII

s. S. 280

B: Blätter glänzend dunkelgrün, weiß geadert und gefleckt, buchtig gelappt mit dornigem Rand. Blüten rotviolett, alle röhrenförmig, in einzelnen, 4 – 8 cm großen Köpfen, äußere Hüllblätter mit kräftigen, zurückgebogenen Dornen.
V: Wegränder, Schuttplätze, Viehweiden, im ganzen Mittelmeergebiet.
D: Mariendistelfrüchte, Stechkörner – Cardui mariae fructus (DAB 10), die reifen, vom Pappus befreiten Früchte. Silybum marianum, Carduus marianus (HAB 1).
I: Wirkstoffkomplex Silymarin mit der Hauptkomponente Silybin, fettes Öl.
A: Das isolierte Silymarin, das sich als wirksamer Leberschutzstoff erwiesen hat, wird bei chronischen Leberschäden, Leberentzündungen, Fettleber und Vergiftungen, z. B. auch durch Knollenblätterpilze, verwendet. Es beugt auch Leberschädigungen bei Zufuhr leberbelastender Stoffe vor und ist hier besonders wirksam. Die Droge, der von alters her krampflösende und anregende Wirkung auf die Gallensekretion nachgesagt wird, ist in zahlreichen Präparaten gegen Leber- und Gallenleiden enthalten. Silymarin ist schwer wasserlöslich und geht daher kaum in Teeaufgüsse über.
F: Bilicura forte, durasilymarin, Legalon, Marianon, Silibene 140 u. v. a.

Hohler Lerchensporn
Corydalis bulbosa (L.) DC. (*C. cava* (L.) Schw. & K.)
Mohngewächse *Papaveraceae*

♃
0,1 – 0,3 m
III – V

☠

B: Pflanze mit hohl werdender, rundlicher Knolle. Stengel kahl mit 2 gestielten, blaugrünen, doppelt 3zähligen Blättern und einer endständigen, 10 – 20blütigen Traube. Blüten purpurrot oder weiß, gespornt, 2 – 3 cm lang, in den Achseln von eiförmigen, ganzrandigen Tragblättern.
V: Feuchte Laubwälder im gemäßigten Europa.
D: Lerchenspornknollen – Tubera (Rhizoma) Corydalidis cavae.
I: Zahlreiche Alkaloide, u. a. Bulbocapnin, Corydalin, Corycavin.
A: Besonders giftig die Knolle, Vergiftungsfälle aber bisher nicht bekannt. Die Droge wird nur in industriell hergestellten Fertigpräparaten verwendet, u. a. gegen nervöse Erregungszustände und Schlafstörungen. Die einzelnen Alkaloide haben unterschiedliche Wirkungen: Bulbocapnin verstärkt u. a. die Wirkung von Narkotika und beeinflußt den Tremor bei der Parkinsonschen Krankheit.
F: Neurapas, Oenanthe crocata Oligoplex, Phytonoxon N u. a.

Gemeiner Erdrauch
Fumaria officinalis L. Mohngewächse *Papaveraceae*

⊙
0,1 – 0,3 m
IV – X

s. S. 266

B: Zierliche, blaugrün bereifte, kahle Pflanze. Blätter gestielt, doppelt fein gefiedert. Blüten rosa, an der Spitze dunkelrot, das obere Kronblatt gespornt, Kelchblätter schmaler als die Krone, Blütenstand traubig.
V: Häufiges Ackerunkraut; ganz Europa bis Zentralasien.
D: Erdrauchkraut – Herba Fumariae (Erg.B.6). Fumaria officinalis (HAB 1).
I: Alkaloid Protopin (Fumarin), Fumarsäure, Bitterstoffe, Flavonoide.
A: Fumarin hat regulierende Wirkung auf den Gallenfluß, so daß die Droge vorwiegend bei Gallenerkrankungen angewendet wird. Daneben sind auch leichte harntreibende und abführende Eigenschaften vorhanden. In der Volksheilkunde bei chronischen Hauterkrankungen. Ähnlich in der Homöopathie.
F: Akne-Kapseln (Wala), Hanocholan N, Lymphomyosot, Oddibil u. a.

Süßholz
Glycyrrhiza glabra L. Schmetterlingsblütler *Fabaceae*

♃
0,5 – 1,3 m
VI – VII

s. S. 288

B: Pflanze mit holzigem, innen gelbem Wurzelstock. Blätter mit 9 – 17 unterseits drüsig-klebrigen Teilblättchen. Lila Blüten in 8 – 15 cm langen, aufrechten Trauben, die kürzer als die Blätter sind.
V: Früher häufig kultiviert, Heimat östliches Mittelmeergebiet, SW-Asien.
D: Süßholzwurzel – Liquiritiae radix (DAB 10), die ungeschälten, getrockneten Wurzeln und Ausläufer. Geschälte Süßholzwurzel – Liquiritiae radix sine cortice (DAC). Glycyrrhiza glabra (HAB 34).
I: Triterpensaponin Glycyrrhizin (50mal süßer als Rohrzucker, kommt in der Rinde angereichert vor), Flavonoid Liquiritin.
A: Glycyrrhizin wirkt schleimverflüssigend und auswurffördernd. Süßholzwurzel ist daher ein häufiger Bestandteil von Hustenmitteln. Die günstige Wirkung bei Magengeschwüren beruht auf cortisonähnlichen Eigenschaften, so daß es bei längerer hochdosierter Einnahme zu Ödembildungen und erhöhtem Blutdruck kommen kann. Süßholzsaft, Lakritze (Succus Liquiritiae), wird durch Auskochen der Wurzeln mit Wasser und Eindampfen des Extraktes hergestellt.
F: Aspecton, Becopekt, Dorex, Rohasal, Suczulen, Ulgastrin u. v. a.

Dornige Hauhechel
Ononis spinosa L. Schmetterlingsblütler *Fabaceae*

♃
0,2 – 0,8 m
V – IX

s. S. 270

B: Am Grunde holzige, meist dornige Pflanze mit aufsteigenden oder aufrechten, 1 – 2reihig behaarten Stengeln. Untere Blätter 3zählig, die oberen einfach, gezähnt. Blüten kurz gestielt, Krone rosa-weiß.
V: Trockenrasen, Feuchtwiesen, Weiden, im gemäßigten Europa.
D: Hauhechelwurzel – Ononidis radix (DAC), die getrockneten Wurzelstöcke und Wurzeln. Ononis spinosa, äthanol. Decoctum (HAB 1).
I: Triterpene Onocol (α-Onocerin) und Ononid, Isoflavonglykosid Ononin, wenig ätherisches Öl mit Anethol, Carvon, Menthol u. a., Mineralsalze, Sterole.
A: Gute harntreibende Wirkung, die zusätzlich auch auf einem Saponin mit glyzyrrhizinähnlicher Struktur beruhen soll. Häufige Anwendung bei Blasen- und Nierenleiden, rheumatischen Erkrankungen, Ekzemen, auch in der Volksheilkunde.
F: Buccotean, Eupond, Gutefin, Nephropur, Rheumex u. a.

Hasen-Klee *Trifolium arvense* L. Schmetterlingsblütler *Fabaceae*

⊙ – ⊙
0,05 – 0,4 m
V – IX

B: Verzweigte, behaarte Pflanze mit 3zähligen Blättern. Mehrere deutlich gestielte, dichte, eiförmige, 1 – 2 cm lange Blütenstände. Krone sehr klein, anfangs weißlich, später rosa, kürzer als der dicht behaarte Kelch.
V: Sandige Rasen, Äcker, Wegränder; Europa außer im Norden, Westasien.
D: Hasenklee, Katzenklee – Herba Trifolii arvensis. Trifolium arvense (HAB 34).
I: Noch wenig bekannt. Gerbstoff, ätherisches Öl, Harz.
A: In der Volksheilkunde bei Durchfällen. Die Droge soll sich bei verschiedenen epidemisch aufgetretenen Durchfallerkrankungen u. a. in der Nachkriegszeit bewährt haben. Rotkleeblüten (von *Trifolium pratense* L.) wurden früher volkstümlich vor allem gegen Husten verwendet, Weißkleeblüten (von *Trifolium repens* L.) gegen rheumatische Erkrankungen, Gicht und Drüsenschwellungen.
F: Famitra-Kräuterkur 18 Komplex Herz-Kreislauf (*Trifolium repens*).

Bunte Kronwicke *Coronilla varia* L. Schmetterlingsblütler *Fabaceae*

♃
0,2 – 1,2 m
V – IX

☠

B: Niederliegende bis aufsteigende Pflanze. Blätter mit 11 – 23 Fiederchen. Blüten in langgestielten 10 – 20blütigen, kronenförmigen Köpfchen, bunt, Fahne rötlich, Flügel weiß, Schiffchen weiß mit violetter Spitze.
V: Waldränder, Rasen, Wegränder; Europa, Westasien.
D: Kronwickenkraut – Herba Coronillae variae.
I: Glykosid Coronillin, Gerbstoffe, in den Blüten Alkaloide, Flavonoide.
A: Das Glykosid Coronillin hat digitalisähnliche Wirkung. Drogenauszüge fanden zeitweise in Fertigpräparaten bei leichter Herzschwäche Anwendung.

Kapuzinerkresse *Tropaeolum majus* L. Kapuzinerkressengewächse *Tropaeolaceae*

♃
Bis 5 m
kriechend
VI – IX

B: Kriechende oder mit Hilfe der Blatt- und Blütenstiele kletternde, ausdauernde, aber nicht frostharte Pflanze. Blätter schildförmig, etwas fleischig. Blüten rot, gelb oder orange mit langem Sporn.
V: Häufig als Zierpflanze kultiviert, Heimat Peru bis Kolumbien.
D: Kapuzinerkresse – Herba Tropaeoli.
I: Glucosinolat (Senfölglykosid) Glucotropaeolin, das nach fermentativer Spaltung Benzylsenföl liefert.
A: Der isolierte Wirkstoff Benzylsenföl wurde als pflanzliches Antibiotikum mit breitem Wirkungsspektrum erkannt. Man verwendet es bzw. die Droge erfolgreich bei Infekten der Harnwege und der Atemwege. Ferner wird dem Benzylsenföl eine Reizwirkung auf unspezifische Resistenzfaktoren zugesprochen, die die Abwehrreaktionen des Körpers anregen. Bisher konnte keine Entstehung resistenter Keime wie bei anderen Antibiotika beobachtet werden. Benzylsenföl ist auch in der Gartenkresse enthalten. Die in Essig eingelegten Blütenknospen wurden früher als „Deutsche Kapern" verwendet.
F: Angocin, Arthrosetten, Echtrosept N, Nephroselect N, Toxi-Dolan N u. a.

Weißer Diptam *Dictamnus albus* L. Rautengewächse *Rutaceae*

♃
0,4 – 1 m
V – VI

☠ ▽

B: Stark duftende, drüsige Pflanze mit unverzweigten Stengeln. Stengelblätter mit 5 – 11 fein gezähnten, eiförmig-lanzettlichen Teilblättchen. Blüten in endständiger Traube, Kronblätter 2 – 2,5 cm lang, rosa, dunkler geadert, die 4 oberen aufrecht, das untere herabgebogen.
V: Warme, lichte Gebüsche und Wälder; Mittel- und Südeuropa, Asien.
D: Dictamnus albus (HAB 34), die frischen Blätter. Diptamwurzel, Spechtwurzel – Radix Dictamni.
I: Furochinolinalkaloide Dictamnin, Skimmianin und Fagarin, wohlriechendes ätherisches Öl, Furocumarine, u. a. Bergapten, Flavonoide.
A: Noch gelegentlich in der Homöopathie u. a. bei starker, schmerzhafter Monatsblutung, Weißfluß, früher auch in der Volksheilkunde als harntreibendes Mittel, gegen Würmer und bei Nervenleiden. Dictamnin ist giftig und wahrscheinlich für die Wirkung auf die Gebärmutter verantwortlich. Bei Kontakt mit der frischen Pflanze sind Hautreaktionen durch das Bergapten möglich (siehe S. 18).
F: Famitra-Präparate, Gripperobal u. a.

Eisenkraut *Verbena officinalis* L. Eisenkrautgewächse *Verbenaceae*

♃
0,3 – 0,7 m
VII – IX

B: Unten verholzende, steif aufrechte Pflanze. Blätter gegenständig, ungleich gekerbt, die mittleren 3spaltig mit großem Endlappen. Blüten in dünnen, zur Fruchtzeit 10 – 25 cm langen Ähren. Krone blaßlila, 3 – 5 mm lang, mit 5teiligem, schwach 2lippigem Saum.
V: Schuttplätze, Wegränder, Weiden; Europa außer im Norden, weltweit verschleppt.
D: Eisenkraut – Herba Verbenae (Erg.B.6), die getrockneten Blätter und oberen Stengelabschnitte. Verbena officinalis (HAB 34).
I: Iridoidglykosid Verbenalin u. a., Verbascosid, wenig ätherisches Öl, zum Teil lösliche Kieselsäure, Schleim.
A: In der Volksheilkunde früher in hohem Ansehen, heute kaum noch verwendet, als harntreibendes und milchförderndes Mittel, auch bei Menstruationsstörungen, Erschöpfungszuständen, Schleimhautkatarrhen der Atmungs- und Verdauungsorgane. Äußerlich zur Behandlung von Wunden und Ekzemen. In der Homöopathie u. a. bei Blutergüssen und Epilepsie.
F: Pasisana, Sinupret u. a.

Echter Gamander *Teucrium chamaedrys* L. Lippenblütler *Lamiaceae*

♄
0,1 – 0,3 m
VII – VIII

B: Niedriger, Ausläufer treibender Halbstrauch mit aromatischem Geruch. Blätter elliptisch, gekerbt, am Grunde keilig in den Stiel verschmälert. Blüten in endständigen, einseitswendigen Scheintrauben, Krone purpurrot, seltener weiß, ohne Oberlippe.
V: Trockene Rasen, Felsfluren, lichte Wälder; Mittel- und Südeuropa, Südwestasien.
D: Edelgamanderkraut – Herba Chamaedryos, das getrocknete, blühende Kraut. Chamaedrys (HAB 34).
I: Ätherisches Öl, Bitterstoffe, Gerbstoffe, Polyphenole.
A: Nur noch in der Volksheilkunde bei Verdauungsstörungen und Appetitlosigkeit, auch gegen Gallenleiden und Gicht. Äußerlich zum Baden schlecht heilender Wunden.

Katzen-Gamander, Amberkraut *Teucrium marum* L. Lippenblütler *Lamiaceae*

♄
0,2 – 0,5 m
IV – VIII

B: Intensiv duftender, kleiner Strauch mit filzig behaarten Stengeln. Kleine, immergrüne, eiförmig-lanzettliche, unterseits graufilzige Blättchen. Blüten etwa 1 cm groß, purpurrot, zu 1 – 2 in den Blattachseln, einen ährenartigen Blütenstand bildend.
V: Immergrüne Gebüsche, Inseln des westlichen Mittelmeergebietes, in Deutschland früher als Heilpflanze kultiviert.
D: Teucrium marum, Marum verum (HAB 1), die frische Pflanze.
I: Ätherisches Öl, Bitterstoff Marrubiin, Gerbstoffe, Saponine, Harz.
A: Vor allem in der Homöopathie gebräuchlich bei chronischen Katarrhen der oberen Luftwege, bei Polypenbildung im Nasenraum, auch lokal als Salbe oder Schnupfpulver. Daneben bei Gallenerkrankungen.
F: Kalium chloratum Oligoplex, Rapako, Thuja Oligoplex u. a.

Echtes Herzgespann *Leonurus cardiaca* L. Lippenblütler *Lamiaceae*

♃
0,5 – 2 m
VI – IX

B: Blätter gestielt, die unteren handförmig 3 – 7teilig, grob gezähnt, nach oben allmählich kleiner werdend. Blüten zahlreich, einen beblätterten, ährigen Blütenstand bildend. Krone schmutzigrosa, behaart.
V: Schuttplätze, Wegränder; gemäßigtes Europa, Asien.
D: Herzgespannkraut – Leonuri cardiacae herba (DAB 10), die getrockneten oberirdischen Teile. Leonurus cardiaca (HAB 1).
I: Herzwirksame Bitterstoffglykoside, Gerbstoffe, Flavonoide, Betaine, u. a. Stachydrin, Spuren ätherisches Öl.
A: Der Droge wird baldrianähnliche, leichte beruhigende Wirkung zugeschrieben. Anwendung bei nervösen und funktionellen Herzstörungen, auch bei Beschwerden in den Wechseljahren und Verdauungsstörungen. In der Homöopathie u. a. bei Herzbeschwerden bei Schilddrüsenerkrankung gebräuchlich.
F: Cardisetten, Concardisett, Crataezyma N, Oxacant-sedativ u. a.

Echter Ziest, Heil-Ziest, Betonie *Stachys officinalis* (L.) TREV. (*Betonica officinalis* L.) Lippenblütler *Lamiaceae*

♃
0,2 – 0,8 m
VII – VIII

B: Rosette aus langgestielten, eiförmig-länglichen, regelmäßig gekerbt-gezähnten Blättern. Stengel nur mit 1 – 3 Blattpaaren. Rosa bis purpurrote Blüten in ährenförmig angeordneten Scheinquirlen.
V: Feuchtwiesen, Trockenrasen, lichte Wälder; Europa, Westasien.
D: Betonienkraut, Heilziest – Herba Betonicae. Stachys officinalis, Betonica (HAB 1).
I: Gerbstoffe, die Betaine Betonicin, Stachydrin, Turicin; Bitterstoffe.
A: Alte Heilpflanze, heute nur noch selten hauptsächlich in der Volksheilkunde gegen Durchfall, Katarrhe der Atemwege und Asthma verwendet, äußerlich als Wundheilmittel. In der Homöopathie u. a. bei Erkältungskatarrhen.
F: Florgosan 7N, Tartephedreel, Tonorob u. a.

Echter Dost *Origanum vulgare* L. Lippenblütler *Lamiaceae*

♃
0,2 – 0,9 m
VII – IX

B: Oft rot überlaufene, aromatisch duftende Pflanze. Blätter gestielt, eiförmig, drüsig punktiert. Blüten blaßrot, seltener weiß, köpfchenförmig genähert, in doldig-rispigen Gesamtblütenständen.
V: Im Saum von Gebüschen und Wäldern; Europa, Asien.
D: Dostenkraut – Herba Origani (Erg.B.6). Origanum vulgare (HAB 34).
I: Ätherisches Öl, je nach Herkunft unterschiedlicher Zusammensetzung, nur in südeuropäischen Vorkommen Thymol, daneben Triterpene, Rosmarinsäure.
A: In der Volksheilkunde ähnlich wie Majoran bei Verdauungsstörungen. Der Droge wird auch krampflösende Wirkung nachgesagt, so daß sie bei Keuch- und Krampfhusten sowie Unterleibsbeschwerden Anwendung findet. Gewürz.
F: Bifosept, Gerner Cholagogum N, Rephaprossan N, Sistador u. a.

Echter Thymian *Thymus vulgaris* L. Lippenblütler *Lamiaceae*

♄
0,1 – 0,3 m
IV – VII

s. S. 290

B: Stark aromatisch duftender, reich verzweigter Zwergstrauch, nördlich der Alpen jedoch nicht winterhart. Blätter lineal bis elliptisch, unterseits dicht weißfilzig behaart, mit eingerolltem Rand. Blüten hellviolett in ährig oder köpfchenförmig angeordneten Scheinquirlen.
V: Zwergstrauchfluren im westlichen Mittelmeergebiet, sonst kultiviert.
D: Thymian – Thymi herba (DAB 10), die abgestreiften und getrockneten Laubblätter und Blüten, auch von *Thymus zygis* L. Thymus vulgaris (HAB 1).
I: Ätherisches Öl mit Thymol und Carvacrol, Gerbstoffe, Bitterstoffe, Flavonoide.
A: Häufig gebrauchtes schleimlösendes, auswurfförderndes und krampflinderndes Mittel bei Husten und Keuchhusten. Daneben vor allem in der Volksheilkunde bei Magen- und Darmstörungen. Das ätherische Öl wegen seiner keimtötenden und geruchshemmenden Eigenschaften (Thymolgehalt) in Mund-, Gurgel- und Rasierwässern, als Hautreizmittel in Einreibungen und Badezusätzen. Als Gewürz und in der Likörfabrikation.
F: Bronchitten, Bronchitussin, Guakalin, Pertussin, Thymipin N u. v. a.

Quendel, Feld-Thymian *Thymus pulegioides* L. Lippenblütler *Lamiaceae*

♃
0,05 – 0,3 m
VI – X

B: Am Grunde verholzte, aromatisch duftende Pflanze mit niederliegenden bis aufsteigenden Stengeln und kleinen, gestielten, eiförmigen, nur am Grunde gewimperten Blättchen. Blühende Triebe 4kantig, an den Kanten behaart, mit länglich kopfigen Blütenständen. Krone blaßviolett. *Th. pulegioides* wurde früher zusammen mit weiteren Thymian-Arten als *Th. serpyllum* bezeichnet. *Th. serpyllum* L., der Sand-Thymian, ist eine seltene, nach heutiger Auffassung für die Droge wenig geeignete Art.
V: Häufig auf Trockenrasen, Weiden; Europa, Asien.
D: Quendelkraut – Serpylli herba (DAB 10), die blühenden, getrockneten Zweige. Thymus serpyllum, Serpyllum (HAB 1).
I: Ätherisches Öl mit Cymol und Linalool, wenig Carvacrol und Thymol; Bitterstoff Serpyllin, Gerbstoffe, Flavonoide.
A: Hustenmittel wie Echter Thymian, aber weniger wirksam. In der Volksheilkunde ebenfalls bei Magen- und Darmstörungen, wobei neben dem ätherischen Öl der Bitterstoff und die Gerbstoffe wirksam sind.
F: Dorex-Hustensaft N, Guakalin, Hustex forte, Pasisana, Pulmocordio mite.

Echte Pfefferminze *Mentha × piperita* L. Lippenblütler *Lamiaceae*

♃
0,3 – 0,9 m
VI – VIII

s. S. 282

B: Aus der Kreuzung von *Mentha aquatica* L. und *M. spicata* L. entstandene Art, wie alle *Mentha*-Arten stark aromatisch. Blätter länglich-eiförmig, zugespitzt, deutlich gestielt, mit flachem, gezähntem Rand. Blüten in langen, ährenartigen Blütenständen, an Seitenzweigen kopfig.
V: Von alters her häufig kultivierte Pflanze, gelegentlich verwildert.
D: Pfefferminzblätter – Menthae piperitae folium (DAB 10), die getrockneten Blätter. Mentha piperita (HAB 34). Pfefferminzöl – Menthae piperitae aetheroleum (DAB 10), Oleum Menthae piperitae, das ätherische Öl.
I: Ätherisches Öl mit Menthol als Hauptbestandteil, Menthylacetat, Menthon, Gerbstoffe, Flavonoide.
A: In der Volksheilkunde sowie in zahlreichen Fertigpräparaten bei Beschwerden im Magendarmbereich und von Leber und Galle. Neben den Gerbstoffen beruht die Wirkung vor allem auf dem ätherischen Öl und dessen Hauptkomponente Menthol, das krampflösende, blähungstreibende, appetitanregende, gärungswidrige, Gallensekretion und Gallenfluß anregende Eigenschaften besitzt. Auf Haut und Schleimhäuten ruft es Kältegefühl und Herabsetzung der Schmerzempfindlichkeit hervor und wirkt desinfizierend. Man verwendet es daher auch in schmerzstillenden Einreibungen, Inhalationen, Mund- und Zahnpflegemitteln. Geruchs- und Geschmackskorrigens, auch Gewürz.
F: Chelidophyt N, Cholaktol forte, Gastricholan N, Stomachysat u. v. a.

Krause Minze *Mentha spicata* L. var. *crispata* Schrad. Lippenblütler *Lamiaceae*

♃
0,3 – 1 m
VII – IX

B: Blätter kahl, sitzend, beiderseits grün, bei der Varietät kraus und zerschlitzt gezähnt. Blüten klein, blaßviolett, in langen, ährenartigen Blütenständen. Mehrere *Mentha*-Arten werden in krausblättrigen Varietäten kultiviert.
V: Kulturpflanze, selten verwildert; Heimat nicht sicher bekannt.
D: Krauseminzblätter (Spearmint) – Folia Menthae crispae (Erg.B.6), die getrockneten Laubblätter.
I: Ätherisches Öl mit Carvon als Hauptbestandteil und Dihydrocarveolacetat, kein Menthol; Gerbstoffe, Flavonoide.
A: Wie Pfefferminze bei Magen- und Gallenbeschwerden, das ätherische Öl in Einreibungen, vor allem aber in Kaugummi, Zahnpasten und Mundwässern. Der Geschmack ist kümmelartig und nicht kühlend.
F: Cedrapin, Merfluan, Sidroga Magentee u. a.

Wasser-Minze, Bach-Minze *Mentha aquatica* L. Lippenblütler *Lamiaceae*

♃
0,2 – 0,8 m
VII – X

B: Pflanze mit langen Ausläufern. Blätter eiförmig, gekerbt-gezähnt, gestielt. Blüten kopfig genähert an den Enden der Triebe.
V: Häufig an Gewässern in fast ganz Europa, Asien und weiter.
D: Wasserminzenblätter – Folia Menthae aquaticae.
I: Ätherisches Öl mit Menthofuran, Caryophyllen, nur wenig Menthol, Gerbstoffe.
A: In der Volksheilkunde wie Pfefferminze gegen Magenbeschwerden und als galletreibendes Mittel verwendet. Früher ebenso die Acker- oder Feld-Minze (*Mentha arvensis* L.). Deren japanische var. *piperascens* Holmes ex Christy liefert das mentholreiche Minzöl (Menthae arvensis aetheroleum DAB 10).
F: Famitra-Kräuter-Extrakt-Tabletten Nr. 18 Komplex Herz-Kreislauf u. a.

Polei-Minze *Mentha pulegium* L. Lippenblütler *Lamiaceae*

♃
0,1 – 0,4 m
VI – IX

☠

B: Aufsteigende oder niederliegende, Ausläufer treibende Pflanze mit kleinen, gestielten, ovalen Blättern. Blüten lila, in mehreren blattachselständigen Scheinquirlen übereinander.
V: Feuchte Stellen der großen Stromtäler; Europa, Westasien, fehlt im Norden.
D: Poleiminzenkraut – Herba Pulegii. Mentha Pulegium (HAB 34).
I: Ätherisches Öl mit Pulegon als Hauptbestandteil, Menthon, Gerbstoffe.
A: Früher in der Volksheilkunde ähnlich wie Pfefferminze gebraucht, daneben aber auch als menstruationsförderndes Mittel. Das sehr giftige Pulegon hat besonders bei Verwendung des ätherischen Öles als Abtreibungsmittel nicht selten zu tödlichen Vergiftungen geführt.

Knotige Braunwurz *Scrophularia nodosa* L. Rachenblütler *Scrophulariaceae*

♃
0,4 – 1,2 m
VI – VIII

B: Pflanze mit knollig verdicktem Wurzelstock. Stengel 4kantig, Blätter gegenständig, gestielt, eiförmig- lanzettlich, am Grunde herzförmig, scharf doppelt gesägt. Unscheinbare, braunrote, 2lippige Blüten in endständigen, rispenartigen Blütenständen.
V: Wälder, Schlagfluren; Europa, Asien.
D: Braunwurzkraut – Herba Scrophulariae. Scrophularia nodosa (HAB 1).
I: Saponine, Flavonglykoside, Alkaloid Scrophyllarin, Herzglykoside.
A: Gilt als giftig. Außer gewissen harntreibenden und abführenden Eigenschaften ist eine geringe Herzwirksamkeit vorhanden. Anwendung früher in der Volksheilkunde, heute noch in der Homöopathie vor allem bei Drüsenschwellungen, Schleimhautentzündungen, Skrofulose.
F: Aesculus Oligoplex, Jsostoma, Lymphomyosot, Scrophularia Similiaplex.

Roter Fingerhut *Digitalis purpurea* L. Rachenblütler *Scrophulariaceae*

⊙ – ♃
0,6 – 1,8 m
VI – VIII

☠

B: Grundblätter gestielt, obere Stengelblätter sitzend, eiförmig bis lanzettlich, oben runzelig, unterseits graufilzig. Blüten purpurrot bis weißlich, innen gefleckt, in einseitswendigen Blütenständen.
V: Schlagfluren, lichte Wälder; im westlichen Europa, weltweit verschleppt.
D: Digitalis-purpurea-Blätter – Digitalis purpureae folium (DAB 10), die getrockneten Blätter. Digitalis pupurea, Digitalis (HAB 1).
I: Purpureaglykosid A und B (Primärglykoside), aus denen nach enzymatischer Abspaltung eines Moleküls Glucose Digitoxin bzw. Gitoxin (Sekundärglykoside) entstehen. Über 20 weitere Herzglykoside, Saponine, u. a. Digitonin.
A: Klassisches Mittel gegen Herzinsuffizienz (siehe auch Wolliger Fingerhut und S. 20). Die auf einen bestimmten Wirkwert eingestellte Droge nur noch selten in rezeptpflichtigen Präparaten, dagegen häufig die Reinglykoside, besonders das gut resorbierbare Digitoxin mit genauerer Dosierungsmöglichkeit. Äußerlich Drogenzubereitungen noch gelegentlich zu wundheilenden Mitteln und bei Venenerkrankungen. Homöopathisch u. a. bei Herzschwäche und Migräne. Vergiftungen durch die Pflanze selten, jedoch möglich durch Überdosierung von Fertigarzneimitteln, da wirksame und giftige Dosis nahe beieinanderliegen.
F: Digimerck *Rp,* Digitalysat *Rp,* Ditaven, Herzotial, Robusanon *Rp* u. v. a.

Rote Spornblume *Centranthus ruber* (L.) DC. Baldriangewächse *Valerianaceae*

♃
0,3 – 0,8 m
IV – IX

B: Blätter eiförmig-lanzettlich, ganzrandig oder schwach gezähnt. Rosarote Blüten in doldenartigen Blütenständen, Blütenkrone ca. 1 cm groß mit dünnem Sporn und einem herausragenden Staubblatt.
V: Mauern, Felsschutt im Mittelmeergebiet, in Mitteleuropa als Zierpflanze.
D: Roter Baldrian, Spornblumenwurzel – Radix Centranthi.
I: Valepotriate in größerer Menge als im Arznei-Baldrian (*Valeriana officinalis* L.), jedoch kein ätherisches Öl und keine Alkaloide.
A: Wie Baldrian als leichtes beruhigendes Mittel. Nur in Fertigpräparaten verwendet.
F: Passiflora-Pentarkan u. a.

Kleines Knabenkraut *Orchis morio* L. Orchideengewächse *Orchidaceae*

♃
0,1 – 0,4 m
IV – VI

▽

B: Blätter länglich oval, die oberen den Stengel scheidenartig umfassend. Blüten etwa 13 mm groß, Blütenblätter hell- bis dunkelrot, meist grün gestreift, mit Ausnahme der Lippe helmförmig zusammenneigend, Lippe breiter als lang, 3lappig, gespornt.
V: Trockene Grasfluren; Süd- und Mitteleuropa, Asien.
D: Salep – Tubera Salep (DAB 6), Tochterknollen verschiedener Arten der Orchidaceen, die rundliche, nicht handförmig geteilt Knollen besitzen.
I: Ca. 50% Schleimstoffe, Stärke, Eiweißstoffe, Zucker.
A: In Form von Salepschleim früher als schleimhautschützendes und reizmilderndes Mittel gegen Durchfall besonders bei Kindern, zu Einläufen bei entzündetem Darm und als Zusatz zu reizenden Arzneistoffen. In der Volksmedizin auch als Kräftigungsmittel und als Aphrodisiakum, was nach der Signaturenlehre wohl auf die hodenförmige Gestalt der Knollen zurückzuführen ist.
F: Gastro-Vial.

Echter Ehrenpreis *Veronica officinalis* L. Rachenblütler *Scrophulariaceae*

♃
0,1 - 0,2 m
V - VIII

B: Niederliegende, nur mit dem Blütenstand aufsteigende, behaarte Pflanze. Blätter gegenständig, kurz gestielt, eiförmig-breitlanzettlich, gesägt. Blüten in verlängerten Trauben, Blütenkrone blaßblau, die 4 etwas ungleichen Zipfel am Grunde verwachsen.
V: Heiden, Magerrasen, lichte Wälder; Europa, Asien, Nordamerika.
D: Ehrenpreiskraut – Herba Veronicae (Erg.B.6), die getrockneten, oberirdischen Teile. Veronica officinalis, Veronica (HAB 1).
I: Iridoidglykoside, Gerbstoffe, Flavonoide, ätherisches Öl (Spuren).
A: Selten noch in der Volksheilkunde und in wenigen Fertigpräparaten, vor allem gegen Husten, daneben bei Magen- und Darmkatarrhen, Blasenleiden, Rheuma und Hauterkrankungen, insbesondere Juckreiz. Auch in der Homöopathie.
F: Jsostoma, Nerviguttum forte, Sano Magentee N u. a.

Gemeine Akelei *Aquilegia vulgaris* L. Hahnenfußgewächse *Ranunculaceae*

♃
0,3 - 0,8 m
V - VII

▽

B: Grundständige Blätter doppelt 3zählig mit keilförmigen, stumpf gelappten Endblättchen. Stengel aufrecht, verzweigt, mit großen, langgestielten, 5zähligen, nickenden, dunkelblauen Blüten. Innere Blütenhüllblätter kapuzenförmig, mit am Ende hakig gekrümmtem Sporn. Staubblätter kaum aus der Blüte hervorragend. Zahlreiche verschiedenfarbige Kulturformen.
V: Lichte Wälder, Wiesen; gemäßigtes Europa, Asien.
D: Akeleikraut – Herba Aquilegiae, gelegentlich auch die Samen. Aquilegia vulgaris, Aquilegia (HAB 1), die frische, blühende Pflanze.
I: In Spuren eine blausäureliefernde Verbindung, Alkaloide Magnoflorin und Berberin. Noch wenig untersucht.
A: Giftverdächtig. Nach Aussaugen von Blüten wurden bei Kindern Vergiftungserscheinungen beobachtet, auch wird die Pflanze von Tieren gemieden. Früher in der Volksheilkunde bei Leber- und Gallenleiden, äußerlich bei Hautausschlägen und Mundgeschwüren. In der Homöopathie noch gebräuchlich bei Nervosität, Schwächezuständen, Menstruationsstörungen.
F: Agamadon, Alterans Hey, Hormeel u. a.

Echter Lein, Flachs *Linum usitatissimum* L. Leingewächse *Linaceae*

⊙
0,3 - 1,5 m
VI - VIII

☕ s. S. 278

B: Im Blütenstand verzweigte, kahle Pflanze mit zahlreichen wechselständigen, lineal-lanzettlichen, 3nervigen, bis 4 cm langen Blättern. Blüten 5zählig, Kronblätter 12 – 15 mm lang, himmelblau.
Samen (Bild unten rechts) 4 – 6 mm lang, länglich-eiförmig, flachgedrückt, mit brauner bis rötlichbrauner glänzender Samenschale. Bei Einlegen in Wasser umgeben sie sich mit einer dicken Schleimhülle.
V: Schon seit vorgeschichtlicher Zeit kultiviert, heute in verschiedenen Sorten zur Gewinnung von Samen, Öl oder Fasern (Flachs). Herkunft unsicher.
D: Leinsamen – Lini semen (DAB 10), die getrockneten reifen Samen. Leinöl – Lini oleum (DAC), das aus den reifen Samen durch kaltes Pressen gewonnene Öl. Steriler Leinenfaden – Filum lini sterile (DAB 10), aus den Fasern gesponnen. Linum usitatissimum (HAB 34), die frische, blühende Pflanze.
I: Schleimstoffe, bis 40% fettes Öl mit hohem Gehalt ungesättigter Fettsäuren, Blausäureglykoside, u. a. Linustatin, Eiweißstoffe.
A: Die Samen aufgrund ihres Quellungsvermögens als mildes Abführmittel, zur Reizminderung bei entzündlichen Prozessen des Verdauungsapparates und bei Katarrhen der Atemwege. Für den innerlichen Gebrauch bestimmter Leinsamen muß frisch sein, da das Öl schnell ranzig wird. Giftige Wirkungen durch freigesetzte Blausäure sind nicht zu befürchten. Leinsamenpulver oder bei Ölgewinnung anfallende Preßrückstände (Placenta Seminis Lini) zu heißen Breiumschlägen bei Drüsenschwellungen und Geschwüren. Das Öl in Salben, früher zusammen mit Kalkwasser als „Brandliniment", wegen seiner schnelltrocknenden Eigenschaften aber v. a. in der Technik (Farben, Linoleum u. a.). Die Fasern auch zur Herstellung von chirurgischem Nahtmaterial.
F: Dralinsa Granulat, Duoventrin, Linusit Creola, Pascomag u. a.

Kleines Immergrün *Vinca minor* L. Immergrüngewächse *Apocynaceae*

♃
0,1 - 0,2 m
IV - VI

B: Am Grunde verholzte Pflanze mit aufrechten blütentragenden und langen niederliegenden, sterilen Sprossen. Blätter immergrün, glänzend kahl, breitlanzettlich. Langgestielte, einzelne Blüten in den oberen Blattachseln, Krone mit flach ausgebreiteten, stumpfen Abschnitten.
V: Laubwälder, häufig auch als Zierpflanze; Europa, Westasien.
D: Immergrünkraut - Herba Vincae pervincae. Vinca minor (HAB 1).
I: Vinca-Alkaloide, vor allem Vincamin.
A: Das isolierte Alkaloid Vincamin wird gegen Stoffwechsel- und Durchblutungsstörungen im Gehirn verwendet. In der Homöopathie Zubereitungen aus der frischen Pflanze bei Blutungen und nässenden Hautausschlägen. Fertigpräparate mit der Droge, nicht mit dem Reinalkaloid, wurden 1987 wegen des Verdachts einer Blutbildveränderung aus dem Handel genommen.
F: Bursa-Plantaplex, Cetal retard *Rp*, Equipur *Rp*, Esberidin Depot *Rp* u. a.

Färber-Alkanna *Alkanna tinctoria* (L.) TAUSCH Rauhblattgewächse *Boraginaceae*

♃
0,05 - 0,3 m
IV - VI

B: Niederliegende oder aufsteigende, rauhhaarige Pflanze mit lanzettlichen Blättern. Blüten mit leuchtend blauer, unbehaarter Krone, Tragblätter kaum länger als der Kelch.
V: Sandstrand, Felsfluren; Südosteuropa, Mittelmeergebiet.
D: Alkannawurzel („Falsche Alkanna") - Radix Alkannae (Erg.B.6), die getrockneten Wurzelstöcke und Wurzeln.
I: Besonders in der Wurzelrinde ein Gemisch roter Farbstoffe („Alkannarot"), bestehend aus Alkannin und Estern des Alkannins; Pyrrolizidinalkaloide.
A: Früher als adstringierendes Mittel vor allem zum Gurgeln verwendet. Heute noch gelegentlich zum Rotfärben von Kosmetika, zum Nachweis von Fetten und Ölen in der Mikroskopie, für Lebensmittel in Deutschland nicht mehr zugelassen. Auch vom Gebrauch der Droge ist abzuraten.
F: Uho-Elixier nach Ottinger u. a.

Echte Ochsenzunge *Anchusa officinalis* L. Rauhblattgewächse *Boraginaceae*

♃
0,3 - 1 m
V - IX

B: Rauh behaarte Pflanze mit lanzettlichen, flachen, am Grund etwas verschmälerten Blättern. Stengel oben verzweigt, Seitenzweige mit langen Blütenständen endend. Blütenkrone rot- bis blauviolett, bis 1 cm breit.
V: Offene, trockene Stellen, Trockenrasen, Wegränder; gemäßigtes Europa.
D: Ochsenzungenkraut - Herba Anchusae (Herba Buglossi).
I: Alkaloid Cynoglossin, Glykoalkaloid Consolidin und als dessen Alkaloidkomponente Consolicin, Pyrrolizidinalkaloide, Allantoin, Schleim, Gerbstoff, Cholin.
A: Abzuraten ist von der innerlichen Anwendung, u. a. gegen Husten oder Durchfall, äußerlich als erweichendes und kühlendes Mittel ähnlich wie Beinwell. Die Blüten aufgrund des Schleimgehaltes auch gegen Husten.

Boretsch *Borago officinalis* L. Rauhblattgewächse *Boraginaceae*

⊙
0,2 - 0,7 m
V - IX

B: Rauhhaarige Pflanze mit am Grunde rosettig genäherten, großen, ovalen, verschmälerten Blättern. Blüten lang gestielt, nickend, mit sehr kurzer Kronröhre und ausgebreiteten Zipfeln, himmelblau, 2 - 3 cm breit.
V: Verbreitet kultiviert, auch in Unkrautfluren; Heimat Mittelmeergebiet.
D: Boretschkraut, Gurkenkraut - Herba Boraginis, das frische bzw. getrocknete Kraut. Borrago officinalis (HAB 34).
I: Schleimstoffe, Gerbstoffe, Saponin, Flavonoide, Pyrrolizidinalkaloide.
A: Harn- und schweißtreibende und entzündungswidrige Eigenschaften, auch stimmungsanregende Wirkungen werden der Pflanze nachgesagt. Anwendung vorwiegend in der Volksheilkunde. In der Homöopathie u. a. bei Venenerkrankungen, Depressionen. Das frische Kraut mit gurkenartigem Geruch und Geschmack als Gewürzkraut, besonders zum Einlegen von Gurken. Bei nur gelegentlicher Verwendung als Gewürz sind keine schädlichen Wirkungen durch die Pyrrolizidinalkaloide zu befürchten, vor längerem Gebrauch der Droge wird aber gewarnt. Boretschsamenöl (mit Gamma-Linolensäure) wird neuerdings bei Neurodermitis eingesetzt.
F: Borago-Essenz (Wala), Dystoselect PTS 18, Glandol u. a.

Acker-Vergißmeinnicht *Myosotis arvensis* (L.) HILL Rauhblattgewächse *Boraginaceae*

⊙ - ⊙
0,1 - 0,6 m
IV - IX

B: Grau behaarte, vom Grunde an verzweigte Pflanze mit länglichen Blättern. Blütenstand traubenartig, blattlos, mit hellblauen 2 - 3 mm breiten, trichterförmigen Blüten, Fruchtstiel 2 - 3mal so lang wie der abstehend behaarte Kelch.
V: Äcker, Wegränder; Europa und weiter verschleppt.
D: Myosotis arvensis (HAB 34), das frische, blühende Kraut.
I: Bisher kaum untersucht. Angegeben werden Rosmarinsäure und Gerbstoff.
A: In der Homöopathie bei chronischen Atemwegsinfekten, Lungentuberkulose, Nachtschweiß.
F: Lymphaden-Hevert, Lymphomyosot, Myosotis Oligoplex u. a.

Gemeiner Bocksdorn *Lycium barbarum* L. (*L. halimifolium* MILL.) Nachtschattengewächse *Solanaceae*

♄
1 - 3 m
VI - IX

☠

B: Strauch mit überhängenden, oft dornigen Zweigen und lanzettlichen, allmählich in den Stiel verschmälerten, graugrünen Blättern. Blüten zu 1 - 3 mit tief 5zipfeliger, ausgebreiteter, blauvioletter Krone. Frucht eine längliche, rote Beere.
V: Heimat Mittelmeergebiet, in Deutschland gepflanzt, z. T. eingebürgert.
D: Lycium Berberis (HAB 34), die frische, blühende Pflanze.
I: Alkaloide vom Typ Solasodin, Saponine, Scopoletin, wohl kein Hyoscyamin.
A: Die Pflanze gilt als giftig, jedoch scheinen bisher bei Menschen keine Vergiftungsfälle bekannt zu sein. Früher als abführendes und harntreibendes Mittel, heute nur noch in der Homöopathie.

Bittersüßer Nachtschatten *Solanum dulcamara* L. Nachtschattengewächse *Solanaceae*

♄
Bis 2 m
VI - VIII

☠

Beschreibung und Vorkommen siehe S. 242.
D: Bittersüßstengel - Stipites Dulcamarae (Erg.B.6), die getrockneten, 2 - 3jährigen Stengelstücke. Solanum dulcamara, Dulcamara (HAB 1), junge Schößlinge mit Blättern.
I: In drei verschiedenen chemischen Rassen die Alkaloide Soladulcidin bzw. Tomatidenol und Solasodin als Glykoside, Saponine, Gerbstoffe, in den Früchten außerdem carotinoider Farbstoff Lycopin.
A: Als Giftpflanze siehe S. 242. Der Droge werden abführende, harn- und schweißtreibende und auswurffördernde Eigenschaften nachgesagt. Selten noch in Hustensäften, als Blutreinigungsmittel und äußerlich bei chronischen Hautleiden verwendet, häufiger in der Homöopathie bei Erkältungskrankheiten, Entzündungen des Magen-Darm-Kanals, der Harnwege, der Gelenke und der Haut, ausgelöst durch Kälte und Nässe.
F: Arthrosetten, Cefabene, Dermatodoron, Rheuma-Tee Stada, Tussiflorin.

Alraune *Mandragora autumnalis* BERTOL. Nachtschattengewächse *Solanaceae*

♃
0,1 - 0,2 m
IX - XI

☠

B: Blätter gestielt, eiförmig-länglich, am Rande gewellt, in einer großen, dem Boden anliegenden Rosette. In der Mitte kurz gestielte Blüten mit aufrecht glockenförmiger, 3 - 4 cm langer, violetter, 5zipfeliger Krone. Frucht eine gelblich-rote, eiförmige Beere.
Ähnlich *M. officinarum* L. (ohne Abb.) mit kleineren, grünlich-weißen Blüten und gelben, kugeligen Beeren. Frühlingsblüher.
V: Unkrautfluren, steinige Rasen; Mittelmeergebiet.
D: Alraunwurzel, Zauberwurzel - Radix Mandragorae, die Wurzel beider Arten. Mandragora e radice siccato (HAB 1).
I: Alkaloide u. a. Hyoscyamin, Scopolamin und Atropin, Cumarinderivate.
A: Giftpflanze wie die Tollkirsche (s. S. 158). Die auffallende, dick rübenförmige, meist zweigeteilte Wurzel (Alraunmännchen) spielte im Altertum vor allem als Schlaf- und Schmerzmittel und als Heilmittel gegen Depressionen eine große Rolle und wurde dann im Mittelalter zu Kult- und Zauberzwecken verwendet. Heute findet sich die Droge wieder in einigen Präparaten gegen Gallenstörungen, Erkältungskrankheiten, in Abführmitteln und Salben gegen Gelenkleiden.
F: Kräuterlax, Mandrogallan *Rp*, Mandrorhinon, Toheriosalbe u. a.

Blüten blau, radiär, mehr als 5 Blütenblätter

Leberblümchen *Hepatica nobilis* MILL. (*Anemone hepatica* L.)
Hahnenfußgewächse *Ranunculaceae*

♃
0,05 – 0,15 m
III – IV

B: Blätter grundständig, nach der Blüte erscheinend und überwinternd, 3lappig. Blüten einzeln, 1,5 – 2,5 cm breit, mit 6 – 7 blauen Blumenblättern und 3 ganzrandigen, kelchartigen Hochblättern.
V: Laubwälder; Europa, fehlt im Westen, Asien, N-Amerika.
D: Hepatica triloba (HAB 34), die frischen Blätter.
I: Protoanemonin, Anthocyane, Flavonoide.
A: Wie Anemonen frisch giftig durch Protoanemonin. Früher volkstümlich u. a. bei Leber- und Gallenleiden (Signaturenlehre), in der Homöopathie noch gebräuchlich bei Rachenkatarrhen, Bronchitis und Lebererkrankungen.
F: Hepatica Spezial „Nestmann“, Hepatikum „Cefak“, Tartephedreel u. a.

Gewöhnliche Küchenschelle, Kuhschelle *Pulsatilla vulgaris* MILL. (*Anemone pulsatilla* L.) Hahnenfußgewächse *Ranunculaceae*

♃
0,05 – 0,15 m
zur Fruchtzeit bis 0,5 m
III – V

B: Blätter 2 – 3fach gefiedert, zur Blütezeit noch nicht voll entwickelt. Stengel mit am Grunde verwachsenem, vielzipfeligem Hochblattquirl und einzelnen, 3 – 4 cm langen, rotvioletten, außen weißhaarigen Blüten.
V: Trockenrasen, Föhrenwälder, vorwiegend auf Kalk; Mittel- u. Westeuropa.
D: Pulsatilla (HAB 34), die frische Pflanze von *P. pratensis* (L.) MILL. Für die Aufnahme in das HAB 1 wurde die Zulassung von *P. vulgaris* diskutiert. Küchenschellenkraut – Herba Pulsatillae (Erg.B.6).
I: In der frischen Pflanze Protoanemonin, das beim Trocknen über Anemonin in unwirksame Anemoninsäure übergeht. Saponin, Gerbstoffe.
A: Reizwirkungen auf die Haut sowie bei Einnahme sind durch das Protoanemonin möglich. Das getrocknete Kraut ist ungiftig. Homöopathische Zubereitungen, in denen Protoanemonin noch in geringen Mengen enthalten ist, u. a. bei Zyklusstörungen, Migräne, Depressionszuständen, Hautleiden.
F: Nettisabal, Pubersan, Praefeminon plus, Unotex N feminin u. v. a.

Echter Safran *Crocus sativus* L. Schwertliliengewächse *Iridaceae*

♃
0,1 – 0,3 m
IX – XI

B: Blätter schmal lineal mit weißem Mittelstreifen, meist länger als die hellvioletten, geaderten Blüten. Narbenschenkel orangerot, ungefähr so lang wie der freie Teil der Blütenblätter.
V: Früher auch bei uns kultiviert, heute noch im Süden.
D: Safran – Croci stigma (Ph. Eur. 1, DAC), die getrockneten Narbenschenkel. Crocus sativus, Crocus (HAB 1).
I: Glykosid Protocrocin, zerfällt leicht in Crocin (Farbstoff) und Picrocrocin (Safranbitter), aus diesem entsteht beim Lagern Safranal (Geruchsstoff).
A: Früher als verdauungsanregendes, beruhigendes sowie menstruationsförderndes Mittel. Relativ häufig waren Vergiftungen infolge Mißbrauchs der Droge als Abtreibungsmittel. In der Homöopathie noch gebräuchlich bei Nasen- und Gebärmutterblutungen, Gemütsstörungen, Augenleiden. Gewürz.
F: Haemodor, Infi-tract, Rosmarinus Oligoplex, Schwedenkräuter u. a.

Deutsche Schwertlilie *Iris germanica* L. Schwertliliengewächse *Iridaceae*

♃
0,3 – 1 m
V – VI

B: Grundblätter schwertförmig, kürzer als der mehrblütige Stengel. Äußere, zurückgebogene Blütenblätter dunkler, am Grunde gelbbärtig, innere heller, gleich groß. Griffeläste oben am breitesten.
V: Aus Gärten und Kulturen verwildert, besonders in Südeuropa.
D: Veilchenwurzel – Rhizoma Iridis (DAB 6), der geschälte, getrocknete Wurzelstock, auch von *I. florentina* L. und *I. pallida* LAM. Iris germanica (HAB 34).
I: Ätherisches Öl mit veilchenartig duftenden Ironen, Flavonoide, Schleimstoffe, Gerbstoffe, Stärke.
A: Gelegentlich noch als auswurfförderndes und reizlinderndes Mittel bei Katarrhen der Atemwege, u. a. im „Brusttee“. Auf die Verwendung des Wurzelstokkes als Beißwurzel für zahnende Kinder verzichtet man heute, da die feuchte Oberfläche einen guten Nährboden für Mikroorganismen bildet. In der Parfümerie und Likörindustrie. In der Homöopathie bei Migräne heute häufiger die Buntfarbige Schwertlilie, *Iris versicolor* L.
F: Braso Gripp, Cefanalgin, Unotex N u. a.

Teufelsabbiß *Succisa pratensis* MOENCH Kardengewächse *Dipsacaceae*

♃
0,2 – 0,8 m
VII – IX

B: Kurzer, wie abgebissen erscheinender Wurzelstock. Stengel mit grundständiger Rosette und wenigen, gegenständigen, oval bis lanzettlichen, meist ganzrandigen Blättern. Blauviolette, selten weiße, 4zipfelige Blüten in kugeligen, langgestielten Köpfchen mit Spreublättern.
V: Feuchtwiesen, Flachmoore; Europa, westliches Asien.
D: Scabiosa Succisa (HAB 34), die frische Wurzel.
I: Saponine, Scabiosid (Glykosid), Gerbstoff.
A: In der Homöopathie bei chronischen Hautleiden. In der Volksmedizin früher häufig zur Blutreinigung (u. a. die jungen Blätter im Frühjahr als Salat), aber auch als auswurffördendes Mittel bei Erkrankungen der Atmungsorgane. Äußerlich bei Ekzemen, Geschwüren und Quetschungen.
F: Euphorbia-Plantaplex, Scabiosa-Jurat, Scabiosa-N-Komplex Hanosan u. a.

Gemeine Wegwarte, Zichorie *Cichorium intybus* L. Korbblütler *Asteraceae*

♃
0,2 – 1,2 m
VII – X

B: Sparrig verzweigte Pflanze mit Milchsaft, Grundblätter fiederteilig, gezähnt. Zahlreiche 3 – 4 cm breite, nur vormittags geöffnete Blütenköpfchen in den oberen Blattachseln und endständig. Alle Blüten zungenförmig, hellblau, selten rosa oder weiß.
V: Wegränder, Unkrautfluren; Europa, Asien, weltweit verschleppt.
D: Zichorienwurzel(-kraut) – Radix (Herba) Cichorii. Cichorium intybus Rh (HAB 1), die ganze blühende Pflanze der ssp. *sativum.*
I: Die bitteren Sesquiterpenlactone Lactucin und Lactucopikrin, Flavonoide, in kultivierten Formen bis 58% Inulin.
A: Vorwiegend in der Volksheilkunde als kräftigendes, verdauungsförderndes, harn- und galletreibendes Mittel. Aus der fleischig ausgebildeten Wurzel von Kulturformen (ssp. *sativum*) Gewinnung von Zichorien-Kaffee durch Rösten. Auch gekocht als Gemüse, die jungen Blätter als Salat. Die ssp. *foliosum* als Salat- und Gemüsepflanze (Chicorée).
F: Amara-Tropfen Weleda, Contravenenum M, Eupond *Rp*, Bilisan u. a.

Artischocke *Cynara scolymus* L. Korbblütler *Asteraceae*

⊙
0,5 – 1,5 m
IV – VIII

B: Kräftige Pflanze mit großen, einfachen bis fiederspaltigen, unterseits filzig behaarten Blättern. Blütenköpfe sehr groß, 8 – 15 cm breit, mit eiförmig stumpfen Hüllblättern und blauen Röhrenblüten.
V: In mehreren Zuchtformen im Mittelmeergebiet und weiter angebaut.
D: Artischockenextrakt – Extractum Cynarae scolymi, der Extrakt aus den Blättern. Daneben der isolierte Wirkstoff Cynarin. Cynara Scolymus (HAB 34).
I: Bittere Sesquiterpenlactone, u. a. Cynaropikrin, Cynarin (Kaffeesäurederivat), Flavonoide.
A: Cynarin fördert Gallenbildung und Gallenfluß und verbessert die entgiftende Funktion der Leber. Ferner senkt es den Cholesterinspiegel im Serum, woraus man eine günstige Wirkung bei Arteriosklerose ableitet. In zahlreichen Fertigpräparaten vor allem gegen Gallenerkrankungen. Als Gemüse verwendet man den Blütenboden zusammen mit den unteren fleischigen Hüllblättern der kurz vor dem Aufblühen stehenden Blütenköpfe.
F: Bilicura NA, Cynara S Aar, Cynarix, Cynarzym N, Hepatofalk u. a.

Kornblume *Centaurea cyanus* L. Korbblütler *Asteraceae*

⊙
0,2 – 0,8 m
VI – IX

B: Stengel weißfilzig behaart mit schmal lanzettlichen Blättern, die mittleren fiederspaltig oder entfernt gezähnt. Blütenköpfchen einzeln an den Zweigenden, Blüten blau, die randständigen stark vergrößert.
V: Getreidefelder, auch in Unkrautfluren, heute fast weltweit verbreitet.
D: Kornblumenblüten – Flores Cyani (Erg.B.6), die getrockneten Strahlenblüten.
I: Blauer Komplex Cyanocentaurin, Centaur-Verbindungen (Polyacetylene).
A: Selten als Bittermittel bei Appetitlosigkeit und Verdauungsstörungen oder als harntreibendes Mittel. Äußerlich früher bei Bindehautentzündungen und Kopfschuppen. Meist jedoch nur Schmuckdroge in Teegemischen. Ebenso die Blüten der Berg-Flockenblume *Centaurea montana* L. (Flores Cyani majoris).
F: Rheumex-Tee, Sanhelios Leber- und Galle-Tee u. a.

Blauer Eisenhut, Sturmhut *Aconitum napellus* L. s. l. Hahnenfußgewächse *Ranunculaceae*

♃
0,2 – 2 m
VII – IX

B: Kräftige Pflanze mit rübenartig verdickter Wurzel. Stengelblätter zahlreich, bis zum Grunde 5- oder 7teilig mit fiederteiligen Abschnitten. Blütenstand dichtblütig, Krone tiefblau, Helm meist breiter als hoch.
V: Rasen, Staudenfluren, Gebüsche der Gebirge Süd- und Mitteleuropas.
D: Eisenhutknollen – Tubera Aconiti (Erg.B.6), getrocknete Tochterknollen. Aconitum napellus, Aconitum (HAB 1), oberirdische Teile und Wurzelknollen.
I: Hauptalkaloid Aconitin und verwandte Alkaloide.
A: Aconitin ist eines der stärksten Pflanzengifte überhaupt. Es wird bereits durch die unverletzte Haut aufgenommen. Zentral hat es zunächst erregende, später lähmende Wirkung und löst Temperatursenkung, Kälte- und Taubheitsgefühl aus. Der Tod erfolgt durch Atemlähmung oder Herzversagen. Anwendung noch selten in Fertigpräparaten auf ärztliche Verordnung, lokal als schmerzstillendes Mittel besonders bei Trigeminusneuralgie, innerlich bei chronischen, schmerzhaften Gelenkerkrankungen, Muskel- und Nervenschmerzen. In der Homöopathie häufig, vor allem bei fieberhaften Erkältungskrankheiten, Neuralgien und Herzstörungen.
F: Aconitum-Homaccord, Aconitysat *Rp*, Contramutan N, Meditonsin N u. v. a.

Bunter Eisenhut *Aconitum variegatum* L. s. l. Hahnenfußgewächse *Ranunculaceae*

♃
Bis 2,5 m
VII – IX

B: Ähnlich, mit weniger stark zerteilten, deutlich netznervigen Blättern. Blütenstand locker, fast immer verzweigt, mit blauen oder weiß gescheckten Blüten. Helm höher als breit.
V: Staudenfluren, Bachufer; mittel- und südeuropäische Gebirge.
A: Enthält ebenso wie die als Zierpflanzen angebauten Arten Aconitin und kann Anlaß zu Vergiftungen geben.

Stephanskraut, Scharfer Rittersporn *Delphinium staphisagria* L. Hahnenfußgewächse *Ranunculaceae*

⊙
0,3 – 1 m
V – VIII

B: Einfache, behaarte Pflanze mit langer Blütentraube. Blätter handförmig geteilt mit 5 – 9 breiten Lappen. Dunkelblaue Blüten mit sehr kurzem, 3 – 4 mm langem, sackartigem Sporn.
V: Immergrüne Gebüsche, Unkrautfluren, im ganzen Mittelmeergebiet.
D: Stephanskörner, Läusekörner – Semen Staphisagriae. Delphinium staphisagria, Staphisagria (HAB 1).
I: Alkaloide Delphinin, Staphisin u. a., fettes Öl.
A: Das Alkaloid Delphinin hat aconitinähnliche Wirkung. Anwendung der Pflanze noch häufig in der Homöopathie, besonders bei Hautausschlägen, Kopf-, Zahn- und Nervenschmerzen, Reizzuständen der ableitenden Harnwege, Verstimmungszuständen, nach Schnittwunden. In der Volksmedizin früher gegen Zahnschmerzen und als Ungeziefermittel gebräuchlich.
F: Nettisabal, Oculoheel, Staphisagria Oligoplex, Urotruw u. a.

Acker-Rittersporn *Consolida regalis* S. F. Gray (*Delphinium consolida* L.) Hahnenfußgewächse *Ranunculaceae*

⊙
0,2 – 0,4 m
V – VIII

B: Zierliche, oberwärts ästige Pflanze. Stengelblätter gestielt, fiedrig mit sehr schmalen Zipfeln. Blütenstand locker, wenigblütig, 5 dunkelblaue Blütenhüllblätter, das oberste mit langem Sporn.
V: Äcker, Wegränder, kalkliebend; gemäßigtes Europa.
D: Rittersspornblüten – Flores Calcatrippae (Erg.B.6), die getrockneten Blüten. Delphinium Consolida (HAB 34).
I: Blaues Anthocyanglykosid Delphin, Flavonoide, in den Samen die Alkaloide Delcosin, Delsolin, Lycoctonin, Consolidin, im Kraut Calcatrippin.
A: Das Kraut und besonders die Samen sind giftig, während die alkaloidfreien Blüten mit schwach harntreibenden Eigenschaften in Blasen- und Nierentees, ansonsten als Schönungsdroge verwendet werden. Auch durch die in Gärten kultivierten Rittersspornarten sind Vergiftungen möglich.
F: Brust- und Husten-Tee Stada, Rheuma-Tee Stada u. a.

Kleinblütige Kreuzblume *Polygala amarella* Cr. (*P. amara* L. ssp. *amarella* (Cr.) Chod.) Kreuzblumengewächse *Polygalaceae*

♃
0,05 – 0,2 m
IV – VI

B: Grundrosette aus breitlanzettlichen Blättern, Stengelblätter kleiner. Blüten blau, selten rötlich oder weißlich, in Trauben, 2 – 4 mm lang (bei der ähnlichen *P. amara* L. 4,5 – 7 mm).
V: Wiesen, Flachmoore, gemäßigtes Europa.
D: Bitteres Kreuzblumenkraut – Herba Polygalae amarae cum Radicibus (Erg.B.6), das getrocknete Kraut mit der Wurzel. Polygala amara (HAB 34).
I: Saponine, vor allem Senegin, Bitterstoff Polygalin, Glykosid Gaultherin (Aglykon Salicylsäuremethylester), wenig Gerbstoff und ätherisches Öl.
A: Als saponinhaltige Droge vor allem gegen Husten, aufgrund des Bitterstoffgehaltes auch als verdauungsförderndes Mittel. Von alters her zur Steigerung der Milchsekretion bei stillenden Frauen und beim Vieh (Polygala bedeutet griechisch: viel Milch). Insgesamt nur noch selten verwendet.
F: DS 4 Bronchial-Tabletten, Spasmofuga u. a.

Wohlriechendes Veilchen *Viola odorata* L. Veilchengewächse *Violaceae*

♃
0,05 – 0,15 m
III – IV

B: Pflanze mit oberirdischen, wurzelnden Ausläufern. Alle Blätter grundständig, langgestielt, nieren- bis herzförmig, gekerbt. Blüten dunkelviolett, wohlriechend.
V: Gebüsche, Waldränder, auch als Zierpflanze; gemäßigtes Europa.
D: Märzveilchenwurzelstock – Rhizoma Violae (Erg.B.6), nicht zu verwechseln mit der Veilchenwurzel s. bei *Iris germanica* L. Viola odorata (HAB 34), die frische, blühende Pflanze.
I: Saponine, ein Methylsalicylat abspaltendes Glykosid, in den Blüten ein stark duftendes ätherisches Öl.
A: Der Wurzelstock als mildes schleimlösendes und auswurfförderndes Mittel bei Bronchialkatarrhen. Der blau gefärbte Sirup aus den frischen Blüten hat wegen des geringen Saponingehaltes als Hustenmittel keine Bedeutung mehr. Die Duftstoffe der Blüten sollen nervenberuhigende Wirkung haben.
F: Jsephca, Pflügerplex Phytolacca 3 u. a.

Wildes Stiefmütterchen *Viola tricolor* L. Veilchengewächse *Violaceae*

⊙ – ♃
0,1 – 0,4 m
V – X

Beschreibung und Vorkommen siehe Seite 134.
D: Stiefmütterchenkraut – Violae tricoloris herba (DAC), die getrockneten oberirdischen Teile der blühenden Pflanze, hauptsächlich von der ssp. *tricolor* (ssp. *vulgaris* (Koch) Oborny) und *V. arvensis* Murr. Viola tricolor (HAB 1).
I: Saponine (?), Flavonoide, Salicylsäurederivate, u. a. Violutosid, Gerbstoffe, Carotinoide, Schleimstoffe.
A: Innerlich und äußerlich bei chronischen Hauterkrankungen (insbesondere Milchschorf), daneben bei Katarrhen der Atemwege und Rheuma. In der Homöopathie außer bei Hautleiden auch bei Blasenbeschwerden. Die Droge hat vor allem harntreibende Wirkung.
F: Befelka-Öl, Bronchitussin SC, Dolexaderm S, Inconturina S, Vitanal u. v. a.

☕ s. S. 288

Mönchspfeffer *Vitex agnus-castus* L. Eisenkrautgewächse *Verbenaceae*

♄
1 – 4 m
VI – IX

B: Strauch mit langgestielten, 5 – 7fach handförmig geteilten, unterseits weißfilzigen Blättern. Blüten in endständigen, verzweigten, ährenartigen Blütenständen, mit blauer, 8 – 10 mm langer, 2lippiger Krone.
V: Flußufer, feuchte Standorte, auch als Zierstrauch; Mittelmeergebiet.
D: Mönchspfeffer – Fructus Agni casti. Vitex agnus-castus, Agnus castus (HAB 1), die reifen getrockneten Früchte.
I: Flavon Casticin, Iridoidglykoside Agnusid und Aucubin, ätherisches Öl.
A: Man nimmt an, daß Drogenauszüge indirekt über die Hypophyse eine Anregung der Gelbkörperhormonbildung bewirken. Anwendung in Fertigpräparaten u. a. bei Menstruationsstörungen infolge Gelbkörperinsuffizienz, praemenstruellem Syndrom und zur Steigerung der Milchsekretion. In der Homöopathie u. a. bei Potenzstörungen, Störungen des Milchflusses und nervösen Verstimmungszuständen. Die scharf schmeckenden Früchte von alters her zur Beruhigung des Geschlechtstriebes und als Pfefferersatz.
F: Agnolyt, Auroplatin, Femisana, Mastodynon N, Mulimen, Oestrolut u. a.

Kriechender Günsel *Ajuga reptans* L. Lippenblütler *Lamiaceae*

♃
0,1 - 0,3 m
V - VIII

B: Blühende Triebe mit grundständiger Rosette und kurzen oberirdischen Ausläufern. Blätter oval, die obersten kürzer als die Blüten, diese meist zu 6 in dicht ährenförmig angeordneten Scheinquirlen, Krone blau, mit sehr kurzer Oberlippe.
V: In Wiesen und Wäldern verbreitet; Europa, Asien.
D: Günselkraut - Herba Ajugae. Ajuga reptans (HAB 34).
I: Iridoidglykoside, Ajugalactone, Rosmarinsäure.
A: Anwendung nur noch selten in der Volksheilkunde bei Verdauungsstörungen und Gallenerkrankungen, gegen Entzündungen im Mund- und Rachenraum und als Wundheilmittel.

Gundermann *Glechoma hederacea* L. Lippenblütler *Lamiaceae*

♃
0,1 - 0,4 m
IV - VI

B: Pflanze mit über 1 m lang kriechenden, oberirdischen, wurzelnden Ausläufern und aufrechten blütentragenden Trieben. Blätter lang gestielt, nieren- bis herzförmig, grob gekerbt. Blüten zu 2 - 3, oft einseitswendig in den Blattachseln mit blauvioletter, 1,5 - 2 cm langer Krone.
V: Verbreitet in feuchten Wäldern, Hecken, Wiesen; gemäßigtes Europa.
D: Gundelrebenkraut - Hederae terrestris herba (DAC), die getrockneten, oberirdischen Teile. Glechoma hederacea (HAB 34).
I: Ätherisches Öl, u. a. mit Menthon und Pulegon, Rosmarinsäure, Flavonoide.
A: Noch selten, vorwiegend volkstümlich bei Magen- und Darmkatarrhen und Erkrankungen der Atemwege, äußerlich bei schlecht heilenden Wunden. In der Homöopathie bei Hämorrhoiden und Durchfall. Die jungen Blätter als Beigabe zu Salaten und als Gemüse sind in größeren Mengen nicht empfehlenswert. Die Pflanze ist für Pferde giftig.
F: Florgosan 7N, Galama Erkältungstee, Hepaticum Divinal u. a.

Kleine Braunelle *Prunella vulgaris* L. Lippenblütler *Lamiaceae*

♃
0,05 - 0,3 m
VI - IX

B: Meist aufsteigende Pflanze mit Ausläufern. Blätter gestielt, eiförmig, ganzrandig. Blüten blauviolett, 1 - 1,5 cm lang, in köpfchenförmig genäherten Scheinquirlen, Kelch 2lippig. Die Großblütige Braunelle *P. grandiflora* (L.) Scholl. (ohne Abb.) hat 2 - 3 cm lange Blüten.
V: Häufig auf Wiesen und Weiden; Europa, Asien, weltweit verschleppt.
D: Brunellenkraut - Herba Prunellae, das getrocknete Kraut beider Arten. Prunella vulgaris (HAB 34).
I: Gerbstoffe, Bitterstoff, Saponine, Flavonoide, Harz.
A: Die Gerbstoffwirkung der Droge wird heute nur noch selten in der Volksheilkunde genützt, so bei Magen- und Darmerkrankungen, Augenentzündungen, in Mund- und Gurgelwässern. Das frische Kraut als Wundheilmittel. Auch in der Homöopathie.

Echte Salbei *Salvia officinalis* L. Lippenblütler *Lamiaceae*

♄
0,2 - 0,7 m
V - VII

☕ s. S. 286

B: Aromatischer, graufilzig behaarter Halbstrauch. Dickliche, runzelige, gestielte, länglich-eiförmige, oberseits verkahlende Blätter. Blüten mit 2 - 3 cm langer, meist blauvioletter Krone zu 5 - 10 quirlig in lockeren, ährenförmigen Blütenständen.
V: Weit verbreitet kultiviert, Heimat Mittelmeergebiet.
D: Salbeiblätter - Salviae folium (DAB 10), die getrockneten Laubblätter. Daneben im DAB 10 Salviae trilobae folium, die Blätter von *Salvia triloba* L. fil., die häufig im Handel anzutreffen sind. Salvia officinalis (HAB 1).
I: Ätherisches Öl mit hohem Thujon- und geringem Cineol-Gehalt (bei Salvia triloba umgekehrt); Bitterstoff Carnosol u. a., Gerbstoffe, Flavonoide.
A: Innerlich zur Einschränkung der Schweißsekretion, z. B. bei Tuberkulose und Nervosität, auch die Milchsekretion wird gehemmt. Ferner gegen Entzündungen der Atmungsorgane, bisweilen des Magen- und Darmkanals, vor allem aber zum Gurgeln bei Schleimhautentzündungen der Mundhöhle und des Rachens. Reines Salbeiöl hat bakterizide Eigenschaften. In höheren Dosen ist es aufgrund des teilweise hohen Thujongehaltes giftig. Ebenso sollte der Tee nicht in beliebiger Dosis lange Zeit getrunken werden. Als Gewürz.
F: Salbei Curarina, Salviathymol, Salvysat, Sweatosan N u. v. a.

Ysop *Hyssopus officinalis* L. Lippenblütler *Lamiaceae*

♃
0,2 – 0,6 m
VII – IX

B: Aromatisch duftender Halbstrauch mit fast sitzenden, lanzettlichen Blättern. Blüten zu 7 – 15 quirlig in einseitswendigen, ährenartigen Blütenständen. Krone blau, seltener rosa oder weiß.
V: In Mitteleuropa angebaut. Heimat Mittelmeergebiet, Westasien.
D: Ysopkraut – Herba Hyssopi (Erg.B.6), die oberirdischen Teile.
I: Ätherisches Öl, Flavonoide, Gerbstoffe.
A: Volkstümliche Anwendung wie Salbei zum Gurgeln bei Hals- und Zahnfleischentzündungen, zu Waschungen und innerlich bei übermäßiger Schweißabsonderung. Ferner als blähungstreibendes Mittel und gegen Husten. In der Likörindustrie und als Gewürz.
F: Hanopect, JuGrippan, Ullus Leber-Galle-Tee u. a.

Rosmarin *Rosmarinus officinalis* L. Lippenblütler *Lamiaceae*

♄
0,5 – 2 m
I – XII

s. S. 284

B: Immergrüner, stark duftender Strauch. Blätter sitzend, schmallineal, nach unten umgerollt, oben kräftig grün, unterseits weißfilzig. Blütenkrone blaßblau mit 2 lang herausragenden Staubblättern.
V: Immergrüne Gebüsche im Mittelmeergebiet, häufig kultiviert.
D: Rosmarinblätter – Rosmarini folium (DAC), die getrockneten Laubblätter. Das ätherische Öl – Rosmarini aetheroleum (DAB 10), Oleum Rosmarini. Rosmarinus officinalis (HAB 1) und weitere Vorschriften im HAB 1.
I: Ätherisches Öl mit Cineol, Campher, Borneol; Bitterstoffe, Rosmarinsäure.
A: Das ätherische Öl in hautreizenden, schmerzstillenden Einreibungen bei Rheumatismus, Nervenschmerzen, Durchblutungsstörungen, in Bronchialbalsamen, Gurgellösungen und als belebender Badezusatz. Innerlich können bei Gebrauch größerer Mengen des Öles Vergiftungserscheinungen auftreten. Man verwendet besser die Droge u. a. bei Verdauungsstörungen, Erschöpfungszuständen und Kreislaufstörungen. In der Homöopathie vor allem bei Magen-Darm-Störungen. Als Gewürz und in der Likörindustrie.
F: Kneipp Rosmarin Tonik-Wein, Perozon Rosmarin-Ölbad N u. v. a.

Echter Lavendel *Lavandula angustifolia* MILL. (*L. officinalis* CHAIX) Lippenblütler *Lamiaceae*

♄
Bis 1 m
VII – VIII

s. S. 278

B: Niedriger, stark duftender Strauch mit 2 – 4 cm langen, lineallanzettlichen, filzig behaarten, verkahlenden Blättern. Blüten blauviolett in Scheinähren mit breit-eiförmigen, zugespitzten Hochblättern.
V: Häufig kultiviert, auch als Zierpflanze; Heimat Mittelmeergebiet.
D: Lavendelblüten – Lavandulae flos (DAC), die vor völliger Entfaltung mit dem Kelch gesammelten, getrockneten Blüten. Lavendelöl – Lavandulae aetheroleum (DAB 10), Oleum Lavandulae, das ätherische Öl aus den frischen Blüten oder Blütenständen. Lavandula angustifolia, Lavandula (HAB 1) u. a.
I: Ätherisches Öl, vor allem mit Linalylacetat und Linalool, Gerbstoffe.
A: Lavendel gilt als leichtes Beruhigungsmittel u. a. bei Migräne, Erschöpfung und nervösen Herzbeschwerden. Daneben soll die Droge den Gallenfluß anregen. In der Volksheilkunde ist sie auch als krampflösendes und verdauungsförderndes Mittel in Gebrauch. Äußerlich das ätherische Öl in hautreizenden Einreibungen und Bädern bei rheumatischen Erkrankungen, wegen der keimtötenden Wirkung auch in Gurgellösungen. In großen Mengen in der Parfüm- und Kosmetikindustrie. Als Gewürz die jungen Blätter.
F: Aconit-Nervenöl, Amol, Kytta-Salbe, Rowalind u. v. a.

Spik-Lavendel *Lavandula latifolia* MED. Lippenblütler *Lamiaceae*

♄
Bis 1 m
VII – IX

B: Ähnlich voriger Art, Blätter breiter und dichter behaart, Hochblätter im Blütenstand lineallanzettlich.
V: Immergrüne Gebüsche im westlichen Mittelmeergebiet, auch kultiviert.
D: Spiköl – Oleum Spicae (Erg.B.6), das ätherische Öl der Blüten.
I: Weniger Linalool und Linalylacetat als in voriger Art, dagegen 30% Cineol.
A: Als auswurfförderndes Mittel bei Erkrankungen der Atmungsorgane, wie echtes Lavendelöl auch in Gallenpräparaten und in Einreibungen gegen Rheuma. Daneben gibt es Lavandinöl, das aus einer Hybride zwischen dem Echten und dem Spik-Lavendel destilliert wird. Verwendung nur in der Parfümindustrie.
F: Oerelin, Rheumasan Flüssig N, Tavipec-Montavit, Toheriosalbe u. a.

Silber-Weide *Salix alba* L. Weidengewächse *Salicaceae*

ħ
Bis 25 m
IV - V

B: Hoher Baum, auch Strauch, zweihäusig. Blätter lanzettlich, fein gesägt, unterseits dicht anliegend seidig behaart und silbrig glänzend. Blütenkätzchen schlank, gleichzeitig mit den Blättern erscheinend.

Bruch-Weide *Salix fragilis* L.

ħ
Bis 15 m
III - V

B: Zweige leicht brechend. Blätter kahl, oberseits dunkelgrün glänzend, lanzettlich, knorpelig gesägt, am Blattstiel mit einigen Drüsen. Blütenkätzchen an 3 cm langen Stielen, mit den Blättern erscheinend.
Die Purpur-Weide *Salix purpurea* L. (ohne Abb.) ist meist strauchförmig. Blätter lanzettlich, unterseits blaugrün, nur im oberen Teil fein gesägt, kahl.
V: Auenwälder und -gebüsche, auch gepflanzt; Europa, Asien.
D: Weidenrinde - Salicis cortex (DAB 10), die getrocknete Rinde junger Zweige verschiedener Weiden-Arten, besonders von *Salix purpurea* L. und *Salix daphnoides* VILLARS. Salix alba (HAB 34), Salix purpurea (HAB 34).
I: Phenolglykosid Salicin, in den einzelnen Arten verschiedene weitere, verwandte Glykoside, Gerbstoffe, Flavonoide.
A: Die Wirkung der Weidenrinde beruht auf der Bildung von Salicylsäure aus dem Glykosid Salicin im Körper. Seitdem Salicylsäure synthetisch hergestellt werden kann, hat die Droge nur noch geringe Bedeutung als schmerzlinderndes, fiebersenkendes, entzündungshemmendes und antirheumatisches Mittel. In einigen Präparaten, vor allem gegen rheumatische und Erkältungskrankheiten und chronische Magendarmkatarrhe, enthalten, volkstümlich daneben zu schweißhemmenden Fußbädern. Auch in der Homöopathie gebräuchlich.
F: Entero sanol, Grippe-Tee Stada, Salicort-R, Uriginex N u. a.

Zitterpappel, Espe *Populus tremula* L. Weidengewächse *Salicaceae*

ħ
5 - 20 m
III - IV

B: Zweihäusiger Baum mit langgestielten, rundlichen, stumpf gezähnten Blättern, die beim leisesten Luftzug zittern. Vor den Blättern erscheinen die männlichen und weiblichen, hängenden Blütenkätzchen mit handförmig zerschlitzten, dicht zottigen Tragblättern, Narben rot.
V: Häufig in Vorwäldern, an Waldrändern; Europa, Asien.
D: In der Homöopathie die frische, innere Rinde junger Zweige und die Blätter zu gleichen Teilen. Häufig verwendet anstelle der Amerikanischen Zitterpappel (Populus tremuloides HAB 34) mit gleichen Inhaltsstoffen.
I: Phenolglykoside Salicin, Populin, Salicortin, Tremuloidin, Tremulacin, Flavonglykoside, Gerbstoffe.
A: In der Homöopathie bei Blasenkatarrh, Prostataerkrankungen, Gelenkentzündungen (s. auch bei der Kanadischen Pappel).
F: Eviprostat, Nettisabal, Phytodolor N u. a.

Kanadische Pappel *Populus × canadensis* MOENCH s. l. Weidengewächse *Salicaceae*

ħ
15 - 30 m
III - IV

B: Bastard aus der einheimischen Schwarzpappel *P. nigra* L. und der nordamerikanischen *P. deltoides* MARSH. Blätter breit dreieckig, zugespitzt, mit gekerbtgesägtem, kurz gewimpertem Blattrand. Männliche und weibliche Kätzchen vor den Blättern an verschiedenen Bäumen.
V: In verschiedenen Rassen eine der am häufigsten kultivierten Pappeln.
D: Pappelknospen - Gemmae Populi (Erg.B.6), die frischen oder getrockneten, geschlossenen Laubknospen, auch von anderen heimischen und angepflanzten Arten (*P. balsamifera* L. *P. monilifera* AITON, *P. nigra* L.).
I: Phenolglykoside Salicin, Populin, Salicortin, Tremulacin, ätherisches Öl, Flavonglykoside, Gerbstoffe.
A: In der Volksheilkunde noch gelegentlich in Salbenform (Unguentum Populi) gegen Hämorrhoiden und zur Wundheilung. Innerlich als harntreibendes Mittel, vor allem bei Erkrankungen der Harnwege. Der Gesamtglykosidkomplex Salipopulin wird zur Behandlung von chronischen Gelenkentzündungen empfohlen. Er bewirkt eine vermehrte Harnsäureausscheidung und Senkung des Harnsäurespiegels im Blut.
F: Carito NA, Nomon N u. a.

Hänge-Birke, Warzen-Birke *Betula pendula* ROTH. (*B. verrucosa* EHRH.)
Birkengewächse *Betulaceae*

♄
Bis 25 m
IV - V

B: Zweige überhängend, die jungen mit Harzdrüsen. Blätter dünn, kahl, aus keilförmigem Grund rhombisch, lang zugespitzt. Männliche Blüten in hängenden Kätzchen, weibliche viel kürzer, zur Blütezeit aufrecht. Fruchtschuppen 3lappig, reif mit den geflügelten Früchten abfallend.
V: Wälder, Vorwälder, häufig gepflanzt; Europa, Westasien.

Moor-Birke *Betula pubescens* EHRH.

♄
Bis 20 m
IV - V

s. S. 260

B: Zweige abstehend oder aufwärts gerichtet, jung dicht flaumig behaart. Blätter dicklich, aus meist herzförmigem, abgerundetem Grund eiförmig, kurz zugespitzt, unterseits in den Aderwinkeln behaart.
V: Moore, Gebüsche der Bergregionen; Europa, Westasien.
D: Birkenblätter - Betulae folium (DAB 10), die getrockneten Laubblätter beider Arten. Birkenteer - Pix betulina (DAB 6), Oleum Rusci, der durch trockene Destillation der Rinde und der Zweige gewonnene Teer. Betula pendula e foliis (HAB 1). Daneben Zubereitungen aus der Rinde im HAB 1.
I: In den Blättern Flavonglykoside, vor allem Hyperosid, ätherisches Öl, Kaliumsalze, Ascorbinsäure, Saponine (?). Im Birkenteer Guajakol, Kresole, Xylenole, Phenol.
A: Birkenblätter gelten als stark harntreibend und auch schweißtreibend, ohne eine Reizung des Nierenparenchyms hervorzurufen. Es kommt zur vermehrten Wasser- und Elektrolytausscheidung. Allerdings sollen nach manchen Autoren nur die Sommerblätter wirksam sein, während junge Blätter im Tierversuch die Harnausscheidung hemmen. Häufige Anwendung in Tees und anderen Fertigpräparaten gegen Blasen- und Nierenleiden, Nierensteine, rheumatische Erkrankungen und Hautausschläge. Birkenteer noch bisweilen gegen Hautleiden sowie Rheuma und Gicht, als Ungeziefermittel heute auf die Tiermedizin beschränkt. Der Kambiumsaft der Stämme junger Birken in der Volksheilkunde wie Birkenblätter, vor allem aber in Haarwässern. Ähnlich in der Homöopathie.
F: Cystinol, Nephrisan N, Nierentee 2000, Rheumadrag, Uro Fink u. v. a.

Echte Walnuß *Juglans regia* L. Walnußgewächse *Juglandaceae*

♄
10 - 25 m
IV - V

s. S. 292

B: Blätter anfangs rötlich, mit 7 - 9 elliptischen, ganzrandigen Fiederblättchen. Männliche Blüten in hängenden Kätzchen, weibliche an derselben Pflanze zu 2 - 3 an den Zweigenden. „Walnüsse" umgeben von einer glatten, grünen, später braunen, fleischigen Schale.
V: Kultiviert, auch verwildert, Heimat Balkanhalbinsel, SW-Asien.
D: Walnußblätter - Juglandis folium (DAC), die getrockneten Laubblätter. Juglans (HAB 34), frische, grüne Fruchtschalen und Blätter.
I: Gerbstoffe, Flavonoide, wenig ätherisches Öl, in den frischen Pflanzenteilen Juglon (Naphthochinonderivat).
A: Als Gerbstoffdroge noch zuweilen bei Magen- und Darmkatarrhen, als Blutreinigungsmittel, zum Baden bei Hautleiden und Fußschweiß, bei Augenentzündungen. In der Homöopathie vor allem bei nässenden Hautausschlägen. Die frischen Fruchtschalen zum Braunfärben von Haaren und Haut.
F: Entero sanol, Euvitan, Fidesan u. a.

Schwarz-Erle *Alnus glutinosa* (L.) GAERTN. Birkengewächse *Betulaceae*

♄
Bis 20 m
III - IV

B: Baum oder Strauch mit rundlichen, stumpfen oder ausgerandeten, unregelmäßig gezähnten Blättern, junge Zweige klebrig. Männliche Blüten in hängenden Kätzchen, weibliche an denselben Zweigen in kleinen, zapfenartigen Blütenständen, die bei der Fruchtreife verholzen.
V: Häufig in Bruch- und Auenwäldern; Europa.
D: Schwarzerlenrinde - Cortex Alni.
I: Viel Gerbstoffe, Phlobaphene, roter Farbstoff, Alnulin, Protoalnulin.
A: In der Volksheilkunde früher die Abkochung der Rinde als Gurgelwasser gegen Mandel- und Rachenentzündungen und zum Spülen bei Darmblutungen. In der Homöopathie selten noch bei Hauterkrankungen und Drüsenvergrößerungen. Als Gerbmittel. Ebenso verwendet wurden Grau-Erle *Alnus incana* (L.) MOENCH und Grün-Erle *Alnus viridis* (CHAIX) DC.

Gewöhnliche Hasel *Corylus avellana* L. Haselnußgewächse *Corylaceae*

♄
2 - 6 m
II - IV

B: Einhäusiger Strauch mit rundlich-herzförmigen, häufig mehrspitzigen, grob doppelt gesägten Blättern. Männliche Blüten in hängenden Kätzchen, weibliche knospenförmig mit fadenförmigen, roten Narben. Fruchthülle zerschlitzt, nicht länger als die reife Frucht.
V: Wälder, Gebüsche, auch angepflanzt; Europa.
D: Haselnußblätter - Folia Coryli avellanae.
I: Gerbstoffe, Flavonoide, Leucoanthocyane, Triterpene (Taraxerol, β-Sitosterin).
A: In Teegemischen gegen Leber- und Gallenerkrankungen. Volkstümlich Blätter und Rinde anstelle von *Hamamelis* bei Venenerkrankungen und Blutungen. Die Samen als Nahrungsmittel und selten zur Speiseölgewinnung.
F: Galama Rheuma-Tee, Ullus Leber-Galle-Tee u. a.

Echte Kastanie, Edelkastanie *Castanea sativa* MILL. (*C. vesca* GAERTN.)
Buchengewächse *Fagaceae*

♄
Bis 30 m
VI

B: Blätter länglich-lanzettlich, am Rand stachelig gezähnt. Blüten in langen, aufrechten Kätzchen, männliche gebüschelt, weibliche am Grunde der Blütenstände zu 1 - 3 mit gemeinsamem, schuppigem Fruchtbecher, dieser bei der Reife dicht stachelig.
V: Laubwälder Südeuropas, SW-Asien, auch weiter nördlich gebietsweise kultiviert und verwildert.
D: Kastanienblätter - Folia Castaneae (Erg.B.6), die getrockneten Laubblätter. Castanea vesca (HAB 34).
I: Gerbstoffe, Flavonoide, Vitamin C.
A: Die als hustenreizstillend und auswurffördernd geltende Droge in Präparaten gegen Husten und Keuchhusten. Bisher fehlt allerdings der Nachweis entsprechender Wirkstoffe. Die stärkereichen Früchte (Maronen) volkstümlich gegen Durchfall, besonders in Südeuropa zur Bereitung von Kastanienmehl.
F: Equisil, Eupatal, Guakalin, Pulmocordio u. a.

Rotbuche *Fagus sylvatica* L. Buchengewächse *Fagaceae*

♄
Bis 40 m
IV - V

B: Blätter breit lanzettlich, fast ganzrandig, in der Jugend vor allem am Rand seidig behaart. Männliche Blüten in hängenden, kugelförmigen Blütenständen, weibliche zu zweien an kürzerem und dickerem Stiel, von einem später verholzenden, weichstacheligen Fruchtbecher umgeben.
V: Waldbildend in Mittel- und Westeuropa, Gebirge Südeuropas.
D: Buchenteer - Pix Fagi, Oleum Fagi empyreumaticum (Erg.B.6), durch trockene Destillation aus dem Holz gewonnen.
I: Guajakol, Kreosol, Kresole.
A: Buchenholzteer heute nur noch gelegentlich gegen Hauterkrankungen, früher auch gegen Rheuma. Das Holz zur Herstellung von Holzkohle (Carbo vegetabilis), selten wird auch die Asche (Cinis Fagi) medizinisch verwendet. Die Giftigkeit der Bucheckern scheint unterschiedlich zu sein, Vergiftungssymptome wurden schon nach dem Verzehr von weniger als 50 Samen beobachtet. Die verursachende Substanz ist bisher nicht sicher bekannt. Das gereinigte fette Öl ist dagegen ungiftig und kann als Speiseöl verwendet werden.

Feld-Ulme, Feld-Rüster *Ulmus minor* MILL. (*U. campestris* auct.)
Ulmengewächse *Ulmaceae*

♄
Bis 40 m
III - IV

B: Baum oder Strauch, Zweige zuweilen mit Korkleisten. Blätter asymmetrisch, die längere Hälfte am Grunde rechtwinklig zum Blattstiel, doppelt gesägt. Blüten zwittrig, Narben gelb, in dichten Büscheln, vor den Blättern erscheinend. Früchte geflügelt, Same oberhalb der Mitte.
V: Auenwälder, Laubmischwälder; südliches und gemäßigtes Europa.
D: Ulmenrinde - Cortex Ulmi, die innere Rindenschicht der jungen Zweige. Ulmus campestris (HAB 34).
I: Gerbstoffe, Schleimstoffe, Flavonoide und noch unbekannte Wirkstoffe.
A: Selten noch in der Volksheilkunde gegen Durchfall, rheumatische Beschwerden und chronische Ekzeme. In der Homöopathie besonders bei Schmerzen der Hand- und Fußgelenke.
F: Berberis-Tonikum-Pascoe, Rheuma-Pasc u. a.

Stiel-Eiche *Quercus robur* L. (*Qu. pedunculata* EHRH.) Buchengewächse *Fagaceae*

♄
Bis 50 m
IV - V

B: Blätter buchtig gelappt, am Grunde herzförmig, geöhrt, Blattstiel nicht länger als 1 cm. Männliche Blüten in hängenden Kätzchen, weibliche zu 1 - 5 an langem, aufrechtem Stiel. Fruchtstand lang gestielt.
V: Eichen-Hainbuchen- und Auenwälder, häufig gepflanzt; fast ganz Europa.

Trauben-Eiche *Quercus petraea* (MATT.) LIEBL. (*Qu. sessiliflora* SAL.)

♄
Bis 40 m
IV - V

s. S. 264

B: Blätter am Grunde keilförmig verschmälert mit 1 - 3 cm langem Blattstiel. Fruchtstand meist sitzend.
V: Trockenere Eichen- und Laubmischwälder; gemäßigtes Europa.
D: Eichenrinde - Quercus cortex (DAC), die getrocknete, borkenfreie Rinde junger Zweige und Stockausschläge beider Arten. Quercus, äthanol. Decoctum (HAB 1).
I: Bis 20% Eichenrindengerbstoffe (Catechine, z. T. auch Ellagitannine).
A: Adstringierende Wirkung der Gerbstoffe. Hauptsächlich äußerliche Anwendung der Abkochung zu Bädern, Umschlägen oder Spülungen bei Hautkrankheiten, Fußschweiß, Frostschäden, Hämorrhoiden, auch bei Zahnfleisch- und Halsentzündungen. Innerlich in wenigen Fertigpräparaten gegen Durchfall und Magendarmkatarrhe. Die Anwendung bei inneren Blutungen ist heute wegen wirksamerer Mittel verlassen. Früher die gerösteten, ebenfalls gerbstoffhaltigen Samen (Eichelkaffee - Semen Quercus tostum (Erg.B.6)) als Kaffee-Ersatz, aber auch gegen Durchfall, Skrofulose und Rachitis besonders in der Kinderpraxis.
F: Entero sanol, Silvapin Eichenrinden-Extrakt, Tonsilgon u. a.

Echter Feigenbaum *Ficus carica* L. Maulbeergewächse *Moraceae*

♄
2 - 5 m
VI - IX

B: Baum oder Strauch mit großen, meist 3 - 5lappigen Blättern. Männliche und weibliche Blüten unscheinbar an den Innenwänden fleischiger, birnenförmiger Gebilde, die sich zu den eßbaren Feigen entwickeln.
V: Ursprünglich an Felsen, als Fruchtbaum im ganzen Mittelmeergebiet und entsprechenden Klimazonen weltweit kultiviert.
D: Feigen - Caricae (Erg.B.6), die reifen, getrockneten Fruchtstände.
I: 50% Invertzucker, Pektine, Schleim, organische Säuren, Mineralstoffe, Vitamine, Enzyme.
A: Mildes Abführmittel (durch Behinderung der Flüssigkeitsresorption), meist zusammen mit weiteren, stärker wirkenden Drogen verwendet. Ferner als Geschmackskorrigens, Bestandteil von Kaffeesurrogaten (Karlsbader Kaffeegewürz), frisch oder getrocknet als Nahrungsmittel. Unreife Feigen sind giftig.
F: Frugeletten-Früchtewürfel, Joghurt-Milkitten, Neda, Uriginex N u. a.

Gemeiner Hanf *Cannabis sativa* L. Hanfgewächse *Cannabaceae*

⊙
0,3 - 2,5 m
VII - VIII

B: Hohe, zweihäusige Pflanze. Blätter gefingert mit 3 - 11 lanzettlichen, grob gesägten Abschnitten. Männliche Blütenstände rispenartig, weibliche Blüten zu 1 - 2 in den Blattachseln.
V: Als Öl- und Faserpflanze von alters her fast weltweit angebaut und verwildert; Heimat Zentralasien.
D: Cannabis (HAB 34), frische Stengelspitzen mit Blüten und Blättern einheimischer männlicher und weiblicher Pflanzen. Indischer Hanf, Haschischkraut - Herba Cannabis indicae (Erg.B.6), die getrockneten Zweigspitzen weiblicher Pflanzen der var. *indica*.
I: Cannabidiolsäure (beruhigend), Tetrahydrocannabinol (rauscherzeugend) und weitere Cannabinoide im Harz, das besonders im weiblichen Blütenstand ausgeschieden wird. Der Gehalt dieser Substanzen ist klimaabhängig, außerdem gibt es Pflanzen verschiedener chemischer Rassen.
A: Das Harz als Haschisch und die getrockneten weiblichen Sproßspitzen mit Blättern und Blüten unter der mexikanischen Bezeichnung Marihuana haben als Rauschgift verhängnisvolle Bedeutung erlangt. Medizinisch werden sie nur noch selten zur Schmerzlinderung, bei nervöser Unruhe, Depressionen und in Hühneraugentinkturen verwendet. Zubereitungen einheimischer Pflanzen sind in der Homöopathie u. a. bei Blasen- und Harnröhrenentzündungen und Augenerkrankungen durchaus gebräuchlich.
F: Fidesabal u. a.

Hopfen *Humulus lupulus* L. Hanfgewächse *Cannabaceae*

♃
3 - 6
(- 12) m
VII - VIII

s. S. 272

B: Zweihäusig, Stengel rechtswindend mit Klimmhaaren. Blätter lang gestielt, gegenständig, oberseits rauhhaarig, aus herzförmigem Grund tief 3 - 7lappig, gesägt. Männliche Blüten (oben links) grünlichweiß, in lockeren Rispen, weibliche (oben rechts) in grünen, kleinen Scheinähren, aus denen sich durch Vergrößerung der blütendeckenden Blätter die Hopfenzapfen entwickeln.
V: Auenwälder; Europa, Asien, Nordamerika, weltweit kultiviert.
D: Hopfenzapfen - Lupuli strobulus (DAB 10), die getrockneten Fruchtstände. Humulus lupulus, Lupulus (HAB 1). Hopfendrüsen - Glandulae Lupuli (Erg.B.6), das durch Abklopfen der Fruchtstände gewonnene Pulver. Lupulinum (HAB 34).
I: In den Drüsen Harz mit Hopfenbittersäuren Humulon und Lupulon, ätherisches Öl mit Myrcen, Humulen, Gerbstoffe, Flavonoide.
A: Als mildes Beruhigungs- und Schlafmittel, häufig kombiniert mit Baldrian. Träger der Wirkung sind die Hopfenbittersäuren bzw. ihre Abbauprodukte. Sie haben daneben aromatisierende und antibakterielle Eigenschaften, was für Geschmack und Konservierung des Bieres wichtig ist. In der Volksheilkunde die Drogen ferner zur Anregung von Appetit und Verdauung und bei sexueller Übererregbarkeit, äußerlich zur Wundbehandlung. Auch in der Homöopathie, u. a. bei Schlaflosigkeit, Blasenreizung, Hautleiden. Frische Hopfenzapfen können Hautreizungen hervorrufen (Hopfenpflückerkrankheit). Die jungen Sprosse liefern ein spargelartiges Gemüse.
F: Euvegal N, Baldriparan, Bonased, Hovaletten N, Sanadormin, Vivinox u. a.

Große Brennessel *Urtica dioica* L. Brennesselgewächse *Urticaceae*

♃
0,3 - 2 m
VI - X

s. S. 262

B: Zweihäusige Pflanze mit Brenn- und Borstenhaaren. Blätter eiförmig, lang zugespitzt, grob gesägt. Die rispenartigen männlichen bzw. weiblichen Blütenstände meist länger als der benachbarte Blattstiel.
V: Auenwälder, Unkrautfluren, weltweit verbreitet.
D: Brennesselblätter - Urticae folium (DAB 10), die getrockneten Blätter, auch von *U. urens* L. Urtica dioica (HAB 1), die ganze Pflanze. Brennesselwurzel - Urticae radix (DAB 10), die unterirdischen Organe.
I: Flavonoide, Triterpene und Sterole, viel Chlorophyll, Vitamine, Kaliumsalze, in den Brennhaaren Acetylcholin, Histamin, Serotonin. In den Wurzeln wurden Sterole, Lignane, Lektine und Polysaccharide gefunden.
A: Harntreibendes Mittel, vor allem bei rheumatischen Erkrankungen und bei Nierenkonkrementen, auch bei chronischen Hautleiden. Darüber hinaus werden für die Droge auch milchbildende und geringe blutzuckersenkende Eigenschaften angegeben, die weniger arzneilich genutzt werden. In der Volksheilkunde sind Peitschungen mit frischen Brennesseln (Urtication) gegen Rheuma, Hexenschuß und Ischias noch gelegentlich gebräuchlich, ebenso Brennesselhaarwässer mit durchblutungsfördernder Wirkung. Zur Gewinnung von Chlorophyll. Extrakte aus den Wurzeln in Präparaten gegen gutartige Prostataerkrankungen. Die jungen Blätter (noch ohne Nesselwirkung) als Gemüse oder Salat.
F: Arthrodynat, Bazoton, Rheumadrag, Rheuma-Tee Stada u. v. a.

Kleine Brennessel *Urtica urens* L. Brennesselgewächse *Urticaceae*

⊙
0,1 - 0,5 m
V - X

s. S. 262

B: Verzweigte Pflanze mit Brennhaaren. Blätter hellgrün, eiförmig, am Grunde keilförmig verschmälert, eingeschnitten gesägt. Männliche und weibliche Blüten gemeinsam in rispigen Blütenständen, die meist kürzer als die benachbarten Blattstiele sind.
V: Stickstoffreiche Böden im Siedlungsbereich, fast weltweit verbreitet.
D: Urtica (HAB 34), die frische, blühende Pflanze. Brennesselblätter - Urticae folium (DAB 10), siehe auch *U. dioica* L.
I: Wie bei der großen Brennessel.
A: Wie die Große Brennessel, in der Homöopathie jedoch bevorzugt. Die aus frischen Pflanzen hergestellten alkoholischen Extrakte zeigen Nesselwirkung mit Jucken, Brennen und Quaddelbildung, so daß sie in homöopathischer Dosierung u. a. bei nesselsuchtartigen Hautausschlägen, leichten Verbrennungen, ferner bei Milchmangel oder Gelenkentzündungen angewendet werden.
F: Combudoron, Urtica-Pentarkan, Brandessenz Wala u. a.

Aufrechtes Glaskraut *Parietaria officinalis* L. (*P. erecta* MERT. & KOCH)
Brennesselgewächse *Urticaceae*

♃
0,3 - 1 m
VI - IX

B: Stengel meist einfach, mit wechselständigen, ganzrandigen, eilanzettlichen Blättern. Blütenstände kugelig in den Blattachseln.
V: Schuttplätze, Mauern, Auenwälder; aus dem Mittelmeergebiet bis nach Mitteleuropa eingeschleppt und eingebürgert, früher als Heilpflanze angebaut.
D: Glaskraut - Herba Parietariae, die getrocknete, ganze Pflanze.
I: Bitterstoff, Gerbstoff, Flavonoid, viel Kaliumnitrat, noch wenig erforscht.
A: Harntreibende Wirkung. Nur noch selten in Fertigtees gegen Blasen- und Nierenleiden und Leber- und Gallenerkrankungen. Volkstümlich früher auch gegen Rheumatismus und Husten, die frischen Blätter zur Wundbehandlung.
F: Buccotean Tee, Hacko-Kloster-Kräutertee, Ullus Leber-Galle-Tee u. a.

Mistel *Viscum album* L. Mistelgewächse *Loranthaceae*

♄
0,2 - 0,6 m
II - V

B: Kleiner, gabelig verzweigter, zweihäusiger Strauch, auf Laub- und Nadelbäumen schmarotzend. Blätter immergrün, ledrig, länglich-verkehrteiförmig, gegenständig. Blüten gelbgrün, unscheinbar, zu 3 - 5. Weißliche, beerenartige Scheinfrüchte mit schleimig klebrigem Inhalt.
V: In drei Unterarten auf verschiedenen Baumarten; Europa, Asien.
D: Mistelkraut - Visci herba (DAB 10), getrocknete junge Zweige mit Blättern, Blüten und Früchten. Viscum album (HAB 1), Sprosse mit Früchten.
I: Polypeptide (Viscotoxine) und Glykoproteine (Letine), Cholin, Acetylcholin, Histamin, Flavonoide, Polysaccharide, Triterpene.
A: In vielen Präparaten gegen zu hohen Blutdruck und Arteriosklerose, wobei die Wirksamkeit allerdings umstritten ist und nur nach intravenöser Injektion eine Blutdrucksenkung nachgewiesen wurde. Ferner zur Injektionsbehandlung von Gelenkleiden und als unterstützendes Mittel in der Krebstherapie.
F: Asgoviscum N, Craviscum, Mistel Curarina, Viscratyl, Viscysat u. v. a.

Zucker-Rübe *Beta vulgaris* L. ssp. *vulgaris* var. *altissima* DÖLL
Gänsefußgewächse *Chenopodiaceae*

⊙
0,5 - 2 m
VII - IX

B: Kulturpflanze mit weißfleischiger, rübenförmiger Wurzel, die nur zu 1/10 aus dem Boden herausragt. Grundblätter rosettig, lang keilförmig in den Stiel verschmälert. Blüten grünlich, unscheinbar, in hohem rispenförmigem Blütenstand.
V: In vielen Sorten kultiviert.
D: Saccharose - Saccharum (DAB 10).
I: Ca. 20% Saccharose (Rohrzucker, Rübenzucker) u.a. Zucker, mehrere Aminosäuren, darunter Betain, Pflanzensäuren, Mineralsalze, Saponine.
A: Betain wirkt einer überhöhten Anhäufung von Fetten in der Leber entgegen und wird bei der Behandlung von Lebererkrankungen eingesetzt. Hohe Zuckerkonzentrationen, z. B. in Sirupen, hemmen infolge osmotischer Effekte die Entwicklung von Bakterien und Pilzen und wirken so als Konservierungsmittel. In Hustensäften wird dem Zucker eine zusätzliche auswurffördernde Wirkung nachgesagt.
F: Flacar (enthält Betain) u. a.

Rote Rübe, Rote Bete *Beta vulgaris* L. ssp. *vulgaris* var. *conditiva* ALEF. (auch als var. *rubra* bezeichnet) Gänsefußgewächse *Chenopodiaceae*

⊙
0,5 - 1 m
VII - IX

B: Rübe rotschalig und rotfleischig. Blätter und Blattstiele rot überlaufen, Blüten unscheinbar in rispigen Blütenständen.
V: Kulturpflanze, Herkunft unsicher.
D: Wurzelextrakte und der frische Preßsaft.
I: Farbstoffglykosid Betanin, Betacyane, Betaxanthine, Saponine, Allantoin, Nitrate, zahlreiche Vitamine und Mineralsalze, Zucker.
A: In der Volksmedizin bei Blutarmut, als allgemeines Stärkungsmittel, zur Steigerung der Widerstandsfähigkeit gegen Infektionskrankheiten. Das Betanin und die Betacyane sollen als Redoxkatalysatoren Einfluß auf den Zellstoffwechsel haben. Über die Bedeutung der Pflanze als unterstützendes Mittel in der Krebs-Therapie wird diskutiert. Der hohe Nitratgehalt des Saftes ist bei häufigem Genuß nicht unbedenklich.
F: DS Vitamin C, Petrasch-Anthozym N, Säfte verschiedener Hersteller u. a.

Krauser Ampfer *Rumex crispus* L. Knöterichgewächse *Polygonaceae*

♃
0,3 - 1,2 m
VI - VIII

B: Grundblätter lang gestielt, länglich-lanzettlich, am Grunde keilförmig oder gestutzt, derb, mit welligkrausem Rand. Blüten zwittrig, innere Blütenhüllblätter mehr oder weniger ganzrandig, eines mit großer Schwiele, die anderen ohne oder mit kleiner Schwiele.
V: Feuchte Unkrautgesellschaften, fast weltweit verbreitet.
D: Rumex crispus, Rumex (HAB 1), die frische Wurzel.
I: Anthraverbindungen (siehe Seite 17), ätherisches Öl, Gerbstoff.
A: Die Wurzel früher als Abführmittel (Ersatz für den Arznei-Rhabarber), die gerbstoffreichen Früchte dagegen bei Durchfall. Ähnlich wurden *R. obtusifolius* L. und *R. alpinus* L. genutzt. Heute noch bisweilen in der Homöopathie bei Katarrhen der Atemwege, Durchfällen und Hautausschlägen.
F: Sticta-Pentarkan.

Wohlriechender Gänsefuß *Chenopodium ambrosioides* L.
Gänsefußgewächse *Chenopodiaceae*

⊙
0,2 - 0,8 m
VII - IX

B: Pflanze drüsig, mit aromatischem Geruch. Blätter breitlanzettlich, ganzrandig oder gezähnt bis buchtig gelappt. Blüten unscheinbar, in rispigen, stark verzweigten, durchblätterten Blütenständen.
V: Selten noch angebaut und verwildert; Heimat Südamerika.
D: Mexikanisches Traubenkraut, Jesuiten-Tee - Herba Chenopodii ambrosioides (Erg.B.6). Chenopodium ambrosioides var. ambrosioides (HAB 1).
I: Ätherisches Öl mit wechselndem Gehalt an Askaridol, Saponine.
A: Nur noch selten, vor allem in der Volksheilkunde als appetitanregendes, verdauungsförderndes Mittel und gegen Wurmerkrankungen. Auch als Gewürz. Askaridol, das aus dem ätherischen Öl der nahe verwandten Art *Ch. anthelminticum* L. gewonnen wird, ist gegen Spul- und Hakenwürmer wirksam, wird aber wegen seiner großen Giftwirkung bei uns kaum mehr verwendet.
F: Gripperobal, Tanacet-Heel u. a.

Spinat *Spinacia oleracea* L. Gänsefußgewächse *Chenopodiaceae*

⊙
0,3 - 0,5 m
VI - IX

B: Zweihäusig, Blätter gestielt, 3eckig-pfeilförmig, spießförmig oder länglich-eiförmig. Männliche Blüten in unbeblätterten end- und achselständigen Scheinähren, weibliche sitzend in den Blattachseln.
V: Als Kulturpflanze weltweit verbreitet.
D: Spinat - Folia Spinaciae.
I: Spinat-Sekretin, geringe Mengen Saponin (?), Histamin, Oxalsäure, Mineralstoffe, Vitamine, viel Chlorophyll.
A: Das Sekretin hat eine günstige Wirkung auf die Verdauungsvorgänge, es regt u. a. die Bauchspeicheldrüsensekretion und den Gallenfluß an. Die Pflanze auch zur Chlorophyllgewinnung, als vitamin- und mineralstoffreiches Gemüse.

Kahles Bruchkraut *Herniaria glabra* L. Nelkengewächse *Caryophyllaceae*

⊙ - ♃
Bis 0,3 m
lang
VII - IX

s. S. 262

B: Flach dem Boden anliegende, ausgebreitet verzweigte Pflanze. Blättchen eiförmig bis lanzettlich, 3 - 10 mm lang, in den Achseln gelbgrüne Blütenknäuel. Blütenhülle kahl, kürzer als die Frucht.
Behaartes Bruchkraut *Herniaria hirsuta* L. (ohne Abb.): Ganze Pflanze behaart, Blütenhüllblätter borstig, etwa so lang wie die Frucht.
V: Offene sandige oder kiesige Standorte; Europa, Westasien.
D: Bruchkraut - Herniariae herba (DAC), die getrockneten, blühenden, oberirdischen Teile beider Arten. Herniaria glabra (HAB 1), die frischen oberirdischen Teile blühender Pflanzen, nur von *Herniaria glabra*.
I: Saponine, Flavonoide, Cumarine Herniarin und Umbelliferon, ätherisches Öl, Gerbstoff.
A: Vor allem krampflösende und desinfizierende Wirkung auf die ableitenden Harnwege wird angegeben, während der harntreibende Effekt nur sehr gering sein soll. Anwendung u. a. bei chronischem Blasenkatarrh, Nierenkoliken, vorbeugend gegen Steinbildungen. Volkstümlich als Blutreinigungsmittel.
F: Hernia-Tee, Herniol, Nephrobin-Tee, Urodil S Selz u. a.

Schwarze Johannisbeere *Ribes nigrum* L. Stachelbeergewächse *Grossulariaceae*

ħ
Bis 2 m
IV - V

s. S. 272

B: Strauch mit charakteristischem Geruch. Blätter 3 - 5lappig, doppelt gesägt, unterseits gelbdrüsig. Blütentrauben hängend, Kelchblätter zurückgebogen, länger als die grünlichen oder weißen Kronblätter.
V: Bruch- und Auenwälder, oft aus Kulturen verwildert; Europa, Asien.
D: Schwarze Johannisbeerblätter - Folia Ribis nigri (Erg.B.6), die getrockneten Laubblätter (von kultivierten Sträuchern).
I: Flavonoide, ätherisches Öl, insgesamt wenig untersucht.
A: Volkstümlich als harn- und schweißtreibender Tee u. a. bei rheumatischen Erkrankungen, auch gegen Durchfall und Keuchhusten. Häufig in Hausteemischungen. Der Aufguß der Beeren zum Gurgeln, der Fruchtsaft, heiß getrunken, bei beginnenden Erkältungskrankheiten, ferner bei leichten Durchfallerkrankungen, als Stärkungsmittel und Geschmackskorrigens.
F: Kinder-Punkt, Säfte verschiedener Hersteller, Uro Fink-Tee u. a.

Alpen-Frauenmantel *Alchemilla alpina* L. Rosengewächse *Rosaceae*

♃
Bis 0,1 m
VI - VIII

B: Stengel niederliegend-aufsteigend, Blätter fingerförmig 5 - 7teilig, mittlere Abschnitte bis zum Grunde frei, unterseits dicht silbrig behaart.
V: Rasen, Gebüsche, auf Urgestein; Nordeuropa, Gebirge Mittel-, Südeuropas.
D: Silbermäntelikraut - Herba Alchemillae alpinae, das getrocknete Kraut, auch von der ähnlichen *A. conjuncta* BAB.
I: Wie beim Gewöhnlichen Frauenmantel.
A: Die besonders in den Alpenländern gebräuchliche Droge gilt in der Volksheilkunde als wirksamer als der Gewöhnliche Frauenmantel.

Gewöhnlicher Frauenmantel *Alchemilla vulgaris* L. s. l. Rosengewächse *Rosaceae*

♃
0,1 - 0,5 m
V - IX

s. S. 268

B: Vielgestaltige Sammelart, im DAB 10 wird *A. xanthochlora* ROTHM. genannt. Stengel aufrecht oder aufsteigend, Blätter rundlich gefaltet, mit 7 - 11 gezähnten Abschnitten. Blüten unscheinbar, gelblich-grün, geknäuelt, in verzweigten Blütenständen.
V: Wiesen, Weiden, Gebüsche, häufig; Europa, Asien, Nordamerika.
D: Frauenmantelkraut - Alchemillae herba (DAB 10), die getrockneten, oberirdischen Teile. Alchemilla vulgaris ex herba siccata (HAB 1).
I: Gerbstoffe, vor allem Ellagitannine, Flavonoide. Wirkstoffe noch unbekannt.
A: In der Volksheilkunde innerlich sowie äußerlich beliebtes Mittel bei Unterleibsleiden und Beschwerden im Klimakterium („Frauenmantel"), obwohl bisher der Nachweis von Inhaltsstoffen für diese Indikationen fehlt. Auch bei Darmkatarrhen und als entzündungswidriges Gurgelwasser.
F: Frauentonikum F Nestmann, Hovnizym, Salviathymol, Umkehr Tee 14 u. a.

Johannisbrotbaum *Ceratonia siliqua* L. Johannisbrotgewächse *Caesalpiniaceae*

ħ
5 - 10 m
VIII - X

B: Immergrüner Baum, Blätter paarig gefiedert mit 4 - 10 verkehrt-eiförmigen, ledrigen Einzelblättchen. Blütenstände mit kronenlosen Blüten direkt an den Ästen. Braune, ledrige, bis 20 cm lange Hülsen.
V: Im Mittelmeergebiet heimisch und häufig kultiviert.
D: Johannisbrot - Fructus Ceratoniae (Siliqua dulcis) (Erg.B.6), die reifen, getrockneten Hülsen.
I: Viel Zucker, Pektin, Schleimstoffe, Gerbstoffe, Fruchtsäuren, Isobuttersäure (ranziger Geruch), in den Samen Schleimstoffe, vor allem Carubin.
A: Die Früchte in Präparaten zur Behandlung von Durchfallerkrankungen und bei Magenschleimhautentzündungen. Als Viehfutter, selten noch als Nahrungsmittel, zur Herstellung von Fruchtsäften und vergorenen Getränken, geröstet als Kaffee-Ersatz. Das Endosperm der reifen Samen zur Herstellung von Johannisbrotkernmehl, das zur Eindickung der Nahrung z. B. bei habituellem Erbrechen der Säuglinge verwendet wird, zur Bereitung von kleberfreiem Stärkebrot bei Zöliakie und von Schlankheitskost. Die Samen wegen ihres konstanten Gewichtes früher als Juwelen- und Goldgewichte (Karat).
F: Cerapit, Ceraton-Pulver, Ulkur U-12, Ventricon u. a.

Wald-Bingelkraut *Mercurialis perennis* L. Wolfsmilchgewächse *Euphorbiaceae*

♃
0,1 - 0,4 m
IV - V

B: Zweihäusige, unverzweigte Pflanze, Blätter nur in der oberen Hälfte, gestielt, lanzettlich, stumpf gesägt. Männliche Blüten in dünnen Scheinähren, weibliche zu 1 - 2, lang gestielt in den Blattachseln.
V: Buchenwälder, Laubmischwälder, gemäßigtes Europa, SW-Asien.
Einjähriges Bingelkraut *Mercurialis annua* L. (ohne Abb.), Stengel verzweigt, in der ganzen Länge beblättert.
V: Äcker, Schuttplätze, heute fast weltweit verbreitet.
D: Bingelkraut - Herba Mercurialis, das frische Kraut beider Arten. Mercurialis perennis ferm 34c (HAB 1), nur von *M. perennis* L.
I: Saponine, ätherisches Öl, ein Farbstoff, Methylamin und Trimethylamin.
A: Nur das vor der Blüte geerntete frische Kraut soll stark abführende und harntreibende Wirkung haben. Früher in der Volksheilkunde, heute jedoch wegen möglicher Vergiftungen nicht mehr verwendet. In der Homöopathie bei Rheumatismus, Entzündungen der Mundschleimhaut, Bläschenausschlag.

Weinrebe *Vitis vinifera* L. Weinrebengewächse *Vitaceae*

♄
Bis 30 m
VI - VII

∇
Wildform

B: Mit verzweigten, blattgegenständigen Ranken kletternder Strauch, Rinde sich streifenförmig ablösend. Blätter rundlich, 3 - 5lappig, grob gezähnt, unterseits behaart. Blüten in dichten Rispen, die 5 Kronblätter an der Spitze verwachsen und gemeinsam abfallend.
V: Auenwälder; SO-Europa, W-Asien, in vielen Sorten weltweit angebaut.
D: Likörwein - Vinum liquorosum (DAB 10). Weinblätter - Folia Vitis viniferae. Vitis vinifera (HAB 34).
I: Flavonglykoside, Gerbstoffe, Wein- und Äpfelsäure, weinsaure Salze.
A: Blattextrakte in Fertigpräparaten u. a. gegen Venenerkrankungen und Durchblutungsstörungen. Der bei der Weinbereitung an den Gärbottichen abgesonderte Weinstein (Kaliumhydrogentartrat) als Abführmittel. Auch die Traubenkuren beruhen auf der abführenden und harntreibenden Wirkung der Tartrate. Der Wein selbst wird zu medizinischen Weinen mit appetitanregender Wirkung verwendet.
F: Antistax, Hepatodoron u. a.

Purgier-Kreuzdorn *Rhamnus catharticus* L. Kreuzdorngewächse *Rhamnaceae*

♄
1 - 3 m
V - VI

s. S. 276

Beschreibung und Verbreitung s. S. 246.
D: Kreuzdornbeeren - Rhamni cathartici fructus (DAB 10), die getrockneten, reifen Früchte. Rhamnus cathartica (HAB 34).
I: Anthrachinonverbindungen, Flavonglykoside, Gerbstoffe.
A: Als Giftpflanze s. S. 246. Wie Faulbaumrinde auf den Dickdarm wirkendes Abführmittel, aber milder. Früher häufig in Form des Sirups (Sirupus Rhamni catharticae) in der Kinderpraxis verwendet oder die getrockneten Beeren, heute noch in wenigen Fertigpräparaten. In der Volksheilkunde auch als harntreibendes und Blutreinigungsmittel.
F: Laxysat, Presselin Stoffwechseltee, Salus Abführ-Tee Nr. 2 u. a.

Faulbaum *Frangula alnus* MILL. (*Rhamnus frangula* L.) Kreuzdorngewächse *Rhamnaceae*

♄
1 - 3 m
V - VI

s. S. 266

Beschreibung und Verbreitung s. S. 246.
D: Faulbaumrinde - Frangulae cortex (DAB 10), die getrocknete Rinde der Stämme und Zweige, vor Verwendung mindestens ein Jahr gelagert oder unter Luftzutritt und Erwärmen künstlich gealtert. Rhamnus frangula, Frangula (HAB 1).
I: In frischem Zustand brechenerregende Anthronderivate, die sich beim Lagern in die Anthrachinonderivate Glucofrangulin und Frangulin umwandeln; Alkaloide Frangulanin und Franganin, Gerbstoffe.
A: Als Giftpflanze s. S. 246. Auf den Dickdarm wirkendes Abführmittel. Darmbakterien reduzieren kleine Mengen der im Darm freiwerdenden Anthrachinone zur Anthronform, die die Dickdarmmotorik anregt und die Sekretion der Schleimdrüsen steigert. Gleichzeitig wird die Rückresorption von Wasser und Elektrolyten gehemmt. Auch in Leber- und Gallenpräparaten enthalten. Für Anthranoid-Drogen wird über ein gewisses Krebsrisiko diskutiert.
F: Abführ-Tee Stada, Normacol, Obstinoletten, Pascoletten, Tirgon u. v. a.

Sanddorn *Hippophaë rhamnoides* L. Ölweidengewächse *Elaeagnaceae*

♄
2 - 6 m
IV

B: Dorniger, zweihäusiger Strauch, auch kleiner Baum. Blätter lineal-lanzettlich, unterseits silbergrau bis kupferrot glänzend. Blüten vor den Blättern erscheinend, männliche in kopfartigen Blütenständen, weibliche in kurzen, wenigblütigen Trauben. Frucht eine orangerote Scheinbeere.
V: Schotterauen der Gebirgsflüsse, Küstendünen, häufig gepflanzt; Eurasien.
D: Sanddornbeeren – Fructus Hippophaë rhamnoides.
I: Viel Vitamin C und weitere Vitamine, Flavonoide, Farbstoffe, organische Säuren, fettes Öl.
A: Wertvoll durch das reichliche Vorkommen von Vitamin C und Bioflavonoiden. Zur Bereitung von Konzentraten, Säften, Reform-Erzeugnissen u. a. gegen Erschöpfungszustände, Anfälligkeit für Erkältungskrankheiten und Appetitlosigkeit.
F: Kinder-Punkt, Säfte verschiedener Firmen.

Efeu *Hedera helix* L. Efeugewächse *Araliaceae*

♄
Bis 20 m
IX - X

Beschreibung und Verbreitung s. S. 246.
D: Efeublätter – Folia Hederae helicis. Hedera helix (HAB 1), frische Sprosse.
I: Triterpensaponine, u. a. Hederacosid C, das nach enzymatischer Spaltung α-Hederin liefert, Spuren von Alkaloiden, darunter Emetin, sind fraglich, Jod.
A: Als Giftpflanze s. S. 246. Efeublätter haben schleimlösende und besonders auf die Bronchien krampflösende Wirkung. Häufig in Fertigpräparaten gegen Keuchhusten, Bronchitiden, Reiz- und Krampfhusten. Früher auch in der Volksheilkunde äußerlich bei parasitären Hauterkrankungen und Rheuma. In der Homöopathie besonders bei Bronchialasthma, Gallenerkankungen und Schilddrüsenüberfunktion.
F: Bronchoforton, Tussiflorin forte, Losapan, Monapax, Prospan u. a.

Gewöhnliche Esche *Fraxinus excelsior* L. Ölbaumgewächse *Oleaceae*

♄
Bis 40 m
IV - V

B: Baum mit schwarzen Blattknospen. Blätter unpaarig gefiedert, die 9 – 13 Teilblätter sitzend, lanzettlich, fein gesägt. Blüten in reichblütigen Rispen ohne Blütenhülle, vor den Blättern erscheinend. Zahlreiche zungenförmige Früchte an dünnen Stielen.
V: Häufig in Laubwäldern, besonders Auenwäldern; gemäßigtes Europa.
D: Eschenblätter – Folia Fraxini (Erg.B.6), die getrockneten Laubblätter. Seltener die Rinde – Cortex Fraxini, diese auch im HAB 34.
I: Blätter: Flavonglykoside, Cumarinverbindungen, ätherisches Öl, Mannit, Äpfelsäure. Rinde: Cumarinverbindungen Fraxin, Aesculin u. a., Mannit.
A: Fast nur noch volkstümlich als leicht harntreibendes Mittel bei Rheuma und Gicht, wobei Fraxin die Harnsäureausscheidung steigern soll. Daneben als mildes Abführmittel (Wirkung der Äpfelsäure und des Mannits).
F: Phytodolor N, Ullus Leber-Galle-Tee u. a.

Sand-Wegerich *Plantago arenaria* W. & K. (*P. indica* L., *P. psyllium* L., nom. ambig.) Wegerichgewächse *Plantaginaceae*

⊙
0,1 - 0,5 m
V - VIII

s. S. 216

B: Gegenständig verzweigte Pflanze mit sitzenden, schmallinealen Blättern. Blüten trockenhäutig, unscheinbar, in blattachselständigen, langgestielten, eiförmigen Köpfchen. Samen kahnförmig.
V: Wegränder, Felder, Ödland; Süd- u. Osteuropa, bis Mitteleuropa.
D: Flohsamen – Psyllii semen (DAB 10), die reifen Samen, auch von *P. afra* L. (*P. psyllium* L. 1762, non L. 1753).
I: Hoher Schleimgehalt in der Samenschale, Iridoidglykosid Aucubin, Proteine.
A: Starkes Quellungsvermögen durch den hohen Schleimgehalt. Wie Leinsamen als mildes Abführmittel besonders bei chronischer Verstopfung. Daneben als reizmilderndes Mittel bei Darmentzündungen und gegen Husten. Häufig ist im Drogenhandel und auch in Fertigpräparaten heute der ähnliche Indische Flohsamen, Ispaghula-Samen von *Plantago ovata* FORSK. anzutreffen.
F: Agiolind, Lactoquill, Mucofalk, Pascomucil, Plantalax Truw u. a.

Großer Wegerich *Plantago major* L. Wegerichgewächse *Plantaginaceae*

♃
0,1 - 0,3 m
VI - X

B: Blätter in einer Grundrosette, deutlich gestielt, elliptisch, bis 1,5mal so lang wie breit, mit parallelen Hauptnerven. Stiel der Blütenähre kürzer als die Blätter. Blüten unscheinbar, durch die herausragenden Staubblätter blaßlila bis gelblich.
V: Häufig in Trittrasen, auf Wegen, heute weltweit verschleppt.
D: Breitwegerichkraut - Herba Plantaginis majoris (Erg.B.6), das getrocknete oder frische, blühende Kraut. Plantago major (HAB 34).
I: Schleime, Gerbstoffe, Iridoidglykosid Aucubin, Flavonoide, Kieselsäure.
A: In der Volksheilkunde wie Spitzwegerich, vor allem gegen Husten verwendet, jedoch weniger wirksam. Die frischen Blätter als Wundheilmittel. In der Homöopathie häufiger als die folgende Art, u. a. bei Wundschmerzen nach Zahnextraktionen, Zahnschmerzen, Mittelohrkatarrhen, Bettnässen, Reizblase.
F: Aranea Oligoplex, Uva ursi Oligoplex, Viburcol u. a.

Spitz-Wegerich *Plantago lanceolata* L. Wegerichgewächse *Plantaginaceae*

♃
0,1 - 0,4 m
V - IX

s. S. 288

B: Grundrosette aus lineallanzettlichen, am Grunde verschmälerten, parallelnervigen Blättern. Stiel der Blütenähre länger als die Blätter, Blüten unscheinbar, bräunlich, in walzlicher bis eiförmiger Ähre.
V: Wiesen, Trockenrasen, Ruderalfluren; Europa, Asien, weltweit verschleppt.
D: Spitzwegerichkraut - Plantaginis lanceolatae herba (DAB 10), das getrocknete Kraut. Plantago lanceolata (HAB 34).
I: Schleime, Gerbstoffe, Iridoidglykosid Aucubin, Flavonoide, Kieselsäure.
A: Gebräuchlich als schleimlösendes und reizmilderndes Mittel bei Katarrhen der Atemwege, seltener auch bei Schleimhautentzündungen im Mund- und Rachenraum und von Magen und Darm. Die in der Volksheilkunde verwendeten frischen Blätter bzw. der ausgepreßte Saft haben wundheilende und blutgerinnungsfördernde Eigenschaften. Antibakterielle Wirkung wurde für das Hydrolyseprodukt des Aucubins nachgewiesen. Die Samen aufgrund ihrer (allerdings geringen) Quellfähigkeit zeitweise in Abführmitteln.
F: bronchitussin SC, Bronchostad, Dr. Boether Bronchitten, Mediasis u. a.

Stechender Mäusedorn *Ruscus aculeatus* L. Liliengewächse *Liliaceae*

♄
0,2 - 0,8 m
IX - X
II - IV

▽

B: Zweihäusiger, immergrüner Halbstrauch mit zweizeilig angeordneten, blattartig verbreiterten, stechenden Zweigen. Darauf die grünlich-weißen unscheinbaren Blüten einzeln oder zu wenigen in der Achsel eines kleinen Hochblattes. Frucht eine rote Beere.
V: Wälder und Gebüsche im Mittelmeergebiet und Westeuropa.
D: Stechmyrtenwurzelstock - Rhizoma Rusci aculeati.
I: Saponine Ruscin und Ruscosid, die Aglykone Ruscogenin und Neoruscogenin.
A: Harntreibende, außerdem gefäßverengende und entzündungshemmende Wirkung. In Fertigarzneimitteln gegen venöse Durchblutungsstörungen, Krampfadern, Hämorrhoiden u. ä. In der Volksmedizin als harntreibendes Mittel. Die Zweige werden zu Trockensträußen verwendet.
F: Phlebodril, Ruscorectal (enthält Ruscogenin), Venobiase u. a.

Sand-Segge *Carex arenaria* L. Sauergräser *Cyperaceae*

♃
0,1 - 0,5 m
V - VI

B: Pflanze mit sehr weit kriechendem Wurzelstock, Triebe oft gerade Reihen bildend. Stengel scharf 3kantig, zur Blütezeit etwa so lang wie die Blätter, mit ährenartigem, oft etwas überhängendem Blütenstand.
V: Dünen, Heiden, Sandkiefernwälder im Norddeutschen Tiefland, Küsten Westeuropas.
D: Sandriedgraswurzelstock - Rhizoma Caricis (Erg.B.6), der getrocknete Wurzelstock.
I: Saponine (ob auch in europäischen Herkünften, ist strittig), Kieselsäure, ätherisches Öl mit Methylsalicylat, Gerbstoffe.
A: Für die Droge werden harn- und schweißtreibende Wirkungen angegeben. In der Volksheilkunde als Blutreinigungsmittel bei Ekzemen und rheumatischen Erkrankungen. Früher spielte die Droge bei der Behandlung der Lues eine Rolle und wurde daher auch als „Deutsche Sarsaparille“ bezeichnet.
F: Humoral-Restitut Flüssigkeit u. a.

Taumel-Lolch, Tollgerste *Lolium temulentum* L. Süßgräser *Poaceae*

⊙
0,3 - 0,8 m
VI - VIII

☠

B: Nur blühende, steif aufrechte Triebe. Ähre bis 20 cm lang, Ährchen zweizeilig sitzend, vielblütig, begrannt, mit der Schmalseite der rauhen Achse zugekehrt. Hüllspelze 7- oder 9nervig.
V: Getreideunkraut, bei uns fast ausgestorben; Heimat Mittelmeergebiet.
D: Lolium temulentum (HAB 34), die reifen Früchte.
I: In den reifen Früchten das Alkaloid Temulin. Die Früchte sind meist von einem Pilz befallen, der für die Giftwirkung ebenso wie das Alkaloid jedoch ohne Bedeutung sein soll.
A: Noch zu Beginn dieses Jahrhunderts Massenvergiftungen durch Verunreinigung des Getreides oder Leins mit den Früchten. Zu den Vergiftungserscheinungen gehören u. a. Schwindel und Taumeln, Verwirrungszustände, Erbrechen und Koliken, selten auch tödliche Atemlähmung. In der Homöopathie noch gebräuchlich bei Schwindel und Magenkrämpfen.

Gemeine Quecke *Agropyron repens* (L.) P. B. (*Elymus repens* (L.) GOULD) Süßgräser *Poaceae*

♃
0,3 - 1,5 m
VI - VII

s. S. 282

B: Pflanze mit langen unterirdischen Ausläufern. Ähre bis 15 cm lang, Ährchen dicht in 2 Zeilen sitzend, mehrblütig, die breite Seite der kahlen Achse zugekehrt.
V: Äcker, Gärten, Wegränder, Flußufer, häufig; Europa, Asien.
D: Queckenwurzelstock - Rhizoma Graminis (Erg.B.6), der getrocknete Wurzelstock. Agropyron repens, Triticum repens (HAB 1).
I: Ätherisches Öl mit Polyacetylenen (Agropyren ist fraglich), Carvon; Polyfructosan Triticin (verwandt mit Inulin), Fructose, Schleimstoffe, Kieselsäure, Saponine (?).
A: Von alters her als harntreibendes Mittel bei Erkrankungen der Harnwege, Rheuma und Hautausschlägen, auch als mildes Abführmittel und reizmildernd bei Katarrhen der Atemwege. Wegen des Fructosegehaltes Extrakte in Diätetika für Zuckerkranke, der Wurzelstock in Notzeiten als Nahrungsmittel.
F: Antiviscosin-Tee N, Buccotean, Harntee 400, Nephropur S u. a.

Weizen *Triticum aestivum* L. (*T. vulgare* VILL.) Süßgräser *Poaceae*

⊙
0,5 - 1,6 m
VI

B: Blattspreite am Grunde geöhrt und bewimpert, mit kurzem, gestutztem Blatthäutchen. Ähren regelmäßig 4kantig, Ährchen sitzend, 2 - 5blütig, die breite Seite der Ährenachse zugekehrt, kurz begrannt.
V: In vielen Sorten als Winter- oder Sommerweizen angebaut.
D: Weizenstärke - Tritici amylum (DAB 10). Weizenkeime - Germina Tritici.
I: In den Weizenkeimen fettes Öl u. a. mit Linolsäure, Ölsäure, Linolensäure, Lecithin, Vitaminen (besonders Vitamin E).
A: Liefert über 70% der arzneilich verwendeten Stärke (s. S. 21). Die Weizenkeime, ihre Extrakte und das Öl zur Regulierung der Keimdrüsenfunktionen, bei Herz- und Kreislaufschäden, Hautleiden, in der Kosmetik. Weizenkleie als Badezusatz bei Hautleiden.
F: Granoton, Silvapin Weizenkleie-Extrakt, „Töpfer" Teerkleiebad u. a.

Ruchgras *Anthoxanthum odoratum* L. Süßgräser *Poaceae*

♃
0,3 - 0,5 m
V - VIII

s. S. 270

B: Horstbildendes Gras. Stengel aufrecht bis aufsteigend, Blätter mit kurzer, am Grunde bewimperter Spreite. Ährchen einblütig, in dichter, ährenartiger Rispe.
V: Wiesen, lichte Wälder, häufig; Europa und weiter eingeführt.
D: Heublumen - Flores Graminis, die Blütenstände und Blätter verschiedener Gräser und anderer Wiesenpflanzen. Zusammensetzung wechselnd je nach Herkunft und Erntezeit der Droge. Häufiger und wertvoller Bestandteil ist das Ruchgras mit Cumaringeruch. Anthoxanthum odoratum (HAB 34).
I: Kein besonderer Wirkstoff bekannt, enthalten sind unterschiedliche Mengen ätherischer Öle, Gerbstoffe, Flavonoide, Cumarin, Kieselsäure.
A: Zu Bädern und Packungen mit stoffwechselanregender, durchblutungsfördernder, schmerzlindernder, krampflösender und beruhigender Wirkung u. a. bei rheumatischen Erkrankungen, Hexenschuß, Nervenentzündungen. Das Wirkprinzip ist nicht bekannt. In der Homöopathie bei Heuschnupfen.
F: Heublumen-Extrakte verschiedener Firmen.

Saat-Hafer *Avena sativa* L. Süßgräser *Poaceae*

⊙
0,6 - 1,5 m
VI - VIII

B: Blattspreite am Grund ohne Öhrchen, Blatthäutchen kurz, gezähnt. Allseitswendig ausgebreitete, lockere Rispe mit meist 2blütigen, zur Reifezeit hängenden Ährchen. Deckspelzen kahl.
V: Als Kulturpflanze in den gemäßigten Zonen der Erde.
D: Hafermehl - Farina Avenae. Haferstroh - Stramentum Avenae. Avena sativa (HAB 1), die frischen, oberirdischen Teile blühender Pflanzen.
I: Saponine Avenacosid (in Samen und Blättern) und Avenacin (in den Wurzeln), Vanillinglykoside und das Indolalkaloid Gramin in der Samenschale.
A: Die Früchte in Form von Haferflocken als Diätetikum bei Magen- und Darmstörungen, speziell die Haferkleie zur Senkung hoher Cholesterinwerte. Aus dem Hafermehl gewonnene Bestandteile äußerlich gegen Hautleiden, ebenso Haferstrohbäder, die auch bei rheumatischen Erkrankungen Anwendung finden. Die Volksmedizin verwendet Tee aus Grünem Hafer wie die Homöopathie gegen nervöse Erschöpfung und Schlaflosigkeit.
F: Avedorm N, Eupronerv, Requiesan, Sedatruw, Somnium u. v. a.

Mehrzeilige Gerste *Hordeum vulgare* L. Süßgräser *Poaceae*

⊙
0,5 - 1,5 m
V - VI

B: Blattöhrchen sichelförmig stengelumfassend, kahl, Blatthäutchen kurz. Reife Ähren nickend, 4- oder 6zeilig, Ährchen 1blütig, bis 15 cm lang begrannt.
V: Als 4- und 6zeilige Gerste in zahlreichen Sorten angebaut.
D: Malzextrakt - Extractum Malti, der wäßrige Auszug aus Malz, den gekeimten, getrockneten Gerstenkörnern.
I: Maltose, Dextrin, Glucose, Eiweißstoffe, Enzyme, Vitamine, Mineralbestandteile.
A: Gerstenschleim volkstümlich bei Magen- und Darmerkrankungen. Malzextrakt bei Katarrhen der Luftwege (Malzbonbons), als Geschmackskorrigens und Kräftigungsmittel, z. T. mit Zusätzen von Kalk, Lebertran u. a. Das in den Gerstenkeimen enthaltene Alkaloid Hordenin stimuliert durch Verengung der Blutgefäße den peripheren Kreislauf und wirkt broncheolytisch.
F: Pantona, Sensinerv Roborans, Werotussin C u. a.

Reis *Oryza sativa* L. Süßgräser *Poaceae*

⊙
Bis 1,3 m
VII - IX

B: Rispengras mit bis 1,5 cm breiten Blättern und sehr langer Blattscheide, Blatthäutchen zweispaltig. Rispe zusammengezogen, bis 30 cm lang.
V: Alte Kulturpflanze, Heimat Asien, heute weltweit in vielen Sorten angebaut.
D: Reisstärke - Oryzae amylum (DAB 10).
A: Die sehr kleinkörnige Stärke ist als Pudergrundlage geschätzt, da durch die große Oberfläche die Kühlwirkung entsprechend groß ist (s. auch S. 21). Polierter Reis als Hauptnahrungsmittel verursacht aufgrund des niedrigen Gehaltes an Vitamin B1 die Beri-Beri-Krankheit. Reisschleim als Diätetikum.
F: Dermazellon, Neo-Ballistol u. a.

Mais, Welschkorn *Zea mays* L. Süßgräser *Poaceae*

⊙
1,5 - 3 m
VII - IX

B: Hohes, kräftiges Gras. Männliche Ähren in endständigen Rispen, weibliche in langen Kolben.
V: In Mittelamerika entstandene Kulturpflanze, heute weltweit angebaut.
D: Maisstärke - Maydis amylum (DAB 10). Maiskeimöl - Oleum Maydis. Maisgriffel - Stigmata Maidis (Erg.B.6), die getrockneten Griffel der weiblichen Blüten. Stigmata maydis (HAB 34).
I: In den Maisgriffeln Saponine, Flavonoide, ätherisches Öl, geringe Mengen eines nicht näher bekannten Alkaloids, Gerbstoff, Bitterstoff, Kaliumsalze.
A: Maisgriffel haben milde harntreibende, angeblich auch blutzuckersenkende Wirkung. In Peru werden sie als Rauschmittel geraucht (Alkaloidwirkung). In der Homöopathie bei Reizzuständen der Harnwege, Nierensteinen, Wasseransammlungen bei Herzleiden und Zuckerkrankheit. Maiskeimöl wegen seines hohen Gehaltes an ungesättigten Fettsäuren als wertvolles Speiseöl und vorbeugend gegen Arteriosklerose. Anwendung der Stärke s. S. 21.
F: Ernst Kräuter Rheumatee, Nephros-Strath u. a.

Kalmus, Magenwurz *Acorus calamus* L. Aronstabgewächse *Araceae*

♃
0,5 - 1,5 m
VI - VII

B: Pflanze mit aromatischem, unterirdisch weit kriechendem Wurzelstock. Blätter lineal, schwertförmig, Stengel 3kantig, 2zeilig beblättert, Blütenstand kolbenförmig, scheinbar seitenständig mit laubblattartigem Hochblatt, das die Fortsetzung des Stengels bildet. In Europa ohne Früchte.
V: Langsam fließende und stehende Gewässer; in Europa seit dem 16. Jahrhundert eingebürgert, Asien, Nordamerika.
D: Kalmus - Rhizoma Calami (DAB 6), der für innere Zwecke geschälte und getrocknete Wurzelstock. Acorus calamus, Calamus aromaticus (HAB 1).
I: Ätherisches Öl u. a. mit cis-Isoasaron, Bitterstoff Acoron, Gerbstoffe.
A: Das gleichzeitige Vorkommen von ätherischem Öl und Bitterstoff machen Kalmus zu einem aromatischen Bittermittel, das bei Appetitmangel und Magen- und Darmstörungen wirksam ist. Häufiger Bestandteil von Magenbittern. Äußerlich zu Mund- und Gurgelwässern und zu hautreizenden Umschlägen und Bädern. Da für das cis-Isoasaron im Tierversuch krebserregende Wirkungen nachgewiesen wurden, wird die Anwendung von amerikanischer Droge, in der diese Substanz fehlt, empfohlen.
F: Carvomin, Gastroflorin N, Gastrol S, Majocarmin forte, Stomasal u. v. a.

Kleine Wasserlinse *Lemna minor* L. Wasserlinsengewächse *Lemnaceae*

♃
2 - 6 mm
V - VI

B: Auf der Wasserfläche schwimmende, blattartige, beiderseits flache Glieder, zu 2 - 6 zusammenhängend, mit je 1 Wurzel auf der Unterseite. Blüten selten in einer Spalte am Rand, 2 Staubblätter und 1 Fruchtknoten.
V: Stehende und langsam fließende Gewässer, fast weltweit verbreitet.
D: Lemna minor (HAB 1), die frische Pflanze.
I: Flavonoide, Saccharide, Fettsäuren mit prostaglandinähnlicher Struktur.
A: In der Homöopathie gebräuchlich bei ödematösen Schwellungen in der Nase und Schleimhautpolypen, chronischem Schnupfen. Früher in der Volksheilkunde als harntreibendes Mittel und bei Augenleiden.
F: Kalium chloratum Oligoplex, Naso-Heel, Stipo Spray u. a.

Meerträubel *Ephedra distachya* L. (*E. vulgaris* L. C. M. Rich.)
Meerträubelgewächse *Ephedraceae*

♄
Bis 1 m
III - V

∇

B: Wie die Nadelhölzer zu den nacktsamigen Pflanzen gehörender, niedriger, zweihäusiger Strauch mit besenartigen, grünen Zweigen und schuppenförmigen Blättern. Männliche Blüten in Knäueln, weibliche zu zweien. Rote Beerenzapfen.
V: An Küsten und Flußufern Südeuropas, ssp. *helvetica* in den SW-Alpen.
D: Ephedra distachya, E. vulgaris (HAB 1), die frischen, oberirdischen Teile.
I: Alkaloid Pseudoephedrin neben wenig Ephedrin, Gerbstoff, ätherisches Öl.
A: Ephedrin hat gefäßverengende, bronchienerweiternde und zentralerregende Wirkung. Es ist in europäischen *Ephedra*-Arten - im Gegensatz zu den früher medizinisch häufig gebrauchten und auch zur Ephedrin-Gewinnung herangezogenen asiatischen Arten (als Ephedrae herba im DAB 10) - in geringerem Maße enthalten. Heute kann es synthetisch hergestellt werden. Anwendung der Pflanze noch in homöopathischen Präparaten gegen Kreislaufstörungen, Husten, Bronchialasthma, Heuschnupfen und andere allergische Erkrankungen.
F: Cardaminol, Ephecuan, Mediocard, Tartephedreel, Yerba Santa Spl. u. a.

Ginkgo *Ginkgo biloba* L. Ginkgogewächse *Ginkgoaceae*

♄
Bis 30 m
IV - V

B: Zweihäusiger, sommergrüner Baum mit fächerförmigen, gabelnervigen Blättern. Männliche Blüten kätzchenartig, weibliche gestielt mit je 2 Samenanlagen. Reife Samen gelb, der faulende Samenmantel mit unangenehmem Geruch, weibliche Bäume daher nur selten kultiviert.
V: Häufig als Parkbaum, erst seit 1730 in Europa, Heimat China.
D: Ginkgoblätter - Folia Ginkgo bilobae. Ginkgo biloba, Ginkgo (HAB 1).
I: Verschiedene Flavonoide, u. a. Ginkgetin, Terpenlactone (Bilabolid, Ginkgolide).
A: Extrakte in Fertigpräparaten gegen periphere arterielle Durchblutungsstörungen und Hirnleistungsstörungen mit Schwindel, Ohrensausen, Gedächtnisschwäche u. a. In Haarwaschmitteln. Alte chinesische Heilpflanze gegen Husten.
F: Cereginkgo, Panstabil N, Rökan, Tebonin forte, Veno-Tebonin u. a.

Weiß-Tanne, Edel-Tanne *Abies alba* MILL. Kieferngewächse *Pinaceae*

♄
30 - 60 m
V - VI

B: Hoher Nadelbaum mit storchennestartiger Krone. Nadeln gescheitelt, unterseits mit 2 hellen Streifen. Fruchtzapfen aufrecht stehend, Schuppen bei der Reife sich einzeln lösend.
V: In höheren Lagen der Mittelgebirge und Alpen bis Südeuropa.
D: Edeltannenöl - Oleum Abietis albae (Oleum Abietis pectinatae), das ätherische Öl der Nadeln. Edeltannenzapfenöl, Templinöl - Oleum Templinum, das ätherische Öl der Fruchtzapfen. Edeltannenextrakt - Extractum Abietis albae, wäßriger Auszug aus Nadeln und dünnen Zweigen. Abies alba (HAB 1). Straßburger Terpentin - Terebinthina argentoratensis.
I: Ätherisches Öl mit Bornylacetat, Pinen, Limonen.
A: Wie die Drogen aus Fichte und Kiefer zu Inhalationen bei Erkrankungen der Atemwege, zu Einreibungen und Bädern auch bei rheumatischen Beschwerden, Durchblutungsstörungen und nervösen Erschöpfungszuständen. Straßburger Terpentin früher zu hautreizenden Pflastern und Salben.
F: Aerosol Spitzner, Compinol, Pinimenthol-Bad, Terpestrol u. a.

Fichte, Rottanne *Picea abies* (L.) KARSTEN Kieferngewächse *Pinaceae*

♄
30 - 50 m
(- 60 m)
IV - VI

B: Hoher, spitz-pyramidenförmiger Nadelbaum mit hängenden Zapfen, die im Ganzen abfallen. Nadeln spitz, gleichmäßig um die Zweige gestellt.
V: Von den Alpen und höheren Lagen der östlichen Mittelgebirge bis Nordeuropa und Sibirien waldbildend, im übrigen Mitteleuropa häufig kultiviert.
D: Fichtennadelextrakt - Extractum Pini (Erg.B.6), aus den frischen, jungen Zweigen. Fichtennadelöl - Piceae aetheroleum (DAB 10), das ätherische Öl aus Nadeln, Zweigspitzen oder Ästen, auch von *Abies*- oder anderen *Picea*-Arten. Pinus abies (HAB 34), die frischen Sprosse.
I: Ätherisches Öl mit Bornylacetat, Pinen, Phellandren, Cadinen.
A: Das ätherische Öl zu Einreibungen bei Erkrankungen der Atmungsorgane, Rheuma, Muskelschmerzen (häufig in Franzbranntwein), wie auch Fichtennadelextrakte zu stärkenden Bädern. In geruchsverbessernden Raumsprays („Tannenduftessenzen"). Die jungen Sprosse volkstümlich wie Kiefernsprosse.
F: Cedrapin, Contrheuma flüssig N, Cor-Vel N u. v. a.

Lärche *Larix decidua* MILL. Kieferngewächse *Pinaceae*

♄
20 - 30 m
(- 50 m)
IV - VI

B: Baum mit hellgrünen Nadelblättern, büschelig an Kurztrieben, im Herbst goldgelb und dann abfallend. Zapfen rundlich mit eng anliegenden Samenschuppen.
V: In den Alpen bis zur Baumgrenze, in tieferen Lagen häufig gepflanzt.
D: Lärchenterpentin, Venezianisches Terpentin - Terebinthina laricina (Erg.B.6, HAB 1), der Balsam aus den angebohrten Stämmen.
I: Ätherisches Öl, Bitterstoff, Harzsäuren, vor allem Laricinolsäure.
A: Noch selten wie gewöhnliches Terpentin (s. S. 228) in hautreizenden Salben und Pflastern, gegen Furunkel, Abszesse, Rheuma und Erkrankungen der Atemwege. Technisch zu Lacken, Klebemitteln u. a. In der Homöopathie bei Augenerkrankungen.
F: Caprisana, Josimitan Salbe u. a.

Zypresse *Cupressus sempervirens* L. Zypressengewächse *Cupressaceae*

♄
Bis 30 m
IV

B: Säulenförmiger Baum mit aufstrebenden (f. *sempervirens*) oder abstehend aufsteigenden Ästen (f. *horizontalis*). Blätter schuppenförmig, stumpf, in 4 dichten Reihen, Zapfen kugelig, 2,5 - 4 cm im Durchmesser.
V: Ostmediterran, heute im ganzen Mittelmeergebiet eingebürgert.
D: Zypressenöl - Oleum Cupressi (Erg.B.6), das ätherische Öl der Blätter und jüngeren Zweige. Cupressus sempervirens (HAB 34), die frischen Früchte und Blätter.
I: Im ätherischen Öl Furfurol, Pinen, Cadinen, Cedrol (Zypressenkampfer), Cymol.
A: Als Bestandteil von Inhalationen und Einreibungen gegen Husten, Keuchhusten und Bronchialasthma. In Raumsprays. Grundstoff der „Chypre"-Parfums. In der Homöopathie gegen Kopf- und Gelenkschmerzen.
F: Baby Luuf Balsam, Drosera Oligoplex u. a.

Latsche, Legföhre *Pinus mugo* TURRA Kieferngewächse *Pinaceae*

ħ
1 - 2 (- 5) m
V - VI

∇

B: Strauch mit bogig aufsteigenden Ästen. Nadeln stumpflich, zu 2 an Kurztrieben, bis 5 cm lang. Rinde schwarzbraun. Zapfen rundlich, aufrecht oder waagerecht stehend.
V: Bestandbildend in der subalpinen Stufe, Alpen, Karpaten, auch in Hochmooren.
D: Latschenkiefernöl - Oleum Pini pumilionis (Erg.B.6), das ätherische Öl aus den frischen Nadeln und jüngeren Zweigspitzen.
I: Phellandren, Limonen, Pinen, Bornylacetat („Tannennadelduft").
A: Ähnliche Anwendung wie Eucalyptusöl: zu Inhalationen bei Erkrankungen der Atemwege, in Bronchialbalsamen und Schnupfentropfen, zu Einreibungen und Bädern bei rheumatischen Erkrankungen und Nervenschmerzen, zum Desinfizieren und Parfümieren der Luft.
F: Bormelin, Mabex, Macoel, Monapax N Hustenbalsam, Pumilen u. v. a.

Wald-Kiefer, Föhre *Pinus sylvestris* L. Kieferngewächse *Pinaceae*

ħ
Bis 45 m
V - VI

B: Baum mit rötlicher Rinde. Nadelblätter zugespitzt, 4 - 6 cm lang, zu 2 an Kurztrieben. Zapfen rundlich, bis 7 cm lang, reif hängend.
V: Auf extremen, sandigen, kalkfelsigen oder torfigen Böden waldbildend, Europa.
D: Kiefernsprosse - Turiones Pini (Erg.B.6), die getrockneten, zu Beginn des Frühjahrs gesammelten Langtriebe. Pinus sylvestris (HAB 1). Kiefernnadelöl - Pini aetheroleum (DAB 10), das ätherische Öl aus frischen Nadeln, Zweigspitzen oder Ästen, auch von anderen Arten der Gattung *Pinus.* Holzteer - Pix liquida (DAB 6, HAB 34), der durch trockene Destillation des Holzes gewonnene Teer.
I: In den Sprossen ätherisches Öl mit Phellandren, Pinen, Cadinen, Bornylacetat; Bitterstoff, Gerbstoff, Vitamin C. Im Holzteer Phenole, Kresole, Xylol, Naphthalin.
A: Das ätherische Öl wie das der Latsche. Volkstümlich die Kiefernsprosse als Badezusatz bei Rheuma, Erschöpfungszuständen, zur Förderung der Durchblutung und der Harnausscheidung, als Sirup bei Luftröhrenkatarrh. Der Holzteer äußerlich bei Hauterkrankungen.
F: Aerosol Spitzner, Bronchoforton Salbe, Denosol-mild, Pinimenthol u. v. a.

Stern-Kiefer *Pinus pinaster* AITON Kieferngewächse *Pinaceae*

ħ
Bis 40 m
IV - VI

B: Baum mit 10 - 25 cm langen, 2 mm dicken Nadel zu 2, Zapfen 8 - 22 cm lang, kegelförmig, zu 3 - 8 sternförmig gestellt.
V: Auf kalkarmen Böden im westlichen Mittelmeergebiet.
D: Gereinigtes Terpentinöl - Terebinthinae aetheroleum rectificatum (DAB 8), Oleum Terebinthinae rectificatum, das ätherische Öl aus dem Terpentin von *Pinus*-Arten, besonders *P. pinaster* AITON und der amerikanischen *P. australis* MICHAUX fil. Oleum Terebinthinae (HAB 34). Unter Terpentin schlechthin versteht man den Balsam von Nadelholzarten, der bei Verwundung lebender Bäume ausfließt. Zur Gewinnung werden die Stämme mit übereinanderliegenden V-förmigen Einkerbungen versehen, und am Scheitel des untersten Einschnittes wird ein Auffanggefäß befestigt (unten rechts). Die Terpentine haben je nach Baumart unterschiedliche chemische Zusammensetzung. Durch Wasserdampfdestillation des Terpentins erhält man Terpentinöl und als Rückstand ein Harz, das Kolophonium (Colophonium DAB 6). *Pinus sylvestris* L. und *Pinus nigra* ARNOLD liefern Terpentinöl, das nicht den Forderungen der neuen Arzneibücher nach einem hohen Pinen-Gehalt entspricht.
I: Terpentinöl: überwiegend Pinen, Phellandren, Limonen, Colophonium: verschiedene Harzsäuren, Resen, Reste ätherischen Öles.
A: Terpentinöl nur noch selten innerlich und zu Inhalationen bei Erkrankungen der Atemwege, als Injektion zur unspezifischen Reizkörpertherapie; äußerlich als durchblutungsförderndes Mittel bei rheumatischen Muskel- und Gelenkbeschwerden. In der Homöopathie u. a. bei Gallensteinkoliken, Blasen- und Nierenbeckenentzündungen, Hauterkrankungen. Kolophonium (Geigenharz) nur noch selten zu Pflastern und Salben bei Rheuma und Furunkeln.
F: Ilon Abszeß-Salbe, Infrotto, Leukona-Rheumasalbe, Ozothin u. v. a.

Amerikanischer Lebensbaum *Thuja occidentalis* L. Zypressengewächse *Cupressaceae*

ħ
Bis 8 m
(- 20 m)
IV - V

☠

B: Strauch oder Baum mit ausgebreiteten Zweigen. Blätter schuppenförmig, beim Zerreiben stark aromatisch. Zapfen bis 1 cm, reif hellbraun, mit 8 - 10 Schuppen.
V: Häufig gepflanzt, Heimat atlantisches Nordamerika.
D: Lebensbaumspitzen - Summitates Thujae (Erg.B.6), die getrockneten, jüngeren Zweige. Thuja occidentalis, Thuja (HAB 1).
I: Ätherisches Öl mit Thujon, Podophyllotoxin, Flavonoide.
A: Wie der Sadebaum giftig. Das stark hautreizende ätherische Öl in Einreibungen gegen Rheuma und Erkältungskrankheiten. Innerlich häufig in der Homöopathie u. a. gegen Warzen, Muskel- und Gelenkschmerzen, chronische Bindehautentzündung, als unspezifisches Reiztherapeuticum.
F: Echtrosept N, Esberitox N, Fidesabal, Hevertotox, Rheuma-Pasc u. a.

Sadebaum *Juniperus sabina* L. Zypressengewächse *Cupressaceae*

ħ
Bis 20 m
IV - V

☠ ▽

B: Niederliegender Strauch mit aufsteigenden Ästen. Blätter nur an jungen Pflanzen und Trieben nadelförmig, sonst schuppenartig, anliegend, beim Zerreiben unangenehm riechend. Beerenzapfen kurz gestielt, hängend, dunkelblau, etwa 5 mm groß.
V: Selten in den Alpen und südeuropäischen Gebirgen, häufiger kultiviert.
D: Sadebaumspitzen - Summitates Sabinae (Erg.B.6), die getrockneten, jüngsten Zweigspitzen. Juniperus sabina, Sabina (HAB 1).
I: Ätherisches Öl mit Sabinen, Sabinol, Thujon u. a., Podophyllotoxin.
A: Das sehr giftige ätherische Öl hat äußerlich wie innerlich starke örtliche Reizwirkung. Die Pflanze ist seit alters als Abtreibungsmittel bekannt, jedoch tritt die Wirkung meist nur nach einer tödlichen Dosis ein. Äußerlich gelegentlich zur Behandlung von Warzen, innerlich nur noch in der Homöopathie, u. a. bei Menstruationsstörungen, Reizzuständen der Blase und Warzen.
F: Cimicifuga Oligoplex, Millefolium-Pentarkan, Sabina-Plantaplex u. a.

Gemeiner Wacholder *Juniperus communis* L. Zypressengewächse *Cupressaceae*

ħ
3 - 6 (- 12) m
IV - V

▽

s. S. 290

B: Schmaler Strauch oder niedriger Baum, Blätter immer nadelförmig, 6 - 20 mm lang, mit einem breiten, helleren Streifen auf der Oberseite. Beerenzapfen 6 - 9 mm groß, schwarzblau.
V: Heiden, Magerrasen, lichte Nadelwälder; Ebene bis Gebirge, Europa.
D: Wacholderbeeren - Juniperi fructus (DAB 10), die getrockneten, reifen Beerenzapfen. Juniperus communis (HAB 1). Wacholderbeeröl - Oleum Juniperi (DAB 7). Wacholderholz - Lignum Juniperi (Erg.B.6).
I: Ätherisches Öl mit Pinen und Terpinen-4-ol als Wirkstoff, daneben Flavonoide, u. a. Proanthocyanidine, Gerbstoffe, Invertzucker, Harz.
A: Beeren als harntreibendes Mittel u. a. in Entfettungsmitteln, bei Gelenkerkrankungen, Infekten der ableitenden Harnwege (wegen der nierenreizenden Wirkung mit Vorsicht), auch bei Katarrhen der Atemwege, zur Anregung von Appetit und Verdauung. Das ätherische Öl in Einreibungen gegen Rheuma. Zur Herstellung von Schnäpsen (Steinhäger, Genever, Gin), als Gewürz.
F: Atmulen E, Cheplaren S, Uriginex N, Roleca Wacholder u. v. a.

Stech-Wacholder *Juniperus oxycedrus* L. Zypressengewächse *Cupressaceae*

ħ
3 - 5 (- 14) m
II - IV

B: Kräftiger Strauch oder Baum, Blätter nadelförmig-stechend, bis 25 mm lang, oberseits mit 2 weißlichen Streifen. Reife Beerenzapfen rötlichbraun.
V: In immergrünen Gehölzen des Mittelmeergebietes weit verbreitet.
D: Wacholderteer, Kadeöl - Pix Juniperi (DAB 6), Oleum Juniperi empyreumaticum, durch trockene Destillation aus Holz und Zweigen gewonnen.
I: Guajakol, Kresol u. a. Phenole, Cadinen, Cadinol, Harze.
A: Nur noch selten äußerlich gegen Hautleiden, in medizinischen Haarwaschmitteln gegen Schuppen und Seborrhoe. Volkstümlich bei Rheumatismus.
F: Polytar u. a.

Adlerfarn *Pteridium aquilinum* (L.) KUHN Adlerfarngewächse *Hypolepidaceae*

♃
0,5 – 2 m
Sporen:
VII – IX

☠

B: Wurzelstock verzweigt, weit kriechend. Wedel einzeln, aufrecht, im Umriß dreieckig, 2 – 4fach gefiedert. Sporenbehälter am umgerollten Blattrand.
V: Lichte Wälder, Schlagfluren, weltweit verbreitet.
D: Adlerfarnwedel – Folia Pteridii aquilini.
I: Thiaminase (Vitamin B 1 zerstörendes Enzym), Blausäureglykosid, eine carcinogene Substanz, Saponin Pteridin, Flavonoide, Gerbstoffe.
A: Verursacht Viehvergiftungen, aber auch für den Menschen sind Vergiftungen über die Milch von Weidetieren oder durch den Verzehr als Wildgemüse möglich. In der Heilkunde früher in Rheumatees, heute noch in wenigen Fertigarzneimitteln u. a. gegen Störungen der Verdauungstätigkeit.
F: Aquilinum comp. Wala u. a.

Hirschzunge *Phyllitis scolopendrium* (L.) NEWM. (*Scolopendrium vulgare* SM.) Streifenfarngewächse *Aspleniaceae*

♃
0,2 – 0,5 m
Sporen:
VII – IX

▽

B: Farnwedel mit ungeteilter, ganzrandiger Blattspreite, bis 50 cm lang und bis 8 cm breit, am Grunde herzförmig. Sporenbehälter in strichförmigen Lagern auf der Blattunterseite.
V: Schattig-feuchte, felsige Wälder; Europa, Asien.
D: Hirschzunge – Herba Scolopendrii. Scolopendrium (HAB 34).
I: Gerbstoffe, Schleim, freie Aminosäuren.
A: In der Volksheilkunde früher als Bestandteil schleimlösender Teemischungen gegen Bronchitis und Lungentuberkulose, auch bei chronischem Darmkatarrh, Milz- und Leberleiden. Heute nur noch in der Homöopathie.
F: Aquilinum comp. Wala, Digestodoron N u. a.

Gemeiner Wurmfarn *Dryopteris filix-mas* (L.) SCHOTT Schildfarngewächse *Aspidiaceae*

♃
0,3 – 1,2 m
Sporen:
VII – IX

☠

B: Wedel bis zu 1,2 m lang, die Fiederblätter 1. Ordnung nochmals fiederteilig mit abgerundeten, gezähnten Abschnitten. Sporenbehälter in kleinen, rundlichen, von einem Schleier bedeckten Häufchen.
V: In Wäldern und Hochstaudenfluren; Europa, Asien, Amerika.
D: Farnwurzel – Rhizoma Filicis (DAB 6), der Wurzelstock mit den daran sitzenden Blattbasen. Dryopteris filix-mas, Aspidium filix-mas, Filix (HAB 1).
I: Phloroglucinderivate (Aspidinol, Filixsäure, Albaspidin), Gerbstoff, Bitterstoff, fettes und ätherisches Öl, Zucker.
A: Der Ätherextrakt der Droge ist ein spezifisches Mittel gegen Bandwürmer, wird aber heute wegen der leicht zersetzlichen Inhaltsstoffe und der Giftigkeit (Sehstörungen, unter Umständen Erblindung) nur noch bei Versagen moderner Bandwurmmittel verordnet. Der durch die Phloroglucinverbindungen gelähmte Bandwurm wird durch ein anschließend gegebenes Abführmittel aus dem Darm entfernt. In der Homöopathie u. a. bei Migräne.
F: Digestodoron N, Discmigon-Salbe (beide Präparate mit Blattextrakten).

Gemeiner Tüpfelfarn *Polypodium vulgare* L. Tüpfelfarngewächse *Polypodiaceae*

♃
0,1 – 0,4 m
Sporen:
VIII – IX

☠

B: Farn mit langkriechendem Wurzelstock und einfach-fiederteiligen, bis 40 cm langen Wedeln. Sporenbehälter in rundlichen Häufchen auf der Blattunterseite.
V: An schattigen Felsen durch ganz Europa, Asien und Nordamerika.
D: Engelsüßwurzelstock – Rhizoma Polypodii (Erg.B.6), der getrocknete, von Spreuschuppen, Wedelresten und Wurzeln befreite Wurzelstock.
I: Schleimstoffe, Gerbstoffe, ätherisches und fettes Öl, Saponine, darunter das süß schmeckende Osladin, Bitterstoffe.
A: In der Volksheilkunde selten noch als schleimlösendes und auswurfförderndes Mittel bei Erkrankungen der Luftwege, früher auch bei Gallenerkrankungen, als mildes Abführmittel und gegen Würmer. Zu Bitterschnäpsen. Ähnlich verwendet wurde das Venushaar *Adiantum capillus-veneris* L.
F: Digestodoron N u. a.

Sumpf-Schachtelhalm, Duwock *Equisetum palustre* L.
Schachtelhalmgewächse *Equisetaceae*

♃
0,2 – 0,7 m
Sporen:
V – VII

☠

B: Sprosse deutlich gerippt, meist quirlig verzweigt, Stengelscheiden mit 6 – 10 weiß berandeten Zähnen, länger als das untere Glied der zugehörigen Seitentriebe. Sporentragende und sterile Triebe gleich gestaltet.
V: Feuchte, sumpfige Standorte, häufig; Europa, Asien, Nordamerika.
I: Alkaloid Palustrin (Equisetin) u. a., Saponin, Kieselsäure.
A: Vergiftungen bei Haustieren, die auf den hohen Gehalt an Palustrin zurückgeführt werden. Auch der Wald-Schachtelhalm *E. sylvaticum* L. und der Riesen-Schachtelhalm *E. telmateia* EHRH. gelten als giftig, enthalten aber kein Palustrin. Die Arten dürfen in Teemischungen nicht enthalten sein.

Acker-Schachtelhalm, Zinnkraut *Equisetum arvense* L.
Schachtelhalmgewächse *Equisetaceae*

♃
0,2 – 0,5 m
Sporen:
III – IV

s. S. 286

B: Sterile, sommergrüne, quirlig verzweigte Sprosse, Stengelscheiden mit 6 – 18 dunkelbraunen Zähnen, kürzer als das untere Glied der zugehörigen Seitentriebe. Sporentragende Sprosse nur im Frühjahr, gelbbraun, unverzweigt.
V: Wegränder und Unkrautfluren, häufig; nördliche Hemisphäre.
D: Schachtelhalmkraut – Equiseti herba (DAB 9), die getrockneten, sterilen Sprosse. Equisetum arvense (HAB 34).
I: Flavonglykoside, Saponin (Equisetonin)?, Kieselsäure (teilweise wasserlöslich), Kaliumsalze, geringe Mengen Alkaloide (Palustrin und Nicotin).
A: Häufig gebrauchtes harntreibendes Mittel bei Nieren- und Blasenerkrankungen und Gelenkleiden, auch in Hustenmitteln. Früher nahm man an, daß bei Lungentuberkulose durch resorbierbare Kieselsäure die natürlichen Heilungsvorgänge unterstützt werden. Inzwischen konnte eine Stimulierung der körpereigenen Abwehrkräfte nachgewiesen werden. Ferner hat die Droge blutstillende Eigenschaften. Äußerliche Anwendung vor allem in Bädern bei Frostschäden, Durchblutungsstörungen, Schwellungen nach Knochenbrüchen, rheumatischen Beschwerden sowie Wundliegen.
F: Equisil, Nephroselect M, Nieron N Tee, Silphoscalin, Solvefort N u. v. a.

Winter-Schachtelhalm *Equisetum hyemale* L. Schachtelhalmgewächse *Equisetaceae*

♃
0,3 – 1,5 m
Sporen:
VI – VIII

B: Unverzweigte, wintergrüne Sprosse mit 10 – 30 Rippen. Scheidenzähne früh abfallend und einen schwarzen, gekerbten Rand hinterlassend. Sterile und sporentragende Sprosse gleich gestaltet.
V: In Wäldern an feuchten, kalkhaltigen Stellen; nördliche Hemisphäre.
D: Equisetum hyemale (HAB 34), die frische Pflanze.
I: Kieselsäure, geringe Mengen Alkaloide (Palustrin und Nicotin), Flavonoide.
A: In der Homöopathie anstelle des Acker-Schachtelhalms gebräuchlich, u. a. bei Blasen- und Nierenbeckenentzündungen, Bettnässen und Prostataerkrankungen.
F: Lymphomyosot, Pascorenal, Silicea-Plantaplex, Solidago-Pentarkan S u. a.

Keulen-Bärlapp *Lycopodium clavatum* L. Bärlappgewächse *Lycopodiaceae*

♃
0,05 – 0,3 m
Sporen:
VII – VIII

☠ ∇

B: Bis 4 m weit kriechende, rundum dichtbeblätterte Triebe mit bogig aufsteigenden Seitenzweigen. Schmale Blätter mit 2 – 4 mm langer, haarfeiner Spitze. Sporangienähren zu 2 – 3 auf hohem, locker beblättertem Stengel.
V: Nadelwälder, Heiden, Magerrasen; verbreitet in den kühlen Zonen.
D: Bärlappsporen – Lycopodium (DAB 7), die reifen Sporen. Lycopodium clavatum, Lycopodium (HAB 1). Bärlappkraut – Herba Lycopodii (Erg.B.6), das getrocknete Kraut.
I: Sporen: Fettes Öl, Kohlenhydrat Sporonin, Spuren von Alkaloiden. Kraut: Alkaloide (Lycopodin, Clavatin, Clavotoxin u. a.), Flavonoide.
A: Heute nur noch selten die mit Wasser nicht benetzbaren Sporen (Hexenmehl) zum Bestäuben von Pillen, damit sie nicht zusammenkleben. Häufig dagegen in der Homöopathie bei chronischen Leber- und Gallenleiden, Verdauungsstörungen, Nieren- und Blasenerkrankungen, Rheuma, Ekzemen. Das Kraut nicht unbedenklich in der Volksmedizin als harntreibendes Mittel.
F: Cruroheel, Lymphdiaral, Nettigall, Rheuma-Pasc, Sulfolitruw u. v. a.

Mutterkornpilz *Claviceps purpurea* (FR.) TUL. Schlauchpilze *Ascomycetes*

0,5 – 5 cm

B: Auf verschiedenen Gräsern, vorzugsweise Roggen schmarotzender Pilz, dessen Überwinterungsform das eigentliche Mutterkorn darstellt. An diesem im Frühjahr Ausbildung winziger Fruchtkörper mit Sporen und erneute Infektion blühenden Roggens.
V: Gewinnung durch künstliche Infektion von Roggen oder auf Nährböden.
D: Mutterkorn – Secale cornutum (DAB 6), die auf Roggen gewachsenen Überwinterungsformen (Sklerotien) des Pilzes. Secale cornutum (HAB 1).
I: Alkaloide der Ergotamin-, Ergotoxin- und Ergometringruppe, Clavinalkaloide, Amine, fettes Öl.
A: Mutterkornhaltiges Getreide führte noch im 19. Jahrhundert zu Massenerkrankungen, die sich in Krämpfen oder Durchblutungsstörungen bis zum Absterben ganzer Gliedmaßen äußerten und als Antoniusfeuer, Kriebelkrankheit usw. vielfach beschrieben wurden. Zubereitungen der Droge früher u. a. zur Stillung von Gebärmutterblutungen, heute die isolierten Alkaloide mit unterschiedlicher Anwendung: Ergometrin bevorzugt in der Nachgeburtsperiode bei starken Blutungen, Ergotamin, das außer der uteruskontrahierenden auch sympatholytische und blutgefäßverengende Wirkung hat, vor allem bei Migräne und Kreislaufstörungen. Häufig auch in der Homöopathie, u. a. bei peripheren Durchblutungsstörungen.
F: Brachiapas S, Dyscornut N, Rephalgin, Secalosan N u. v. a.

Fliegenpilz *Amanita muscaria* (L. ex FR.) HOOK. Ständerpilze *Basidiomycetes*

0,1 – 0,2 m

B: Blätterpilz mit rotem, weißgetupftem Hut, unterseits dicht stehende, weiße Lamellen. Stiel mit herabhängender, großer Manschette, am Grunde knollig verdickt.
V: Wälder, Heiden, in allen Erdteilen.
D: Agaricus (HAB 34), der frische Fruchtkörper.
I: Muscarin, Ibotensäure, Muscazon, Bufotenin und weitere Wirkstoffe.
A: Stark wechselnder Wirkstoffgehalt, daher unterschiedliche Giftigkeit. In Sibirien (heute noch?) und in den USA als Rauschmittel verwendet. In der Homöopathie häufig gebräuchlich bei Erschöpfungs- und Unruhezuständen, Kopfschmerzen, Durchblutungsstörungen.
F: Agaricus Oligoplex, Anhalonium-Pentarkan, co-Hypot spag. u. v. a.

Zunderschwamm *Fomes fomentarius* (L. ex FR.) FR. Ständerpilze *Basidiomycetes*

Bis 0,5 m breit

B: Konsolenpilz, oberseits grau, bräunlich gebändert, mit kräftigem, geschichtetem, braunem Röhrenlager.
V: Vor allem an Buchen und Birken, verursacht Weißfäule.
D: Wundschwamm – Fungus chirurgorum (Erg.B.6), die mittlere Fruchtkörperschicht.
I: Fomentarsäure, Mannofucogalactan, Glucoronoglucan.
A: Früher zum Stillen von Blutungen; zum Feuerschlagen.
Der seltene Lärchenschwamm *Polyporus officinalis* FR. mit der Droge Fungus Laricis (Agaricus albus) heute noch selten in Abführmitteln, bitteren Magen-Elixieren und homöopathischen Präparaten gegen zu starke Schweißabsonderung. Aufgrund des Gehaltes an Agaricinsäure früher als schweißhemmendes Mittel bei Lungentuberkulose bedeutend.

Riesenbovist *Langermannia gigantea* (BATSCH ex PERS.) ROSTK. (*Bovista gigantea* (BATSCH ex PERS.) NEES) Ständerpilze *Basidiomycetes*

Bis 0,5 m

B: Sehr großer, rundlicher, weißlicher bis gelblichbrauner, glatter und brüchiger Fruchtkörper, innen mit jung weißer, später gelb-grünlicher Fruchtmasse. Sporenpulver braun.
V: Auf Wiesen und Weiden, nicht häufig.
D: Bovista (HAB 34), die Sporen des reifen Pilzes.
I: Aminosäuren, Sterole, Pilzcerebrin, Lycoperdin (Farbstoffglykosid) u. a.
A: In der Homöopathie bei Blutungen aus der Nase und der Gebärmutter, auch gegen Hautausschläge, Katarrhe der Atemwege und Verdauungsorgane.
F: Gentiana Oligoplex N u. a.

Isländisches Moos *Cetraria islandica* (L.) ACH. s. l. Flechten *Lichenes*

0,1 m

s. S. 272

▽

B: Bodenbewohnende, strauchig verzweigte Flechte mit bandförmigen Lappen, oberseits braun bis seltener graugrün, am Rand borstig gewimpert, am Grund meist rot angelaufen.
V: Heiden, Nadelwälder, bis in die alpine Stufe.
D: Isländisches Moos – Lichen islandicus (DAB 10), der getrocknete Thallus. Cetraria islandica, Lichen islandicus (HAB 1).
I: Schleimstoffe (Lichenin, Isolichenin), Fumarprotocetrarsäure, Usninsäure u. a. Flechtensäuren, Vitamine.
A: Aufgrund des Schleimgehaltes und der antibiotisch wirksamen Flechtensäuren als hustenreizlinderndes Mittel bei Katarrhen der Atemwege. Anwendung außerdem bei Entzündungen im Magendarmbereich und zur Anregung des Appetits (hier sind die bitteren Flechtensäuren ebenfalls bedeutend). Äußerlich früher zur Wundbehandlung. In den nördlichen Ländern in Notzeiten nach Entbitterung durch Kochen als Nahrungsmittel.
F: Antibex, Cefabronchin N, Cetraria-Salbe, Isla-Moos, Usnetten u. a.

Lungenflechte *Lobaria pulmonaria* (L.) HOFFM. (*Sticta pulmonaria* (L.) BIROLA) Flechten *Lichenes*

0,1 – 0,4 m

▽

B: Rindenbewohnende, großblättrige, tief lappig zerteilte Flechte mit grob netzförmig-grubiger, grünlichbrauner bis graugrüner Oberseite und hellfilziger Unterseite.
V: Auf alten Bäumen, auch Felsen, in luftfeuchten Bergwäldern.
D: Lungenflechte – Herba Pulmonariae arboreae. Lobularia pulmonaria, Sticta (HAB 1), der ganze, getrocknete Thallus.
I: Stictinsäure, Nor-Stictinsäure u. a. Flechtensäuren, Schleim- u. Gerbstoffe.
A: Nur noch in der Homöopathie gebräuchlich bei beginnenden Erkältungskrankheiten, Reizhusten, trockenen Schleimhäuten. Früher in der Volksheilkunde beliebtes Mittel gegen Lungenleiden und Bronchialkatarrhe.
F: apo-Pulm spag., Bronchalis-Heel, Naso-Heel, Sticta-Pentarkan u. a.

Bartflechte *Usnea barbata* s. l. Flechten *Lichenes*

0,1 – 0,2 m

▽

B: Rindenbewohnende, lang herabhängende, buschig verzweigte, fadenförmige, gelbliche oder grüne Flechten mit kurzen, abstehenden Seitenästchen. Zahlreiche, schwer unterscheidbare Arten.
V: Luftfeuchte Bergwälder.
D: Bartflechtenextrakt – Extractum Usneae barbatae.
I: Usninsäure u. a. Säuren.
A: Usninsäure, nach ihrem Vorkommen in *Usnea*-Arten benannt, wurde in zahlreichen Flechten nachgewiesen. Sie hat antibiotische Eigenschaften und ähnelt in ihrem Wirkungsspektrum dem Penicillin. Anwendung bei Katarrhen der Atemwege, Entzündungen im Mund- und Rachenraum, zur lokalen Behandlung von Furunkeln, Abszessen und infizierten Wunden, Pilzinfektionen.
F: apo-Pulm Balsam spag., Lichenes comp. Sirup Weleda u. a.

Blasentang *Fucus vesiculosus* L. Braunalgen *Phaeophyceae*

0,1 – 0,8 m

▽

B: Oliv bis gelbbrauner, bandförmiger, gabelig verzweigter Vegetationskörper mit Mittelrippe und paarweise angeordneten Schwimmblasen. Fortpflanzungsorgane in Anschwellungen an den Zweigenden.
V: An Felsen und Steinen, oft angespült; Atlantikküste, Nordsee, Ostsee.
D: Tang – Fucus (DAB 9), der getrocknete Thallus, auch vom Knotentang *Ascophyllum nodosum* (L.) LE JOL. Fucus vesiculosus (HAB 34).
I: Jod, z. T. an Protein gebunden, Schleimstoffe, darunter Fucoidin und Laminarin, Fucosterin.
A: Die Wirkung der Droge beruht auf dem Jodgehalt, der zu einer vermehrten Bildung von Schilddrüsenhormonen führt. Der dadurch erhöhte Grundumsatz hat u. a. eine Gewichtsabnahme zur Folge. Diese Tatsache wird in Entfettungsmitteln ausgenutzt, jedoch ist die Anwendung nicht ganz ungefährlich. Auch die Einnahme gegen Arteriosklerose ist umstritten. In der Homöopathie bei Über- sowie Unterfunktion der Schilddrüse (in verschiedener Dosierung) und bei Drüsenschwellungen.
F: Alymphon, Dai Granulat, Lipozet, Lymphozil u. a.

Giftpflanzen mit roten Früchten

Eibe *Taxus baccata* L. Eibengewächse *Taxaceae*

♄
Bis 15 m
III – IV

☠ ∇

B: Zweihäusiger Baum mit gescheitelten, flachen, unterseits grünen Nadeln. Männliche Blüten in kleinen, kugeligen Kätzchen, weibliche unscheinbar, einzeln. Samen von einem fleischigen, roten Samenmantel (Arillus) umgeben.
V: Laubwälder, in vielen Sorten auch als Zierpflanze; Europa, SW-Asien.
D: Taxus baccata (HAB 1), die frischen Zweigspitzen.
I: Taxine (Pseudoalkaloide), Biflavonoide, blausäurehaltige Glykoside.
A: Vergiftungen bei Tieren, insbesondere Pferden, durch Fressen der Zweige, beim Menschen nach Verzehr der Nadeln und besonders der Früchte. Der rote, süßlich schmeckende Samenmantel ist giftfrei, nicht jedoch der Same. Medizinische Anwendung möglicherweise mit halbsynthetischer Gewinnung des Taxols aus den Blättern gegen bestimmte Krebsarten. In der Homöopathie u. a. bei pustulösen Hautausschlägen, Nachtschweiß, Gicht und Rheuma. Extrakte früher als Kampf- und Pfeilgift.

Stechpalme *Ilex aquifolium* L. Stechpalmengewächse *Aquifoliaceae*

♄
2 – 10 m
V – VI

☠ ∇

B: Zweihäusiger Strauch oder kleiner Baum mit immergrünen, ledrig glänzenden, dornig gezähnten Blättern. Blüten klein, weißlich, meist 4zählig. Frucht eiförmig bis kugelig, rot.
V: Wälder, Gebüsche; West-, Mittel- und Südeuropa bis Südostasien.
D: Ilex aquifolium e foliis siccatis (HAB 1), aus den getrockneten Blättern. Stechpalmenblätter – Folia Aquifolii.
I: Triterpene, Flavonoide, Chlorogensäure, Spuren von Theobromin, cyanogene Glykoside.
A: Die früher als Abführmittel verwendeten Früchte rufen Leibschmerzen, Erbrechen und Durchfälle hervor. In älterer Literatur wurden auch Todesfälle beschrieben. Die Blätter heute noch selten in der Volksheilkunde als fiebersenkendes und harntreibendes Mittel, in der Homöopathie u. a. bei Gelenkleiden und Augenerkrankungen.
F: Araniforce N, Ilex „Schuck“ Rheumatropfen, Sponwiga, Steirocall u. a.

Pfaffenhütchen *Euonymus europaea* L. Spindelbaumgewächse *Celastraceae*

♄
2 – 6 m
V – VII

☠

B: Strauch mit vierkantigen jungen Zweigen. Blätter eilanzettlich, fein gesägt. Blüten vierzählig, grünlichweiß. Fruchtkapsel vierteilig, karminrot, Samen weißlich, von einem orangeroten Samenmantel umhüllt.
V: Gebüsche, Laubwälder, durch weite Teile Europas.
D: Euonymus europaea, Evonymus europaea (HAB 1), die frischen, reifen Früchte. Das fette Öl der Früchte – Oleum Evonymi.
I: Herzwirksame Glykoside (Evonosid u. a.), Alkaloide (Evonin u. a.), noch unerforschter Bitterstoff, fettes Öl mit Triacetin, Farbstoffe.
A: Die Früchte haben heftige örtliche Reizwirkungen auf den Magendarmkanal und führen in größeren Mengen auch zu tödlichen Vergiftungen. Bei Tieren sind Vergiftungen durch Fressen der Zweige bekannt. Anwendung der gepulverten Früchte früher als Ungeziefermittel (Wirkung des Triacetins), heute noch in der Homöopathie gegen Kopfschmerzen bei Lebererkrankung; das fette Öl zur Wundbehandlung und bei Infektionen der Nasennebenhöhlen.

Seidelbast *Daphne mezereum* L. Seidelbastgewächse *Thymelaeaceae*

♄
0,3 – 1,5 m
II – IV

☠ ∇

B: Sommergrüner Strauch, Zweige nur an den Enden mit lanzettlichen, weichen Blättern, die erst nach den Blüten erscheinen. Blüten zu 1 – 4, blaßrosa bis hellrot, 4zählig, stark duftend. Leuchtend rote, beerenartige Früchte.
V: Laubwälder, besonders Buchenwälder; Europa, Westasien.
I: In den Beeren Mezerein, Daphnetoxin, Daphnin, Coccognin, Daphnorin.
A: Die Früchte (wohl nur die zerkleinerten Samen) wie auch die übrigen Pflanzenteile rufen schon bei äußerer Einwirkung auf Haut und Schleimhäuten Entzündungen hervor, nach Einnahme kommt es zu Brennen und Kratzen im Mund, Erbrechen, blutigen Durchfällen, Krämpfen, Nierenschädigung, Kreislaufkollaps. Bereits wenige Beeren können den Tod herbeiführen. Trotz der großen Giftwirkung benutzte man sie früher zum Scharfmachen von Essig (Deutscher Pfeffer). Drogen s. S. 142.

Zweihäusige Zaunrübe *Bryonia cretica* L. ssp. *dioica* (JACQ.) TUTIN (*B. dioica* JACQ.) Kürbisgewächse *Cucurbitaceae*

♃
2 - 4 m
VI - IX

☠

B: Zweihäusige Pflanze mit rübenartig verdickter Wurzel. Stengel rauhhaarig, mit spiralig gedrehten, unverzweigten Ranken kletternd. Blätter gestielt, bis über die Mitte handförmig 5lappig. Abschnitte ganzrandig oder stumpf gezähnt, der mittlere kaum länger als die seitlichen. Männliche Blütenstände gestielt, weibliche fast sitzend in den Blattachseln. Kelchzähne etwa halb so lang wie die gelblich-weiße Krone. Reife Beeren scharlachrot. Ähnlich die Weiße Zaunrübe *Bryonia alba* L. (ohne Abb.), mit schwarzen Beeren.
V: Gebüsche, Zäune; West-, Mittel- und Südeuropa.
I: Cucurbitacine, Lektine, in den Samen Saponine.
A: Auf der Haut erzeugt der Pflanzensaft Entzündungen mit Blasenbildung, innerlich rufen die Beeren Brennen im Mund, Erbrechen und Magenbeschwerden hervor. Schon wenige sollen für Kinder tödlich sein. Ebenso sind tödliche Vergiftungen durch Überdosierung der Droge mit heftigen Koliken, Durchfällen, Erregungszuständen und Lähmungen bekannt. Drogen und arzneiliche Anwendung siehe S. 56.

Bittersüßer Nachtschatten *Solanum dulcamara* L. Nachtschattengewächse *Solanaceae*

♄
Bis 2 m
VI - VIII

☠

B: Stengel unten holzig, kletternd. Blätter gestielt, eiförmig-lanzettlich, ganzrandig, am Grunde zum Teil mit 1 – 2 abgetrennten Lappen. Blütenstand locker, verzweigt, Krone violett, mit 5 ausgebreiteten Zipfeln. Beeren eiförmig, rot.
V: Auenwälder, feuchte Gebüsche; Europa.
I: In drei verschiedenen chemischen Rassen die Alkaloide Soladulcidin bzw. Tomatidenol und Solasodin als Glykoside, Saponine, Gerbstoffe, in den Früchten außerdem carotinoider Farbstoff Lycopin.
A: Vergiftungen nach Verzehr der Beeren (besonders der unreifen) oder der anfangs bitter, dann süßlich schmeckenden Stengel äußern sich in Erbrechen und starken Durchfällen, selten wurden auch Todesfälle beschrieben. Drogen und arzneiliche Anwendung siehe S. 184.

Trauben-Holunder, Roter Holunder *Sambucus racemosa* L. Geißblattgewächse *Caprifoliaceae*

♄
1 - 4 m
III - V

☠

B: Strauch, Zweige mit gelbbraunem Mark. Blätter mit 3 – 7 gesägten Fiederblättchen. Kleine 5zählige, grünlichgelbe Blüten in dichten aufrechten Rispen, gleichzeitig mit den Blättern erscheinend. Reife Früchte rot.
V: Schläge, Waldränder; gemäßigtes Europa.
I: In den Samen eine schleimhautreizende, harzartige Substanz, im Fruchtfleisch Vitamin B1, C, Carotinoide, Pektine, Gerbstoffe, fettes Öl.
A: Die beerenartigen Früchte führen zu leichten Vergiftungen mit Übelkeit und Brechreiz. Nach Entfernung der giftigen Samen können sie dagegen zu vitaminreichen Gelees, Marmeladen usw. verarbeitet werden. Früher in der Volksheilkunde als Brech- und Abführmittel.

Gemeiner Schneeball *Viburnum opulus* L. Geißblattgewächse *Caprifoliaceae*

♄
1,5 - 4 m
V - VII

☠

B: Strauch mit unregelmäßig gezähnten, meist 3lappigen Blättern. Blüten in Trugdolden, die randständigen viel größer, steril, mit 5zähliger, flach ausgebreiteter Blumenkrone. Reife Früchte rot. In Gärten häufig Formen nur mit sterilen, vergrößerten Blüten in kugelförmigen Blütenständen.
V: Auenwälder, Gebüsche, Waldränder; gemäßigtes Europa, Asien.
D: Viburnum opulus (HAB 1), die frische Rinde.
I: Krampflösend wirkender Bitterstoff (früheres Viburnin), in den Früchten außerdem Saponin, Gerbstoff, Pektin.
A: Nach Genuß der beerenartigen Früchte Magendarmentzündungen, gekocht dagegen angeblich ungiftig. In der Homöopathie ist noch heute die Rinde bei Menstruationskrämpfen gebräuchlich.
F: Hypericum Oligoplex, Viburnum-Pentarkan u. a.

Giftpflanzen mit roten Früchten

Rote Heckenkirsche *Lonicera xylosteum* L. Geißblattgewächse *Caprifoliaceae*

♄
1 – 2 m
IV – V

☠

B: Strauch mit ganzrandigen, eiförmigen, kurz zugespitzten, unterseits graugrünen, beiderseits weichhaarigen Blättern. Blüten zu 2 auf gemeinsamem Stiel in den Blattachseln, Krone 1 – 1,5 cm lang, gelblichweiß, 2lippig. Reife Beeren hellrot, paarweise.
V: Laubwälder, Gebüsche; fast ganz Europa, Westasien.
D: Xylosteum (HAB 34), die frischen, reifen Beeren.
I: Chemisch noch nicht erforschter „Bitterstoff" Xylostein, Glykoalkaloid Xylostosidin, Secoiridoide, Triterpensaponine, Anthocyane.
A: Vergiftungen nach Verzehr der bitterschmeckenden (!) Beeren meist nur mit leichten Symptomen wie Leibschmerzen und Erbrechen, in älterer Literatur werden allerdings auch Todesfälle genannt. Arzneiliche Anwendung ist nur in der Homöopathie bekannt.
Die Früchte anderer *Lonicera*-Arten gelten z. T. als ungiftig oder sogar als eßbar.

Maiglöckchen *Convallaria majalis* L. Liliengewächse *Liliaceae*

♃
0,1 – 0,3 m
V – VI

☠ ▽

Beschreibung, Vorkommen und Drogen siehe S. 80.
I: Herzglykoside, vor allem Convallatoxin, Convallatoxol, Convallosid, Lokundjosid; Saponine.
A: Kauen der Blätter, der Beeren, angeblich auch Trinken des Wassers, in denen die Stengel gestanden haben, oder Überdosierung von Maiglöckchenzubereitungen rufen Vergiftungen mit Übelkeit und Erbrechen hervor. In älterer Literatur werden auch Fälle mit schwerer Symptomatik aufgeführt. Neben der Giftwirkung der Herzglykoside üben die Saponine eine starke Reizwirkung auf die Verdauungsorgane aus. Arzneiliche Anwendung siehe S. 80.

Schmerwurz *Tamus communis* L. Schmerwurzgewächse *Dioscoreaceae*

♃
1,5 – 3 m
V – VI

☠

B: Aus kräftiger, innen schleimiger Knolle windende Stengel mit herzförmigen, bogennervigen Blättern. Blüten 2häusig mit unscheinbarer, gelblichgrüner 6teiliger Blütenhülle, die männlichen in reichblütigen Ripsen, weibliche zu wenigen, traubig. Reife Beeren rot.
V: Laubwälder, Gebüsche; Westeuropa, Mittelmeergebiet.
D: Tamus communis (HAB 34), der frische Wurzelstock.
I: Eine stark hautreizende, histaminähnliche Stubstanz, Schleimstoffe, lichtempfindliche Phenanthrenverbindungen, Spuren von Alkaloiden und Saponinen, Calciumoxalat-Kristalle.
A: Hautreizungen nach Umgang mit Pflanzenteilen, wobei die nadelförmigen Calciumoxalat-Kristalle durch Verletzung der Haut das Eindringen des Reizstoffes erleichtern. Nach Verzehr der Beeren ebenfalls Vergiftungssymptome, ohne daß in ihnen der Reizstoff nachgewiesen werden konnte. Früher die Knolle in der Volksheilkunde zu nicht ungefährlichen durchblutungsfördernden Einreibemitteln gegen Rheuma und Prellungen. In der Homöopathie selten gegen Sonnenbrand und Leberflecken.

Aronstab *Arum maculatum* L. Aronstabgewächse *Araceae*

♃
0,1 – 0,4 m
IV – V

☠ ▽

B: Wurzelstock knollig verdickt, mit lang gestielten, pfeilförmigen Blättern. Hochblatt den kolbenförmigen Blütenstand umhüllend, dieser am Grunde mit weiblichen, darüber mit männlichen Blüten, der obere Teil blütenlos, braunviolett. Reife Früchte scharlachrot.
V: Feuchte Laubwälder, Europa.
D: Arum maculatum (HAB 1), die frischen, unterirdischen Teile.
I: In der frischen Pflanze chemisch noch nicht aufgeklärtes Aroin, Nicotin, Amine, Calciumoxalat-Kristalle, in den Knollen viel Stärke.
A: Vergiftungen durch die süßlich schmeckenden Beeren oder die scharf schmeckenden Blätter und Stengel. Bei äußerer Einwirkung Hautentzündungen, nach Einnahme Brennen in Mund und Rachen, Erbrechen, nach Verzehr größerer Mengen sind auch ernstere Symptome zu erwarten. In der Homöopathie gebräuchlich bei Kehlkopfkatarrh und Schleimhauterkrankungen der oberen Luftwege. Die durch Kochen entgifteten, stärkereichen Knollen wurden zeitweise als Nahrungsmittel verwendet.
F: Bronchitussin, Luffacur, Naso-Heel u. a.

Christophskraut *Actaea spicata* L. Hahnenfußgewächse *Ranunculaceae*

♃
0,3 - 0,6 m
V - VII

B: Geruch der Pflanze unangenehm. Blätter 3teilig mit einfach bis doppelt gefiederten Abschnitten. Kleine weiße Blüten in end- oder achselständigen Trauben, Staubblätter länger als die hinfällige Blütenhülle. Reife Beeren glänzend schwarz.
V: Laubwälder, fast ganz Europa.
D: Actaea spicata, Actaea (HAB 1), der frische Wurzelstock mit den daranhängenden Wurzeln.
I: In den Beeren trans-Aconitsäure, weitere Inhaltsstoffe unbekannt.
A: Christophskraut gilt von alters her als Giftpflanze, jedoch konnte Protoanemonin, das als Giftstoff angegeben wurde, in neuerer Zeit nicht nachgewiesen werden. Andere stark wirkende Inhaltsstoffe fehlen ebenfalls, so daß nach dem Verzehr der Früchte nicht mit Vergiftungen zu rechnen ist. In der Homöopathie Anwendung bei Rheumaschmerzen der Hand- und Fingergelenke.
F: Pflügerplex Colchicum 30, Ranunculus Oligoplex u. a.

Purgier-Kreuzdorn *Rhamnus catharticus* L. Kreuzdorngewächse *Rhamnaceae*

♄
1 - 3 m
V - VI

☠

B: Strauch, Zweige gegenständig, am Ende oft dornig. Blätter gegenständig, stumpf oder zugespitzt, fein gesägt mit jederseits 3 - 4 Seitennerven. 2 - 8 Blüten in blattachselständigen Trugdolden, Kronblätter gelbgrün, etwa doppelt so lang wie die Kelchblätter. Reife Früchte schwarz.
V: Gebüsche trockener bis feuchter Standorte; Europa, Asien.
I: Anthrachinonderivate Rhamnocathartin, Shesterin u. a., Flavonoide, Farbstoffe, in den unreifen Früchten Saponine.
A: Vergiftungen mit Erbrechen, starkem Durchfall und Nierenreizung wurden nach dem Verzehr einer größeren Anzahl besonders der unreifen Früchte beobachtet. Drogen und arzneiliche Anwendung s. S. 214.

Faulbaum *Frangula alnus* MILL. (*Rhamnus frangula* L.) Kreuzdorngewächse *Rhamnaceae*

♄
1 - 3 m
V - VI

☠

B: Strauch, seltener kleiner Baum, Rinde mit quergestellten, grauweißen Korkwarzen. Blätter wie die Zweige wechselständig, rundlich-eiförmig, ganzrandig, mit jederseits 7 - 9 bogig verlaufenden Seitennerven. 2 - 10 zwittrige Blüten in blattachselständigen Trugdolden, Kronblätter grünlichweiß, etwas kürzer als die Kelchblätter. Früchte grün, später rot, reif schwarz-violett.
V: Feuchte, lichte Wälder, Moore, häufig; Europa, Asien.
I: In den reifen Früchten Anthrachinonderivate Rhamnocathartin u. a., in unreifem Zustand auch Saponine.
A: Vergiftungen durch Verzehren der Früchte u. a. mit Schwindel, Erbrechen, Koliken, blutigen Durchfällen, in schweren Fällen auch Kollapszustände. Wie bei den Kreuzdornbeeren sind Kinder besonders gefährdet. Drogen und arzneiliche Anwendung siehe S. 214.

Efeu *Hedera helix* L. Efeugewächse *Araliaceae*

♄
Bis 20 m
IX - X

☠

B: Immergrüne, kletternde Holzpflanze mit Haftwurzeln. Blätter dunkelgrün, an nicht blühenden Sprossen 3 - 5eckig gelappt, oft weiß geadert, an blühenden Sprossen ungeteilt, eiförmig bis rhombisch, zugespitzt. Blüten grünlich in halbkugelförmigen Dolden. Im Frühling reife, blauschwarze Beeren.
V: Laubwälder, Felsen, Mauern, auch angepflanzt; Europa, SW-Asien.
I: Triterpensaponine, u. a. Hederacosid C, das nach enzymatischer Spaltung α-Hederin liefert; Spuren von Alkaloiden, darunter Emetin, sind fraglich; Jod.
A: Hederin hat starke hämolytische und schleimhautreizende Eigenschaften. Die Beeren gelten als besonders giftig, sie rufen Erbrechen und Durchfälle hervor. Durch ihren bitteren Geschmack und Trockenhäutigkeit reizen sie aber kaum zum Verzehr größerer Mengen. Die frischen Blätter sollen bei empfindlichen Personen Hautreizungen auslösen. Drogen und arzneiliche Anwendung siehe S. 216.

Giftpflanzen mit blauen oder schwarzen Früchten

Moorbeere, Rauschbeere *Vaccinium uliginosum* L. Heidekrautgewächse *Ericaceae*

♄
0,1 – 1 m
V – VII

B: Zwergstrauch mit braunen Zweigen. Blätter blaugrün, verkehrt eiförmig, ganzrandig. Blüten zu 1 – 4, weiß bis rötlich mit 4 oder 5 Zipfeln. Reife Beeren blau bereift, mit farblosem Saft, größer als Heidelbeeren und mit fadem Geschmack.
V: Moore, subalpine Gebüsche und Wälder der nördlichen Hemisphäre.
I: In den Früchten ein unbekannter Wirkstoff (?), organische Säuren, Zucker. In den Blättern Arbutin und Flavonglykoside.
A: Vergiftungserscheinungen nach dem Genuß einer größeren Menge von Beeren mit rauschartigen Zuständen, Übelkeit, Erbrechen und Schwindel wurden beschrieben. Eventuell soll ein Pilzbefall Ursache der Giftwirkung sein, womit erklärt werden könnte, daß diese Wirkung nur gelegentlich auftritt. Keine arzneiliche Anwendung.

Liguster, Rainweide *Ligustrum vulgare* L. Ölbaumgewächse *Oleaceae*

♄
0,5 – 5 m
VI – VII

B: Strauch mit dunkelgrünen, länglich-lanzettlichen, ganzrandigen Blättern, junge Zweige behaart. Blüten duftend, mit weißer, 4zipfeliger Krone, in rispigen Blütenständen. Frucht eine schwarze Beere.
V: Gebüsche und Wälder, häufig als Zierstrauch; Europa, Westasien.
I: In den Beeren unerforschter Wirkstoff, Ligustrin (Syringin), Farbstoff.
A: Nach Verzehr der Früchte wurden Magendarmentzündungen, begleitet von Erbrechen, Durchfällen, Krämpfen und Kreislaufversagen, auch mit tödlichem Ausgang beobachtet. Andererseits wird über die Einnahme ohne Vergiftungserscheinungen oder mit nur leichteren Symptomen berichtet. Blätter und Rinde haben hautreizende Wirkung. Anwendung früher in der Volksheilkunde bei Halsentzündungen, die Früchte zum Färben von Wein.

Tollkirsche *Atropa bella-donna* L. Nachtschattengewächse *Solanaceae*

♃
0,5 – 1,5 m
VI – VIII

B: Kräftiger, verzweigter Stengel mit breitlanzettlichen, ganzrandigen Blättern, in der Blütenregion jeweils ein kleineres und ein größeres genähert. Blüten einzeln, glockenförmig, Krone braunviolett, innen schmutziggelb, purpurrot geadert, mit kurzem 5teiligem, zurückgebogenem Saum. Frucht eine fast kirschgroße, schwarzglänzende, saftige Beere.
V: Schlagfluren, Waldränder; gemäßigtes Europa, Asien.
I: In den reifen Beeren vorwiegend das Alkaloid Atropin.
A: Schon wenige der für Kinder so verlockenden, kirschenähnlichen Beeren können tödlich wirken. Vergiftungserscheinungen sind weite Pupillen, glänzende Augen (woher der Name bella donna = schöne Frau stammt), Trockenheit im Mund, gerötete Haut, Erregungszustände, die sich bis zu Anfällen von Tobsucht und Krämpfen steigern. Daneben treten Halluzinationen auf, die häufig erotisch gefärbt sind. Sie waren Anlaß für den Mißbrauch vieler Solanaceen-Drogen als Rauschmittel und wurden auch in den Hexenverfolgungen des Mittelalters ausgenutzt, um belastende Aussagen zu erpressen. Nach Abklingen der Erregungszustände folgt zunehmend narkoseartige Lähmung, schließlich Tod durch Atemlähmung. Arzneiliche Anwendung und Drogen siehe S. 158.

Schwarzer Nachtschatten *Solanum nigrum* L. Nachtschattengewächse *Solanaceae*

⊙
0,1 – 0,8 m
VI – X

B: Verzweigte Pflanze mit eiförmig-rhombischen bis lanzettlichen, buchtig gezähnten oder ganzrandigen Blättern. Blüten mit 5zipfeliger, weißer Krone. Reife Beeren meist schwarz, seltener grün bis gelb.
V: Stickstoffreiche Unkrautfluren, weltweit verbreitet.
D: Solanum nigrum (HAB 1), die frische, blühende, ganze Pflanze.
I: Alkaloidglykoside Solasonin, Solamargin u. a., Saponine, Gerbstoffe.
A: Die ausgereiften Beeren sollen alkaloidfrei und früher sogar gebietsweise als Obst verwendet worden sein. Auch als Gemüse wurde die Pflanze zeitweise angebaut, was für das Vorkommen alkaloidfreier Sippen spricht. Andererseits sind mehrfach Vergiftungen bei Kindern beschrieben worden, die nur wenige Beeren gegessen hatten. In der Homöopathie noch selten bei Kopfschmerzen, Schwindelzuständen und Krämpfen angewendet.

Giftpflanzen mit blauen oder schwarzen Früchten

Zwerg-Holunder, Attich *Sambucus ebulus* L. Geißblattgewächse *Caprifoliaceae*

♃
0,5 - 2 m
VI - VIII

B: Kräftige krautige Pflanze. Blätter 7 - 9zählig gefiedert. Blütenkrone am Grunde verwachsen, weiß bis rosa, Staubblätter rot. Blüten in doldigen Rispen. Früchte schwarz. Fruchtstände aufrecht.
V: Waldränder, Lichtungen; Europa, fehlt im Norden.
I: In allen Organen chemisch noch unerforschter Bitterstoff. In den Früchten außerdem ätherisches Öl, in Spuren Blausäureglykosid, Gerbstoff, Anthocyanfarbstoff Sambucyanin.
A: Die Beeren des Zwerg-Holunders gelten von alters her als giftig. Nach Einnahme größerer Mengen der Früchte wurden sogar Todesfälle beschrieben. In neuerer Zeit konnte die Giftigkeit nach den Erfahrungen der Vergiftungszentralen und von den Inhaltsstoffen her nicht bestätigt werden. Drogen, arzneiliche Anwendung und Fertigpräparate siehe S. 76.

Wolliger Schneeball *Viburnum lantana* L. Geißblattgewächse *Caprifoliaceae*

ħ
1 - 4 m
IV - VI

B: Strauch mit eiförmigen, fein gesägt-gezähnten, runzeligen, unterseits dicht graufilzigen Blättern. Blütenstände schirmförmig, Blüten weiß, 5zählig, am Grunde verwachsen, alle gleich gestaltet. Früchte etwas flachgedrückt, eiförmig, zuerst rot, später schwarz.
V: Wärmeliebende Gebüsche und Wälder; Mittel-, West- und Südeuropa, SW-Asien.
I: Unerforscht.
A: Nach Verzehr der auch als Schwindelbeeren bekannten Früchte wurden nach älteren Angaben bei Kindern Vergiftungen beschrieben. Aus neuerer Zeit liegen keine Berichte von ernsthaften Vergiftungen vor. Die Zweigrinde soll starke, hautreizende Wirkung haben. Keine Anwendung in der Heilkunde.

Einbeere *Paris quadrifolia* L. Liliengewächse *Liliaceae*

♃
0,1 - 0,4 m
V

B: Stengel an der Spitze mit meist 4 sitzenden, elliptisch-lanzettlichen, quirlständigen Blättern. Eine endständige, gestielte, meist 4zählige Blüte, äußere Blütenblätter lanzettlich, hellgrün, innere viel schmaler, gelbgrün. Frucht eine dunkelblaue Beere.
V: Feuchte Laubwälder; fast ganz Europa, Westasien.
D: Paris quadrifolia (HAB 1), die fruchtende, frische Pflanze.
I: Saponine Paristyphnin und Paridin, Asparagin, organische Säuren.
A: Nach älteren Angaben aufgrund des Gehaltes an Saponinen Vergiftungen bei Kindern nach dem Genuß einer größeren Anzahl von Beeren, meist durch Verwechslung mit Heidelbeeren. Früher in der Volksheilkunde das frische, zerquetschte Kraut zur Behandlung von Wunden und Augenerkrankungen. Heute noch in der Homöopathie bei Kopfschmerzen, Entzündungen der Atemwege, Täuschungen des Geruchs- oder Tastsinns.
F: Ammonium bromatum Oligoplex, Gelsemium Oligoplex, Migraesol u. a.

Wohlriechende Weißwurz, Salomonssiegel *Polygonatum odoratum* (Mill.) Druce (*P. officinale* All.) Liliengewächse *Liliaceae*

♃
0,2 - 0,5 m
V - VI

B: Weißer Wurzelstock mit siegelartigen Stengelnarben. Stengel überhängend, kantig, Blätter 2zeilig, wechselständig, aufgerichtet, oval-lanzettlich. Blüten in den Blattachseln, gestielt, hängend, mit wohlriechender, weißlicher, grün berandeter, 6zipfeliger Blütenhülle. Beeren blauschwarz.
V: Lichte, trockene Wälder, Gebüsche und Rasen; Europa, Asien.
D: Salomonssiegelwurzelstock - Rhizoma Polygonati (Rhizoma Sigilli Salomonis).
I: Saponine, ein Glukokinin, Schleim.
A: Die Beeren erzeugen aufgrund der Saponine Brechdurchfall, enthalten aber trotz der Ähnlichkeit der Pflanze mit dem Maiglöckchen keine herzwirksamen Glykoside. In der Volksheilkunde früher als harntreibendes Mittel, äußerlich bei Blutergüssen. In der Homöopathie selten bei Narbenwucherungen. Die blutzuckersenkende Wirkung wird in Japan und China genutzt. Auch andere *Polygonatum*-Arten sind giftig.
F: Keloid-Gel (Wala).

Waterers Goldregen *Laburnum × watereri* (KIRCH.) DIPP.
Schmetterlingsblütler *Fabaceae*

♄
Bis 10 m
V – VI

☠

B: Bastard aus *L. anagyroides* MED. und *L. alpinum* (MILL.) BERCHT. et PRESL. Kräftiger Strauch oder kleiner Baum, Blätter 3zählig, oft 10 cm lang gestielt, unterseits nur spärlich behaart. Gelbe Schmetterlingsblüten häufig mit braunen Strichen auf der Fahne, in 40 – 50 cm langen, hängenden Trauben. Ausbildung weniger Fruchthülsen, meist nur mit je 1 – 2 Samen.
V: Der am häufigsten in Gärten und Parks kultivierte Goldregen.
I: Cytisin, Methylcytisin, Laburnin u. a. Alkaloide.
A: Vergiftungen bei Kindern nicht selten durch Essen der Samen (schon 2 Stück können gefährlich sein) oder Kauen auf den Zweigen bzw. der süß schmeckenden Wurzeln. Vergiftungserscheinungen sind Speichelfluß, Brennen im Hals, Erbrechen, Durchfälle, Kopfschmerzen, Schwindel, Pulsverlangsamung und schließlich Atemlähmung. Das Alkaloid Cytisin zeigt dabei ähnliche Wirkungen wie das Nicotin, so daß Goldregenblätter während des Krieges als Tabakersatz Verwendung fanden. Ebenso giftig sind die Eltern-Arten. Arzneiliche Anwendung von *L. anagyroides* siehe S. 132.

Garten-Bohne *Phaseolus vulgaris* L. Schmetterlingsblütler *Fabaceae*

⊙
0,5 – 4 m
VI – IX

☠

B: Niedrig-buschige (Buschbohne) oder windende (Stangenbohne) Pflanze mit 3zähligen Blättern. Blüten weiß, gelblich, rosa oder violett, in armblütigen Blütenständen, diese kürzer als die Stengelblätter.
V: Heimat Mittel- und Südamerika, in zahlreichen Sorten kultiviert.
I: Besonders in den Samen und unreifen Hülsen der giftige Eiweißstoff Phasin (Lectine).
A: Rohe Bohnensamen und auch die unreifen Früchte (Grüne Bohnen) geben bei Kindern immer wieder Anlaß zu Vergiftungen, da sie ja als Nahrungsmittel hinreichend bekannt sind. Erst durch längeres Kochen wird der giftige Eiweißstoff zerstört, nicht jedoch durch Trocknen. Arzneiliche Anwendung siehe S. 88. Ebenso giftig ist die Feuerbohne *Phaseolus coccineus* L.

Kartoffel *Solanum tuberosum* L. Nachtschattengewächse *Solanaceae*

♃
0,4 – 0,8 m
VI – VIII

☠

B: Pflanze mit unterirdischen Knollen. Blätter unpaarig gefiedert, abwechselnd mit größeren und kleineren Fiederblättern. Blütenkrone verwachsen, ausgebreitet, 2 – 3 cm breit, weiß, rötlich oder lila. Frucht eine fleischige, gelbgrüne Beere.
V: Heimat Südamerika, in vielen Sorten kultiviert, selten verwildert.
I: Glykoalkaloid Solanin u. a.
A: Einen hohen Solanin-Gehalt haben die unreifen Früchte (Kartoffelbeeren), die nicht selten bei Kindern zu Vergiftungen mit Reizung der Verdauungswege, Krämpfen, Lähmungen, Hautausschlägen, auch mit tödlichem Ausgang, geführt haben. Bei Tieren treten Erkrankungen nach Verfütterung gekeimter Kartoffeln und von Kartoffelkraut auf. Auch die durch Belichtung grün gewordenen Teile der Knolle enthalten größere Mengen Solanin und sind gesundheitsschädlich. Arzneiliche Anwendung siehe S. 74.

Schneebeere *Symphoricarpos albus* (L.) BLAKE (*S. racemosus* MICHX.)
Geißblattgewächse *Caprifoliaceae*

♄
Bis 2 m
VI – IX

☠

B: Strauch mit unterirdischen Ausläufern. Blätter eiförmig bis rundlich, ganzrandig, zuweilen etwas gelappt, unterseits blaugrün. Blüten in kleinen end- und achselständigen Ähren mit glockiger, 5zähniger, innen dicht behaarter, rosaroter Krone. Reife Beeren weiß.
V: Zierstrauch, stellenweise verwildert, Heimat Nordamerika.
D: Symphoricarpus racemosus (HAB 34), die frische Wurzel.
I: Saponine, Gerbstoffe, in der Frucht noch unerforschter Wirkstoff.
A: Durch Spielen mit den Beeren können Hautentzündungen hervorgerufen werden. Nach Einnahme einer größeren Anzahl kommt es zu Übelkeit mit Erbrechen. Die Homöopathie verwendet die Wurzel u. a. gegen Schwangerschaftserbrechen und in Umstimmungstherapeutika bei Erkrankungen des Stütz- und Bindegewebes.
F: Cefossin N, Chirofossat N u. a.

Über das Sammeln, Trocknen und Aufbewahren von Heilpflanzen

In den letzten Jahren ist das Interesse am Sammeln von Heilpflanzen für den eigenen Gebrauch wieder stark gestiegen, auch wenn dies heute nicht ganz unproblematisch ist. Viele Standorte, Wiesen, Felder und Wegränder sind durch den Einsatz von Unkraut- und Schädlingsbekämpfungsmitteln stark belastet, Straßenränder sind mit Staub und Abgasen verschmutzt, Gräben und Teiche durch Abwässer verseucht. Auch aus Gründen des Naturschutzes ist das Sammeln nicht nur der traditionell geschützten Arten, sondern auch mancher anderer im Rückgang begriffenen Art in größerem Maße heute nicht mehr zu vertreten. Ein großer Teil der im Handel erhältlichen Drogen stammt heute aus Kulturen oder aus dem Ausland.

Trotz allem kann man bei genügender Kenntnis auch bei uns an geeigneten Standorten Heilpflanzen sammeln. Dabei ist zu beachten, daß nur soviele Pflanzen oder Pflanzenteile entnommen werden, daß der Bestand nicht geschädigt wird. Auch der Anbau für den eigenen Bedarf im Garten oder auf dem Fensterbrett (Gewürze!) lohnt sich manchmal. Unbegründet ist aber die Auffassung, daß wild gewachsene Pflanzen heilkräftiger seien als solche aus Kulturen. Sorgfältig angebaute Heilpflanzen unter Berücksichtigung von Rassen mit hohem Wirkstoffgehalt, denn von diesem ist die Heilkraft der Droge abhängig, können sicher bessere Erfolge haben als an ungünstigen Standorten gesammelte Wildpflanzen. Eine wesentliche Rolle spielt auch der Zeitpunkt der Ernte, da der Wirkstoffgehalt Schwankungen unterliegt, die vom Entwicklungsstadium der Pflanze abhängig sind:

Kräuter werden im allgemeinen zu Beginn oder während der Blütezeit geerntet, Blüten kurz nach dem Aufblühen,

Blätter, wenn sie vollständig ausgebildet sind, meist vor Beginn der Blütezeit,

Früchte und Samen, wenn sie reif sind (um Ernteverluste zu vermeiden, werden Samen auch früher gesammelt),

Rinden meist im Frühjahr zu Beginn des Saftstromes,

Wurzeln und Wurzelstöcke nach der vollständigen Entwicklung der Pflanze im Herbst oder auch im Frühjahr.

Daneben kann die Tageszeit, zu der die Pflanzen geerntet werden, Einfluß auf den Wirkstoffgehalt haben, da dieser während eines Tages beträchtlich schwanken kann, wie zum Beispiel bei einigen Drogen mit ätherischem Öl. Auch das Alter einer Pflanze kann von Bedeutung sein.

Die einfachste Methode, Pflanzen über einen längeren Zeitraum haltbar zu machen, ist die Trocknung. Kleinere Mengen werden im Schatten und vor Witterungseinflüssen geschützt auf einer sauberen Unterlage in dünner Schicht ausgebreitet. Im gewerbsmäßigen Arzneipflanzenanbau verwendet man hierfür große Horden in Trockenkammern mit Temperaturregulierung und Luftumwälzung. Zu hohe Temperaturen können qualitätsmindernde Folgen haben, da sich der Gehalt an wirksamen Inhaltsstoffen verändern kann. Die gesammelten Pflanzen sollen frei von Schädlingsbefall sein. Vorbeugend werden sie häufig mit Gasen behandelt. Bei der Mehrzahl der Drogen wird der Wirkstoffgehalt durch sachgemäßes Trocknen zunächst nicht wesentlich verändert, wenn geeignete Lagerungsbedingungen eingehalten werden, d. h. trocken und lichtgeschützt in dicht schließenden Behältern (bei Arten mit ätherischem Öl kein Plastikmaterial), in einigen Fällen über einem Trocknungsmittel. Jedoch sollten Drogen kaum länger als ein Jahr aufbewahrt werden.

Hinweise zum Anwendungsteil

In der folgenden Tabelle sind nun die wichtigsten Anwendungen pflanzlicher Drogen zusammengestellt, die ohne ärztliche Verordnung zur Bekämpfung von Bagatellerkrankungen, sofern diese eindeutig als solche erkannt sind, und in Absprache mit dem Arzt zur begleitenden Behandlung verwendet werden können. Dabei wurden besonders die „Standardzulassungen für Fertigarzneimittel" (BRAUN 1983–1991) berücksichtigt, die auch die Texte für Beipackzettel und Etiketten für fertig abgepackte Tees enthalten, aber auch einzelne, seit längerer Zeit bewährte weitere Anwendungen, besonders soweit sie nach dem heutigen Kenntnisstand begründet sind (siehe auch Literaturverzeichnis). Im einzelnen gliedert sich die Tabelle in folgende Spalten:

Name: Hier wird – in alphabetischer Folge – der deutsche Name der pflanzlichen Droge angegeben, der sich im allgemeinen vom Namen der Pflanze ableitet. Außerdem wird auf die Seitenzahl des Bestimmungsteils verwiesen, wo dieser Name unter dem Buchstaben „**D**" bei der betreffenden Pflanzenart wiederzufinden ist.

Sammelgut, -zeit: Neben einer kurzen Beschreibung des Sammelgutes findet sich in römischen Ziffern die Angabe des Sammelmonats nur dann, wenn die Pflanze in Mittel- und Südeuropa unter Berücksichtigung der Naturschutzgesetze oder ihrer Seltenheit selbst gesammelt werden kann, und sei es auch nur von der Fensterbank oder aus dem eigenen Garten. Sofern keine Monatsangabe erfolgt, kann das Sammelgut nur aus der Apotheke bezogen werden, was aber auch sonst in vielen Fällen empfehlenswert ist (siehe auch vorhergehender Abschnitt), da die Drogen in der Apotheke strengen Qualitätskontrollen unterliegen.

Anwendungsbereich: Hier werden die spezifischen Beschwerden angegeben, bei denen die nebenstehende Zubereitung angezeigt ist, während im Bestimmungsteil auch weitere Anwendungen z. B. der Volksmedizin oder in Fertigpräparaten des Handels berücksichtigt werden.

Zubereitung und Dosierung: Wenn nicht anders angegeben, wird von der geschnittenen Droge ausgegangen. **Unter einer Tasse wird eine Tasse (oder ein Glas) mit 150 ml Inhalt verstanden.**

Drei Zubereitungsformen von Tees sind gebräuchlich. Am häufigsten angewendet wird der Aufguß, bei dem die vorgeschriebene Drogenmenge mit kochendem oder heißem Wasser (z. B. bei einigen Drogen mit ätherischem Öl) übergossen wird. Für eine Abkochung wird die Drogenmenge mit kaltem Wasser angesetzt, zum Sieden erhitzt und kurze Zeit im Sieden gehalten. Besonders für schleimhaltige Drogen, aber auch für Bärentraubenblätter und einige andere wird der Kaltauszug vorgeschlagen. Die erforderliche Menge wird mit kaltem Wasser übergossen und mehrere Stunden bei Raumtemperatur stehengelassen. Gegen diese Aufbereitungsform wurden in letzter Zeit Bedenken geäußert, da die so hergestellten Auszüge eine sehr hohe Keimzahl aufweisen. Es wird daher empfohlen, mit wenigen Ausnahmen den Aufguß oder die Abkochung vorzuziehen.

Heilpflanzentees zeigen in richtiger Dosierung bei den angegebenen Beschwerden oft sehr gute Wirkungen. Sie sollten aber nur beschränkte Zeit und nicht länger als nötig eingenommen werden. Als Haustee eignen sich dagegen besonders Mischungen weniger stark wirksamer Drogen, wobei auch hier Abwechslung ratsam ist.

Hinweise: Hier werden vor allem die Gegenanzeigen und besondere Vorsichtsmaßnahmen bei der Anwendung, Zubereitung oder Dosierung erwähnt.

Name	Sammelgut, –zeit	Anwendungsbereich
Alantwurzelstock Helenenkrautwurzel S. 120	Unterirdische Organe 2–3 Jahre alter Pflanzen aus Kulturen. Herkunft vor allem aus Bulgarien, UdSSR, China. X–XI und III-IV	Zur Förderung der Schleimlösung und Dämpfung des Hustenreizes bei Katarrhen der Atemwege; auch bei chronischen Beschwerden älterer Menschen.
Andornkraut S. 88	Obere Teile des blühenden Krautes. Herkunft SO-Europa, Marokko. VI–VIII	Bei Verdauungsbeschwerden, Appetitlosigkeit, Gallenbeschwerden. Zur Förderung der Schleimlösung bei Husten.
Angelikawurzel S. 68	Unterirdische Organe der 2jährigen Pflanze. IX–X	Bei Magen- und Darmbeschwerden wie Völlegefühl, Blähungen, leichten krampfartigen Störungen; bei mangelnder Magensaftbildung.
Anis S. 64	Reife Früchte aus Kulturen vorwiegend in der Türkei, Ägypten, Spanien. VIII–IX	a) Zur Förderung der Schleimlösung bei Katarrhen der Atemwege. b) Bei Magen- und Darmstörungen mit Blähungen und krampfartigen Beschwerden, besonders bei Säuglingen und Kleinkindern.
Arnikablüten S. 124	Getrocknete Blütenköpfe. Die Art steht unter Naturschutz (Sammelverbot). Herkunft aus Wildvorkommen in Südeuropa oder aus Kulturen der nordamerikanischen Art *Arnica chamissonis* ssp. *foliosa* in der DDR und UdSSR.	a) Zur unterstützenden Behandlung von Verstauchungen, Zerrungen und Prellungen, Schwellungen infolge von Quetschungen, Muskel- und Gelenkschmerzen; zur Beschleunigung der Resorption von Blutergüssen und zur Förderung der Wundheilung. b) Bei Entzündungen der Mundschleimhaut Arnikatinktur (aus der Apotheke) verwenden.

Zubereitung	Dosierung	Hinweise
1 knappen TL je Tasse mit kochendem Wasser übergießen, nach 10 min abseihen. Als Teemischung mit Huflattichblättern und Primelwurzeln zu gleichen Teilen (2 TL je Tasse nehmen).	3mal täglich 1 Tasse schluckweise trinken, mit Honig süßen.	Allergische Reaktionen sind möglich. Größere Gaben der Droge führen zu Erbrechen, Durchfällen, Krämpfen und Lähmungserscheinungen.
1–2 TL je Tasse mit kochendem Wasser übergießen, nach 5–10 min abseihen.	Vor den Mahlzeiten jeweils 1 Tasse ungesüßt trinken, bei Husten auch öfter, evtl. mit Honig.	Nicht anwenden bei Magen- und Darmgeschwüren
1 TL je Tasse mit kochendem Wasser übergießen, nach 10 min abseihen, oder mit kaltem Wasser ansetzen und kurz aufkochen. Als Geschmackskorrigens hat sich die Zugabe von gleichen Teilen Erdbeerblättern bewährt.	Mehrmals täglich 1 Tasse mäßig warm 1/2 Stunde vor den Mahlzeiten ungesüßt trinken.	Für die Dauer der Anwendung sollten längere Sonnenbäder oder intensive UV-Bestrahlung gemieden werden. Nicht anwenden bei Magen- und Darmgeschwüren.
1–2 TL je Tasse mit kochendem Wasser übergießen, bedeckt 10–15 min ziehen lassen und dann abseihen. Die Früchte sollten möglichst kurz vor Gebrauch zerstoßen werden (z. B. in einem Mörser).	a) Morgens und/oder abends vor dem Schlafengehen 1 Tasse frisch bereitet mit Honig gesüßt trinken. b) Mehrmals täglich 1 EL ungesüßten Tee einnehmen, für Säuglinge und Kleinkinder 1 TL voll, evtl. in die Flasche geben.	
a) 1–2 TL je Tasse mit heißem Wasser übergießen und nach 10 min abseihen. Mit dem so bereiteten Aufguß Leinen o. ä. durchtränken und auf die entsprechenden Körperstellen legen. Ebenso verwendet werden kann die Tinktur, die man für derartige Umschläge oder auch Einreibungen mit Wasser 1:5 verdünnt. b) Verdünnung der Tinktur 1:10.	a) Umschläge mehrmals täglich wechseln. b) Mehrfach mit der verdünnten Tinktur spülen.	Von der inneren Anwendung von Arnikatee oder Arnikatinktur ist abzuraten, da es zu schweren Nebenwirkungen kommen kann. Auch bei äußerer Anwendung können Überempfindlichkeitsreaktionen auftreten. In diesem Fall muß ein Arzt aufgesucht werden.

Name	Sammelgut, -zeit	Anwendungsbereich
Augentrostkraut S. 92	Blühendes Kraut. VII–X	a) Bei Bindehaut- und Lidrandentzündung. b) Bei Gerstenkorn.
Bärentraubenblätter S. 70	Blätter. Die Art steht unter Naturschutz (Sammelverbot). Herkunft aus Wildvorkommen in Südeuropa und der UdSSR.	Zur unterstützenden Behandlung von Blasen- und Nierenbekkenkatarrhen.
Baldrianwurzel S. 158	Unterirdische Organe. IX–X und III-IV	Bei nervösen Erregungszuständen und Herzklopfen, Einschlafstörungen. Bei nervös bedingten, krampfartigen Magen-Darm-Beschwerden.

Zubereitung	Dosierung	Hinweise
a) 1–2 TL je Tasse mit kaltem Wasser übergießen und kurz aufkochen oder mit kochendem Wasser übergießen, nach 5–10 min abseihen. Die Zugabe von wenigen Kristallen Kochsalz gleicht den Tee an den Salzgehalt der Tränenflüssigkeit an und macht dadurch die Anwendung angenehmer. b) 5 EL mit 1/4 l kochendem Wasser übergießen und 5–10 min ziehen lassen.	a) Den Tee 3–4mal täglich zu lauwarmen Augenspülungen oder Umschlägen verwenden. b) Den Brei auf Mull geben und so heiß wie möglich auf das Gerstenkorn legen.	
1 knappen TL gepulverte Droge je Tasse mit kaltem Wasser übergießen und mehrere Stunden unter gelegentlichem Umrühren stehenlassen. Nach kurzem Erhitzen abseihen. Bei der auch möglichen Zubereitung durch 15minütiges Kochen wird eine größere Menge Gerbstoffe ausgezogen, die den Magen belasten kann.	3–4mal täglich 1 Tasse trinken. Um die Wirkung zu gewährleisten, ist ein alkalischer Harn notwendig, was durch reichlich pflanzliche Nahrung erreicht wird. Auch die Zugabe von jeweils 1 Messerspitze Natron erfüllt den Zweck. Dagegen sind Mittel zu meiden, die zu einem sauren Harn führen.	Nur kurzfristig anwenden, nicht während der Schwangerschaft. Sollten die Beschwerden nach wenigen Tagen nicht gebessert sein, ist ein Arzt aufzusuchen. Bei Magenempfindlichkeit und bei Kindern können Übelkeit und Erbrechen auftreten. Bei Überdosierung oder langdauerndem Gebrauch sind Leberschäden möglich.
1–2 TL je Tasse mit heißem Wasser übergießen und bedeckt stehenlassen, nach 10–15 min abseihen. Der Kaltansatz ist ebenfalls möglich, Abseihen nach 8–10 Stunden. Die Zugabe von Pfefferminzblättern und Hibiskusblüten wird zur Geschmacksverbesserung empfohlen. Als schlaffördernder Tee eignet sich auch eine Mischung mit der gleichen Menge Hopfenzapfen. Man nimmt davon 2 TL je Tasse. Zur Bereitung eines Vollbades 100 g Baldrianwurzel mit 3 l Wasser übergießen und 10 min kochenlassen. Die abgeseihte Flüssigkeit dem Badewasser zusetzen.	1/2 Stunde vor dem Schlafengehen, evtl. auch tagsüber 2–3mal 1 Tasse Tee frisch bereitet trinken. Von der Baldriantinktur (aus der Apotheke) nimmt man bei Einschlafstörungen 1 TL in einem halben Glas Wasser, tagsüber bis zu 3mal 1/2 TL bei Bedarf. Badedauer 10–15 min bei ca. 37°C.	

Name	Sammelgut, -zeit	Anwendungsbereich
Basilikumkraut, Basilienkraut S. 92	Blühendes Kraut. Herkunft Kulturen in Südeuropa. VI–IX	Zur unterstützenden Behandlung bei Völlegefühl und Blähungen.
Beinwellwurzel Wallwurz S. 72, 156	Unterirdische Organe. III–IV und IX–X	Bei Verstauchungen, Prellungen, Blutergüssen, Knochenhautreizungen, Sehnenscheidenentzündungen, rheumatischen Gelenkerkrankungen.
Benediktenkraut, Kardobenediktenkraut S. 126	Blühende Zweige und Blätter. Herkunft Süd- und Osteuropa. VI–VII	Zur Anregung des Appetits; bei Verdauungsbeschwerden durch mangelnde Magensaftsekretion.
Bibernellwurzel S. 64	Unterirdische Organe. IX–XI	Zur unterstützenden Behandlung von Katarrhen der Atemwege und von Schleimhautentzündungen im Mund- und Rachenbereich.
Birkenblätter S. 200	Blätter. V–VII	Zur Erhöhung der Harnmenge, z. B. bei Harngrieß und zur Vorbeugung von Harnsteinen.

Zubereitung	Dosierung	Hinweise
2 TL je Tasse mit heißem Wasser übergießen, nach 10–15 min abseihen.	2–3mal täglich 1 Tasse frisch bereitet zwischen den Mahlzeiten trinken.	
a) 4–5 EL fein zerriebene, geschälte frische oder gepulverte getrocknete Wurzel mit Wasser zu einem nicht zu flüssigen Brei anrühren (auch unter verschiedenen Markenbezeichnungen in der Apotheke erhältlich). b) 100 g Droge in 1 l Wasser 10 min kochen lassen, dann abseihen.	a) Zu Auflagen den Brei messerrückendick auf Verbandsmaterial auftragen, mit einem Tuch abdecken und mit einer Binde fixieren. b) Die Abkochung für Umschläge verwenden. Auflagen bzw. Umschläge können mehrere Stunden liegenbleiben. Vor der Erneuerung sollte eine Pause von 2–4 Stunden eingelegt werden.	Von der teilweise noch empfohlenen innerlichen Anwendung wird wegen möglicher krebserregender und leberschädigender Wirkung abgeraten. Die äußerliche Anwendung sollte nur kurzfristig erfolgen.
1–2 TL je Tasse mit kochendem Wasser übergießen oder kalt ansetzen und langsam zum Sieden erhitzen. 5–10 min ziehen lassen, dann abseihen.	2mal täglich 1 Tasse jeweils 1/2 Stunde vor den Hauptmahlzeiten lauwarm und ungesüßt schluckweise trinken.	Bei höherer Dosierung sind Übelkeit und Erbrechen möglich. Nicht anwenden bei Magen- und Darmgeschwüren.
1 TL je Tasse mit kaltem Wasser übergießen, zum Sieden erhitzen und 1 min lang kochen lassen, dann abseihen. Auch die Tinktur (aus der Apotheke) kann verwendet werden.	Als Hustentee 3–4mal täglich 1 Tasse mit Honig gesüßt trinken. Zum Gurgeln mehrmals täglich den ungesüßten Tee verwenden. Von der Tinktur nimmt man bei Husten 5–10 Tropfen auf Zucker, zum Gurgeln 30 Tropfen auf 1 Glas Wasser.	
1–2 EL je Tasse mit heißem Wasser übergießen, 15 min bedeckt stehenlassen, dann abseihen. Als Teemischung zusammen mit Riesengoldrutenkraut und Löwenzahn im Verhältnis 1:1:2. Davon 2 TL je Tasse verwenden.	3–4mal täglich 1 Tasse frisch bereitet zwischen den Mahlzeiten trinken.	Nicht anwenden bei Wasseransammlungen infolge eingeschränkter Herz- oder Nierentätigkeit.

Name	Sammelgut, -zeit	Anwendungsbereich
Bockshornsamen, Griechische Heusamen S. 134	Reife Samen aus Kulturen in Marokko, Türkei, Indien, China. VII–VIII	Bei Furunkeln und Nagelbettentzündungen.
Bohnenhülsen, Samenfreie Gartenbohnenhülsen, Bohnenschalen S. 88, 252	Von den Samen befreite Fruchtwände aus Kulturen. VIII–IX	Zur Erhöhung der Harnmenge, u. a. bei Harngrieß und vorbeugend gegen die Bildung von Harnsteinen.
Brennesselblätter S. 206	Blätter. IV–VII	Zur Erhöhung der Harnmenge. Als unterstützendes Mittel zur Behandlung von Beschwerden beim Wasserlassen.
Brombeerblätter S. 46	Blätter. V–VIII	a) Bei leichten Durchfallerkrankungen. b) Zur unterstützenden Behandlung von Schleimhautentzündungen im Mund- und Rachenraum. c) Als Haustee.
Bruchkraut S. 210	Blühendes Kraut. Sollte wegen der Seltenheit in Mitteleuropa nicht gesammelt werden.	Zur Erhöhung der Harnmenge, u. a. als unterstützendes Mittel bei Blasenbeschwerden.
Eibischblätter S. 150	Blätter. Die Art steht unter Naturschutz (Sammelverbot). Herkunft Kulturen vor allem in Ost- und SO-Europa, UdSSR.	Zur Reizlinderung bei Schleimhautentzündungen im Mund-. und Rachenraum sowie im Magen- und Darmbereich. Zur Milderung des Hustenreizes bei Katarrhen der Atemwege.

Zubereitung	Dosierung	Hinweise
100 g grob gemahlene Samen mit wenig Wasser in 5 min zu einem Brei kochen, etwas Essig zusetzen.	Den Brei messerrückendick auf Leinwand auftragen und noch heiß auf die erkrankten Stellen auflegen, mit einem Tuch abdecken und mit einer Binde fixieren. 3–4mal täglich erneuern.	
1 EL je Tasse mit Wasser übergießen und kurz aufkochen, nach 15 min abseihen.	2–3mal täglich 1 Tasse frisch bereitet zwischen den Mahlzeiten trinken.	
3–4 TL je Tasse mit heißem Wasser übergießen, nach 10 min abseihen.	3–4mal täglich 1 Tasse frisch bereitet trinken.	Nicht anwenden bei Wasseransammlungen durch eingeschränkte Herz- oder Nierentätigkeit.
2 TL je Tasse mit kochendem Wasser übergießen, nach 10 min abseihen. Als Haustee z. B. in Mischung mit Himbeerblättern unter Zugabe von Hagebutten, Hibiscusblüten oder auch aromatischen Drogen wie Pfefferminzblätter, Melissenblätter, Thymian oder Orangenblüten wechselnd in kleineren Mengen.	a) Mehrmals täglich 1 Tasse frisch bereitet zwischen den Mahlzeiten trinken. b) Zum Gurgeln und Spülen mehrmals täglich. c) Als Haustee auch bei längerem Gebrauch ohne Nebenwirkungen.	Bei länger als 3–4 Tage anhaltenden Durchfällen ist ein Arzt zu befragen.
1 TL je Tasse mit kaltem Wasser übergießen und kurz aufkochen, nach 5 min abseihen.	2–3mal täglich 1 Tasse trinken.	Nicht anwenden bei Wasseransammlungen durch eingeschränkte Herz- oder Nierentätigkeit.
1 TL je Tasse mit heißem Wasser übergießen, nach 10 min abseihen, oder kalt ansetzen und etwa 1 Stunde unter gelegentlichem Umrühren stehenlassen, dann abseihen.	Mehrmals täglich und abends vor dem Schlafengehen 1 Tasse jeweils frisch bereitet schluckweise trinken bzw. zum Spülen oder Gurgeln verwenden. Als Bronchialtee mit Honig gesüßt.	

Name	Sammelgut, -zeit	Anwendungsbereich
Eibischwurzel S. 150	Geschälte oder ungeschälte Wurzeln. Die Art steht unter Naturschutz (Sammelverbot). Herkunft aus Kulturen vor allem in Ost- und SO-Europa, UdSSR.	Zur Reizlinderung bei Schleimhautentzündungen im Mund- und Rachenraum sowie im Magen- und Darmbereich. Zur Milderung des Hustenreizes bei Katarrhen der Atemwege.
Eichenrinde S. 204	Borkenfreie Rinde junger Zweige und Stockausschläge. Herkunft Ost- und SO-Europa. III–IV	a) Bei Entzündungen des Zahnfleisches und der Schleimhäute im Mund- und Rachenraum. b) Bei übermäßiger Fußschweißsekretion. Zur ergänzenden Behandlung von Frostschäden, Hämorrhoiden, nässenden Ekzemen.
Enzianwurzel S. 116	Unterirdische Organe. Die Art steht unter Naturschutz (Sammelverbot). Herkunft Südeuropa bzw. Kulturen in Frankreich und BRD.	Zur Anregung des Appetits. Bei Magenbeschwerden, die z. B. durch mangelnde Magensaftbildung verursacht sind.
Erdbeerblätter S. 46	Blätter. IV–V	a) Bei leichten Durchfallerkrankungen. b) Zur unterstützenden Behandlung bei Entzündungen der Mundschleimhäute. c) Als Haustee.

Zubereitung	Dosierung	Hinweise
1 EL je Tasse mit kaltem Wasser übergießen, unter gelegentlichem Umrühren 1 1/2 Stunden stehenlassen, dann abseihen. Eine von alters her gebräuchliche Zubereitung gegen Husten besonders für Kinder ist der Eibischsirup: 1 knappen TL Droge auf einem Filter mit einer Mischung aus 1 g Weingeist und 45 g Wasser übergießen, die ablaufende Flüssigkeit wiederholt auf das Filter zurückgeben (etwa 1 Stunde lang). 37 g des so erhaltenen Auszuges mit 63 g Zucker aufkochen. Noch heiß in eine Flasche füllen und gut verschließen.	Von dem Tee mehrmals täglich und abends vor dem Schlafengehen 1 Tasse jeweils frisch bereitet schluckweise trinken oder zum Gurgeln bzw. Spülen verwenden. Vor dem Gebrauch evtl. leicht erwärmen. Als Bronchialtee mit Honig gesüßt. Von dem Sirup 3–5mal täglich 1–2 TL einnehmen. Auch als Zusatz zu Hustentees geeignet.	Die Droge schimmelt leicht. Der Sirup ist ebenfalls nicht lange haltbar.
a, b) Für Spül- und Gurgellösungen sowie zur Bereitung von Umschlägen 2 EL in 1/2 l Wasser 15–20 min lang kochen, dann abseihen. b) Zur Bereitung von Teilbädern für 4–5 l Wasser 500 g Eichenrinde nehmen. 15–20 min kochen, dann abgießen.	a) Mehrmals täglich mit der unverdünnten Abkochung spülen bzw. gurgeln. b) Als Teilbad 2mal täglich 15–20 min bei Körpertemperatur anwenden. Umschläge mit der unverdünnten Abkochung 2–3mal täglich wechseln.	Abkochungen nicht länger als 12 Stunden aufbewahren.
1/2 TL je Tasse mit kochendem Wasser übergießen, nach 5–10 min abseihen, oder mit kaltem Wasser ansetzen und 8–10 Stunden ziehen lassen, dann abseihen. Häufig in Mischungen mit weniger bitteren Drogen, wie Tausendgüldenkraut, Pomeranzenschalen und Wermutkraut.	Mehrmals täglich 1 Tasse kalt oder mäßig warm 1/2 Stunde vor den Hauptmahlzeiten ungesüßt schluckweise trinken. Von der Tinktur (aus der Apotheke) nimmt man 20–40 Tropfen in 1/2 Glas Wasser.	Nicht anwenden bei Magen- und Darmgeschwüren. Bei bitterstoffempfindlichen Personen kann es zu Kopfschmerzen kommen.
a, b) 1 TL je Tasse mit kochendem Wasser übergießen, nach 5–10 min abseihen. c) Als Haustee gewöhnlich in Mischung mit Hagebutten, Hibiscusblüten, Brombeer- oder Himbeerblättern.	a) Mehrmals täglich 1 Tasse frisch bereitet zwischen den Mahlzeiten trinken. b) Zum Gurgeln und Spülen mehrmals täglich lauwarm.	Bei länger als 3–4 Tage anhaltenden Durchfällen ist ein Arzt zu befragen.

Name	Sammelgut, -zeit	Anwendungsbereich
Erdrauchkraut S. 168	Blühendes Kraut. VI–VIII	Bei spastisch bedingten Gallenbeschwerden und Verstopfung.
Eukalyptusblätter, Fieberbaumblätter S. 34	Ältere Blätter (Folgeblätter). Herkunft Anpflanzungen vor allem in Spanien, Marokko, UdSSR.	Bei Erkältungserkrankungen der oberen Luftwege; Bronchitis.
Färberginsterkraut S. 132	Blühende Zweige. VI–VII	Zur unterstützenden Behandlung von Erkrankungen, bei denen eine erhöhte Harnbildung erwünscht ist, u. a. bei Harngrieß oder zur Vorbeugung von Harnsteinen.
Faulbaumrinde S. 214, 246	Rinde, mindestens 1 Jahr gelagert. VI–VII	Bei Verstopfung und allen Erkrankungen, bei denen eine leichte Darmentleerung mit weichem Stuhl erwünscht ist (u. a. Hämorrhoiden).
Fenchel S. 108	Reife Früchte. Herkunft Kulturen in China, Ägypten, SO-Europa. VII–IX	Bei Blähungen und leichten krampfartigen Magen- und Darmbeschwerden, besonders bei Säuglingen und Kleinkindern. Zur Förderung der Schleimlösung bei Katarrhen der Atemwege.

Zubereitung	Dosierung	Hinweise
1–2 TL je Tasse mit kochendem Wasser übergießen, nach 10 min abseihen.	1 Tasse frisch bereitet noch warm 1/2 Stunde vor den Mahlzeiten trinken.	Bei andauernden Beschwerden über mehrere Wochen anwenden.
1/2 TL je Tasse mit heißem Wasser übergießen, nach 10 min abseihen. Statt des Tees kann auch Eukalyptusöl verwendet werden.	3mal täglich 1 Tasse frisch bereitet schluckweise trinken. Vom Öl gibt man 3–6 Tropfen in ein Glas warmes Wasser. Zur Inhalation die Dämpfe des heißen Tees einatmen oder vom Öl 2–3 Tropfen auf heißes Wasser geben.	Nicht anwenden bei Säuglingen und Kleinkindern, bei entzündlichen Erkrankungen im Magen-Darm-Bereich sowie der Gallenwege oder bei schweren Lebererkrankungen. Selten kommt es zu Übelkeit, Erbrechen und Durchfall.
1 knappen TL je Tasse mit kochendem Wasser übergießen, nach 10 min abseihen.	Bis zu 3mal täglich 1 Tasse frisch bereitet trinken.	Nicht anwenden bei Bluthochdruck. Bei höherer Dosierung können Durchfälle auftreten.
1/2 TL je Tasse mit heißem Wasser übergießen, nach 10–15 min abseihen, oder mit kaltem Wasser übergießen und 12 Std. ziehen lassen, dann abseihen.	Morgens und/oder abends vor dem Schlafengehen 1 Tasse frisch bereitet trinken. Die Wirkung setzt nach 6–10 Stunden ein.	Ohne Rücksprache mit dem Arzt nur wenige Tage einnehmen. Bei häufigem und langdauerndem Gebrauch oder Überdosierung sind Störungen im Elektrolythaushalt möglich. Nicht anwenden während Schwangerschaft und Stillzeit sowie bei Darmverschluß.
1–2 TL je Tasse mit kochendem Wasser übergießen, 5–10 min bedeckt stehenlassen, dann abseihen. Die Früchte sollten kurz vor Gebrauch zerstoßen werden, z. B. in einem Mörser.	2–4mal täglich 1 Tasse frisch bereitet warm zwischen den Mahlzeiten trinken, bei Katarrhen der Atemwege mit Honig gesüßt. Für Säuglinge und Kleinkinder kann der Tee auch zum Verdünnen von Milch oder Breinahrung verwendet werden.	

Name	Sammelgut, -zeit	Anwendungsbereich
Fieberkleeblätter, Bitterkleeblätter S. 70	Blätter der blühenden Pflanze. Die Art ist geschützt (Sammelverbot). Herkunft Osteuropa. V–VI	Zur Anregung des Appetits. Bei Magenbeschwerden aufgrund mangelnder Magensaftsekretion.
Flohsamen S. 216	Reife Samen. Herkunft Kulturen u. a. in Südfrankreich.	Bei chronischer und akuter Verstopfung und allen Erkrankungen, bei denen eine leichte Stuhlentleerung mit weichem Stuhl erwünscht ist (u. a. Hämorrhoiden).
Frauenmantelkraut S. 212	Oberirdische Teile vor und während der Blütezeit. V–VIII	Zur unterstützenden Behandlung von akuten Durchfallerkrankungen und Magen-Darm-Beschwerden bei Erwachsenen und Schulkindern.
Gänsefingerkraut S. 104	Blätter und Blüten(knospen) während oder kurz vor der Blüte. V–VIII	a) Zur unterstützenden Behandlung akuter Durchfallerkrankungen mit leichten krampfartigen Beschwerden bei Erwachsenen und Schulkindern. Bei mit leichten krampfartigen Schmerzen verbundenen Monatsblutungen. b) Bei leichten Entzündungen der Mund- und Rachenschleimhaut.
Goldrutenkraut und **Riesengoldrutenkraut** S. 118	Blühendes Kraut. VIII–X	Zur Vermehrung der Harnmenge bei Entzündungen im Bereich der Niere oder Blase.

Zubereitung	Dosierung	Hinweise
1/2–1 TL je Tasse mit kochendem Wasser übergießen, nach 5–10 min abseihen. Als Teemischung z. B. mit Enzianwurzel, Tausendgüldenkraut, Andornkraut und Fenchel zu gleichen Teilen. Davon 1 TL je Tasse.	1/2 Stunde vor den Hauptmahlzeiten jeweils 1 Tasse mäßig warm und ungesüßt schluckweise trinken.	Nicht anwenden bei Magen- und Darmgeschwüren.
1–3 TL mit wenig Wasser leicht vorquellen.	Morgens und abends mit 1–2 Glas Flüssigkeit (außer Wasser und Tee z. B. auch Milch, Suppe oder Kompott) einnehmen.	Auf reichliche Flüssigkeitszufuhr ist zu achten. Nicht anwenden bei Darmverschluß.
3–4 TL je Tasse mit heißem Wasser übergießen, nach 10 min abseihen.	Täglich bis zu 3 Tassen frisch bereitet zwischen den Mahlzeiten warm trinken.	Bei länger als 3–4 Tage anhaltenden Durchfällen ist ein Arzt zu befragen. In seltenen Fällen können durch die Anwendung Leberschäden auftreten.
1–2 TL je Tasse mit heißem Wasser übergießen, nach 10 min abseihen. Bei krampfartigen Magen-Darm-Beschwerden ist auch eine Mischung mit Melisse und Pfefferminze zu gleichen Teilen gebräuchlich.	a) 3mal täglich 1 Tasse frisch bereitet zwischen den Mahlzeiten trinken. Bei Menstruationsbeschwerden einige Tage vor Einsetzen der Regel bis zum Nachlassen der Blutungen anwenden. b) Mit dem Teeaufguß mehrmals täglich lauwarm spülen oder gurgeln.	Bei länger als 3–4 Tage anhaltenden Durchfällen ist ein Arzt zu befragen. Bei magenempfindlichen Personen können Beschwerden auftreten.
1–2 TL je Tasse mit kochendem Wasser übergießen, nach 15 min abseihen. Als gemischter Tee (auch zur Vorbeugung von Harngrieß und Harnsteinbildung geeignet) zusammen mit Birkenblättern, Queckenwurzelstock, Hauhechelwurzel und Süßholzwurzel zu gleichen Teilen. Man nimmt davon 2–3 TL je Tasse.	2–4mal täglich 1 Tasse frisch bereitet zwischen den Mahlzeiten trinken.	Nicht anwenden bei Wasseransammlungen infolge eingeschränkter Herz- oder Nierentätigkeit. Bei chronischen Nierenerkrankungen ist vor der Anwendung ein Arzt zu befragen.

Name	Sammelgut, -zeit	Anwendungsbereich
Hagebutten S. 146	Ausgereifte Scheinfrüchte mit oder ohne Kerne. X–XI	a) Zur Unterstützung der Therapie bei Vitamin-C-Mangel, zur Förderung der Harnausscheidung und als leichtes Abführmittel. b) Als Haustee.
Hauhechelwurzel S. 168	Unterirdische Organe. III–IV und IX–XI	Zur Förderung der Harnausscheidung bei Blasen- und Nierenbeckenkatarrhen, bei Harngrieß und zur Vorbeugung von Harnsteinen.
Heidelbeeren, Blaubeeren, Schwarzbeeren, Bickbeeren S. 152	Reife Früchte. VII–VIII	Zur unterstützenden Behandlung akuter Durchfallerkrankungen bei Schulkindern und Erwachsenen.
Heublumen, Grasblüten S. 220	Aus Heu durch mehrfaches Absieben der gröberen Teile und anschließend von Staub und Erde gewonnen. VI	Zur örtlichen Wärmebehandlung von rheumatischen Erkrankungen, Bandscheibenschäden, Frostbeulen.
Himbeerblätter S. 46	Blätter V–VI	Wie Brombeerblätter.

Zubereitung	Dosierung	Hinweise
1 gehäuften TL je Tasse mit kochendem Wasser übergießen, nach 10–15 min abseihen.	a) Mehrmals täglich 1 Tasse trinken. b) Unbedenklich über längere Zeit zu verwenden, beliebt auch in Mischung mit Hibiscusblüten (im Lebensmittelhandel meist als „Malven-Tee“ bezeichnet).	Höher ist der Vitamin-C-Gehalt in frischen Hagebutten, die entkernt zur Herstellung von Marmelade Verwendung finden können.
2 TL je Tasse mit kochendem Wasser übergießen, etwa 30 min warmhalten, dann abseihen.	2–3mal täglich 1 Tasse zwischen den Mahlzeiten trinken. Nur wenige Tage anwenden, da danach die Wirksamkeit nachläßt. Nach einigen Tagen Pause kann der Tee erneut getrunken werden.	Nicht anwenden bei Wasseransammlungen infolge eingeschränkter Herz- oder Nierentätigkeit.
1–2 EL je Tasse in Wasser etwa 10 min kochen, noch heiß abseihen, dann abkühlen lassen, oder mit kaltem Wasser übergießen, 2 Stunden stehen lassen und abseihen.	Mehrmals täglich 1 Tasse frisch bereitet kalt trinken. Wirksam sind auch jeweils 1–2 TL getrocknete Früchte mit etwas Flüssigkeit eingenommen.	Bei länger als 3–4 Tage anhaltenden Durchfällen ist ein Arzt aufzusuchen.
Für ein Heublumenbad 500 g mit 4–5 l Wasser übergießen und zum Sieden erhitzen, 15 min ziehen lassen, dann abseihen und dem Badewasser zugeben. Für die Anwendung als Heublumensack einen der schmerzenden Stelle entsprechend großen Sack 5–8 cm dick mit Heublumen füllen. In einem Topf mit kochendem Wasser übergießen und 15 min ziehen lassen, danach gut abpressen. Den Sack in ein Tuch wickeln und mit einem weiteren Tuch fixieren.	Badedauer ca. 10 min bei 38°C, danach mindestens 1 Stunde Bettruhe. Den Heublumensack bis 40 min lang bei 42°C anwenden.	
Wie Brombeerblätter.	Wie Brombeerblätter.	

Name	Sammelgut, -zeit	Anwendungsbereich
Hirtentäschelkraut S. 38	Blühendes Kraut. IV-IX	Zur unterstützenden Behandlung bei Nasenbluten und übermäßigen Monatsblutungen, wenn keine ernsteren Ursachen vorliegen.
Holunderblüten, Fliedertee S. 76	Die von den im Ganzen geernteten und getrockneten Blütenständen abgerebelten Blüten. V–VII	a) Bei fieberhaften Erkältungskrankheiten, wenn eine Schwitzkur erwünscht ist. b) Zur Vorbeugung gegen Erkältungskrankheiten.
Hopfenzapfen, Hopfenblüten S. 206	Fruchtstände aus Kulturen. VIII-IX	Bei Unruhe und Schlafstörungen.
Huflattichblätter S. 124	Blätter. V–VI	Zur Linderung von trockenem Reizhusten bei Bronchialkatarrh und von Reizzuständen im Mund- und Rachenraum. Auch bei chronischen Beschwerden zur Erleichterung des Abhustens von Schleim.
Isländisches Moos, Isländische Flechte S. 238	Ganze Pflanze. IV–X	Zur Reizlinderung bei Katarrhen der Atemwege, auch bei Schleimhautentzündungen im Mund- und Rachenraum.
Johannisbeerblätter, Schwarze S. 212	Blätter aus Kulturen während oder kurz nach der Blüte IV–V	Zur Erhöhung der Harnmenge.

Zubereitung	Dosierung	Hinweise
1–2 TL mit kochendem Wasser übergießen, nach 15 min abseihen.	2–4mal täglich 1 Tasse frisch bereitet warm zwischen den Mahlzeiten trinken.	Bei anhaltenden Blutungen ist ein Arzt aufzusuchen.
a) 2 TL je Tasse mit kochendem Wasser übergießen, nach 5 min abseihen. Beliebt ist auch eine Mischung aus Holunderblüten, Lindenblüten und Kamillenblüten zu gleichen Teilen. Man nimmt davon 1 EL je Tasse. b) Nur 1 TL je Tasse verwenden.	a) Mehrmals täglich, besonders abends, 1–2 Tassen frisch bereitet so heiß wie möglich trinken. Zusätzlich kann ein heißes Bad genommen werden, danach Bettruhe. b) 3mal täglich 1 Tasse mäßig warm über 2 Wochen trinken.	
1–2 TL je Tasse mit heißem Wasser übergießen, nach 10–15 min abseihen, oder die Droge 5 Stunden mit lauwarmem Wasser ausziehen, dann abseihen.	2–3mal täglich und vor dem Schlafengehen 1 Tasse frisch bereitet trinken, evtl. mit Honig süßen.	Hopfenzapfen ergänzen sich in der Wirkung gut mit der gleichen Menge Baldrianwurzeln. Man nimmt von der Mischung 2 TL je Tasse.
1 EL je Tasse mit heißem Wasser übergießen, nach 10 min abseihen. Häufig verwendet wird eine Mischung aus 30 g Huflattichblättern, 30 g Eibischwurzeln, 20 g Isländischem Moos, 10 g Süßholzwurzeln und 10 g Anis (1 EL je Tasse).	Mehrmals täglich, besonders morgens evtl. schon vor dem Aufstehen und abends vor dem Schlafengehen 1 Tasse schluckweise trinken, mit Honig süßen.	Die Anwendung sollte nur kurzfristig erfolgen.
1–2 TL je Tasse mit heißem Wasser übergießen, nach 10 min abseihen. Um einen weniger bitteren Tee zu erhalten wird empfohlen, das Wasser nach dem Überbrühen sofort wieder zu entfernen und neu aufzugießen, wobei aber auch wertvolle Inhaltsstoffe verloren gehen.	Mehrmals täglich 1 Tasse frisch bereitet schluckweise trinken.	
1–2 TL je Tasse mit kochendem Wasser übergießen, nach 10 min abseihen.	Mehrmals täglich 1 Tasse frisch bereitet zwischen den Mahlzeiten trinken.	Nicht anwenden bei Wasseransammlungen infolge eingeschränkter Herz- oder Nierentätigkeit.

Name	Sammelgut, -zeit	Anwendungsbereich
Johanniskraut, S. 106	Blühendes Kraut. VI–VII	a) Zur unterstützenden Behandlung von nervöser Unruhe und Schlafstörungen; zur Stimmungsaufhellung. b) Johannisöl bei spröder und trockener Haut, kleinen Wunden, Verstauchungen, Blutergüssen und rheumatischen Beschwerden.
Kamille, Römische, Doppelte Kamille S. 84	Blütenköpfchen der gefüllten Varietät. Herkunft aus Kulturen überwiegend in Frankreich, Polen, CSSR. VII–IX	a) Bei Völlegefühl, Blähungen und leichten krampfartigen Magen-Darm-Beschwerden. b) Bei Entzündungen der Schleimhäute im Mund- und Rachenraum.
Kamillenblüten S. 84	Blütenköpfchen. V–IX	a) Bei akuten und chronischen Magen- und Darmbeschwerden. b) Bei Entzündungen der Schleimhäute im Mund- und Rachenraum. c) Bei Bronchialkatarrh sowie Entzündungen im Nasen- und Rachenraum.

Zubereitung	Dosierung	Hinweise
a) 1–2 TL je Tasse mit kochendem Wasser übergießen, nach 10 min abseihen. b) 50 g frische Johanniskrautblüten zerquetschen und mit 200 g Oliven- oder Weizenkeimöl übergießen. Unverschlossen 3–5 Tage an einem warmen Ort unter gelegentlichem Umrühren der Gärung überlassen. Danach das Glas verschließen und so lange dem Sonnenlicht aussetzen, bis der Inhalt eine leuchtend rote Farbe angenommen hat (das dauert etwa 6 Wochen). Dann abseihen und abpressen und das Öl nach kurzem Stehen von der wäßrigen Schicht abgießen.	a) Über 4–6 Wochen oder länger regelmäßig morgens und abends je 1–2 Tassen frisch bereitet trinken. b) Mit dem Öl (auch in der Apotheke erhältlich) mehrmals täglich die zu behandelnden Stellen einreiben oder ein Leinentuch mit dem Öl tränken und auflegen.	Für die Dauer der Anwendung sollten längere Sonnenbäder oder intensive UV-Bestrahlung gemieden werden. Nicht anwenden bei bekannter Lichtüberempfindlichkeit.
1 EL je Tasse mit heißem Wasser übergießen und bedeckt stehenlassen, nach 10 min abseihen.	a) 3–4mal täglich 1 Tasse frisch bereitet ungesüßt mäßig warm zwischen den Mahlzeiten trinken. b) Mehrmals täglich mit dem lauwarmen Tee spülen oder gurgeln.	
a, b) 1 EL je Tasse mit heißem Wasser übergießen und bedeckt stehenlassen, nach 5–10 min abseihen. c) Zur Bereitung eines Dampfbades 1–2 EL mit 1 l heißem Wasser übergießen.	a) 3–4mal täglich 1 Tasse frisch bereitet ungesüßt und lauwarm schluckweise zwischen den Mahlzeiten trinken. b) Mehrmals täglich mit dem frisch bereiteten lauwarmen Tee spülen oder gurgeln. Empfohlen wird auch die abwechselnde Anwendung von Salbeitee. c) Die Dämpfe 10 min lang einatmen. Kopf und Gefäß mit einem großen Tuch abdecken. Danach nicht sofort ins Freie gehen.	Wegen möglicher Reizwirkungen nicht bei Entzündungen am Auge anwenden. Im Rückstand des Teeaufgusses bleiben bis zu 70% des ätherischen Öles zurück. Daher ist in manchen Fällen die Anwendung von Fertigpräparaten mit standardisierten, wäßrig-alkoholischen Auszügen zu erwägen, die auch die alkohollöslichen Wirkstoffe der Kamille enthalten.

Name	Sammelgut, -zeit	Anwendungsbereich
Katzenpfötchen, Gelbe, Ruhrkrautblüten S. 120	Blütenstände. Art steht unter Naturschutz (Sammelverbot). Herkunft UdSSR, Polen, Türkei.	Zur unterstützenden Behandlung von nichtentzündlichen Gallenblasenbeschwerden.
Koriander S. 60	Reife Früchte. Herkunft Kulturen in der UdSSR, SO- Europa, Türkei, Marokko. VI–IX	Zur unterstützenden Behandlung bei Völlegefühl, Blähungen und leichten krampfartigen Magen- und Darmbeschwerden.
Kreuzdornbeeren S. 214, 246	Reife Früchte. IX–X	Bei Verstopfung und allen Erkrankungen, bei denen eine leichte Darmentleerung mit weichem Stuhl erwünscht ist (Hämorrhoiden u.a.).
Kümmel S. 62	Früchte vor der Vollreife. Herkunft aus Kulturen überwiegend in Polen, DDR, Holland, Ägypten. VI–VII	Bei Völlegefühl, Blähungen und leichten krampfartigen Magen-Darm-Beschwerden, nervösen Herz-Magen-Beschwerden, Verdauungsbeschwerden bei Säuglingen.
Kürbissamen S. 112	Reife Samen aus Kulturen vorzugsweise von *Cucurbita pepo* conv. *citrullina* var. *styriaca* (Weichschaliger Steirischer Ölkürbis) IX–XI	Zur unterstützenden Behandlung von Beschwerden beim Wasserlassen, z.B. bei Reizblase oder gutartiger Prostatavergrößerung.

Zubereitung	Dosierung	Hinweise
2 TL je Tasse mit kochendem Wasser übergießen, nach 10 min abseihen.	Mehrmals täglich 1 Tasse frisch bereitet mäßig warm trinken.	
2 TL je Tasse mit kochendem Wasser übergießen, bedeckt stehenlassen und nach 10–15 min abseihen. Die Früchte vor Gebrauch zerquetschen (z.B. in einem Mörser).	Mehrmals täglich 1 Tasse frisch bereitet warm und ungesüßt schluckweise zwischen den Mahlzeiten trinken.	
2 TL je Tasse mit heißem Wasser übergießen, nach 10–15 min abseihen.	Morgens und/oder abends vor dem Schlafengehen 1 Tasse frisch bereitet trinken. Die Wirkung setzt nach 6–10 Stunden ein.	Ohne Rücksprache mit dem Arzt nur wenige Tage einnehmen. Bei häufigem und langdauerndem Gebrauch sowie bei Überdosierung sind Störungen im Elektrolythaushalt möglich. Nicht anwenden während der Schwangerschaft und Stillzeit sowie bei Darmverschluß.
1–2 TL je Tasse mit kochendem Wasser übergießen, 10–15 min bedeckt stehen lassen, dann abseihen. Die Früchte sollten vor Gebrauch zerquetscht werden (z.B. in einem Mörser). Neben reinem Kümmeltee hat sich eine Mischung mit Fenchel, Anis, Koriander und Angelikawurzel zu gleichen Teilen bewährt (2 TL je Tasse). Die Wirkung des Kümmels ergänzen auch gleiche Mengen Kamillenblüten, Baldrianwurzel und Pfefferminzblätter (1 EL je Tasse).	2–4mal täglich 1 Tasse frisch bereitet, warm und ungesüßt schluckweise zwischen den Mahlzeiten trinken. Für Säuglinge und Kleinkinder 1 TL Kümmeltee evtl. in die Flasche geben.	
Samen gut zerkauen oder zerquetscht mit etwas Flüssigkeit (Wasser, Milch, Joghurt oder auch Apfelmus) verrühren. Bei Samen mit harter Schale ist diese vorher zu entfernen.	Über längere Zeit (Wochen oder Monate) morgens und abends je 1–2 gehäufte EL Samen einnehmen.	

Name	Sammelgut, -zeit	Anwendungsbereich
Lavendelblüten S. 196	Blüten mit Kelchen, kurz vor der vollen Entfaltung. Herkunft Kulturen in Südeuropa. VII-VIII	a) Bei Unruhe, nervöser Erschöpfung, Einschlafstörungen. b) Bei nervösen Magen-Darm-Beschwerden, Appetitlosigkeit.
Leinsamen S. 180	Reife Samen. Herkunft aus Kulturen überwiegend in der Türkei, Marokko, Argentinien. VII-IX	a) Bei akuter und chronischer Verstopfung. b) Zur unterstützenden Behandlung von entzündlichen Magen- und Darmerkrankungen.
Liebstöckelwurzel, Maggiwurzel S. 110	Unterirdische Organe 2–3jähriger, angebauter Pflanzen. X–XI	Bei Verdauungsbeschwerden wie Sodbrennen, Völlegefühl und Aufstoßen.
Lindenblüten S. 106	Blütenstände einschließlich der Hochblätter. Nicht sammeln von den häufig als Zierbäumen gepflanzten Bastarden mit der Silber-Linde. VI-VII	a) Bei fieberhaften Erkältungskrankheiten, wenn eine Schwitzkur erwünscht ist. b) Zur Milderung des Hustenreizes bei Katarrhen der Atemwege. c) Zur Vorbeugung gegen Erkältungskrankheiten.

Zubereitung	Dosierung	Hinweise
a, b) 1–2 TL je Tasse mit heißem Wasser übergießen, 10 min bedeckt stehenlassen, dann abseihen. a) Zur Bereitung eines Lavendel-Bades 50 g Droge mit 1–2 l Wasser zum Sieden erhitzen, 10 min ziehen lassen, dann abseihen. Die Flüssigkeit dem Badewasser zusetzen.	a, b) Mehrmals täglich, besonders abends vor dem Schlafengehen, 1 Tasse frisch bereitet trinken. a) Badedauer 15 min bei ca. 37°C. Danach ist Bettruhe empfehlenswert.	
a) Den Leinsamen unzerkleinert oder frisch geschrotet mit reichlich Flüssigkeit zu den Mahlzeiten einnehmen. Die Wirkung tritt nach 12–24 Stunden ein, bei chronischer Verstopfung evtl. erst nach 2–3 Tagen. b) Den Leinsamen vorgequollen verwenden. Hierzu die Dosis mit kaltem Wasser übergießen und 20–30 min stehen lassen, darauf die Flüssigkeit abgießen.	2–3mal täglich 1 EL.	Bei ungenügender Flüssigkeitszufuhr können Blähungen auftreten. Bei zu hohen Dosen sind Störungen im Elektrolythaushalt möglich. Nicht anwenden bei Darmverschluß.
1–2 TL je Tasse mit kochendem Wasser übergießen, nach 10–15 min abseihen.	2–3mal täglich 1 Tasse frisch bereitet 1/2 Stunde vor den Mahlzeiten trinken.	Nicht anwenden bei Entzündungen der Niere und ableitenden Harnwege, bei eingeschränkter Nierenfunktion sowie während der Schwangerschaft.
1–2 TL je Tasse mit kochendem Wasser übergießen, nach 5 min abseihen. Als Schwitztee ist auch eine Mischung mit Holunderblüten und Mädesüßblüten gebräuchlich (s. dort).	a) Mehrmals täglich, besonders abends 1–2 Tassen frisch bereitet so heiß wie möglich trinken. Zusätzlich kann ein heißes Bad genommen werden, danach Bettruhe. b) 3mal täglich 1 Tasse frisch bereitet mit Honig gesüßt mäßig warm trinken. c) Mittags und abends je 1 Tasse frisch bereitet mäßig warm über 2 Wochen trinken.	

Name	Sammelgut, -zeit	Anwendungsbereich
Löwenzahn S. 128	Ganze Pflanze einschließlich der Wurzeln, vor dem Aufblühen. III–V	Bei Störungen im Bereich des Galleabflusses; bei Beschwerden im Magen-Darm-Bereich mit Völlegefühl, Blähungen, Verdauungsbeschwerden; zur Anregung der Harnausscheidung.
Mädesüßblüten, Spierblumen S. 46	Blüten. VI–VIII	Bei fiebrigen Erkältungskrankheiten, wenn eine Schwitzkur erwünscht ist; zur Erhöhung der Harnmenge.
Malvenblätter, Käsepappelblätter S. 150	Blätter der Weg- und der Wilden Malve. VI–VII	Zur Reizlinderung bei Schleimhautentzündungen im Mund- und Rachenraum sowie im Magen-Darm-Bereich; zur Milderung des Hustenreizes bei Katarrhen der Atemwege.
Mariendistelfrüchte, Stechkörner S. 166	Reife Samen aus Kulturen überwiegend in der BRD, SO- Europa, China, Argentinien. IX–X	Bei leichten Verdauungsbeschwerden.
Melissenblätter S. 90	Blätter angebauter Pflanzen. VI–IX	Bei nervös bedingten Magen-Darm- und Herzbeschwerden, Einschlafschwierigkeiten.
Orangenblüten, Pomeranzenblüten, Neroliblüten S. 54	Blütenknospen. Herkunft aus Kulturen in Spanien und Mexiko. III–V	Bei Nervosität und Schlafstörungen.

Zubereitung	Dosierung	Hinweise
1–2 TL je Tasse mit Wasser übergießen und kurz aufkochen, 15 min ziehen lassen, dann abseihen. Bei Magen-Darm-Galle-Beschwerden gebräuchlich in Mischung mit Mariendistelfrüchten und Pfefferminzblättern unter Zugabe einer kleineren Menge Kümmel.	Morgens und abends jeweils 1 Tasse frisch bereitet warm trinken. Die Anwendung sollte kurmäßig 4–6 Wochen lang durchgeführt werden.	Nicht anwenden bei Entzündungen oder Verschluß der Gallenwege, Darmverschluß.
2 TL je Tasse mit kochendem Wasser übergießen, nach 10 min abseihen. Als schweißtreibender Tee auch in Mischung mit jeweils gleichen Mengen Holunder- und Lindenblüten.	Mehrmals täglich 1 Tasse frisch bereitet trinken, zum Schwitzen, möglichst heiß.	Bei höherer Dosierung kann es zu Magenbeschwerden und Übelkeit kommen.
2 TL je Tasse mit kochendem Wasser übergießen, nach 10–15 min abseihen, oder mit kaltem Wasser übergießen und 2–3 Stunden unter gelegentlichem Umrühren stehen lassen, dann abseihen.	Mehrmals täglich und abends vor dem Schlafengehen jeweils 1 Tasse frisch bereitet schluckweise trinken bzw. lauwarm zum Spülen oder Gurgeln verwenden, als Hustentee mit Honig gesüßt.	
1 gehäuften TL Droge je Tasse zerstoßen, z.B. in einem Mörser, und mit kochendem Wasser übergießen, nach 10–15 min abseihen.	3–4mal täglich 1 Tasse frisch bereitet 1/2 Stunde vor den Mahlzeiten trinken. Zur Geschmacksverbesserung wird die Zugabe von Pfefferminzblättern empfohlen.	Die Anwendung sollte kurmäßig über längere Zeit bis zum Abklingen der Beschwerden erfolgen.
1–3 TL je Tasse mit heißem Wasser übergießen, 10 min bedeckt stehen lassen, dann abseihen. Als gemischter Tee mit Hopfenzapfen, Baldrianwurzel und Lavendelblüten zu gleichen Teilen (2 TL je Tasse).	Mehrmals täglich 1 Tasse frisch bereitet trinken.	
1–2 TL je Tasse mit heißem Wasser übergießen, nach 5 min abseihen. Zur Aromatisierung beruhigend wirkender Teemischungen besonders geeignet.	Abends 1–2 Tassen trinken.	

Name	Sammelgut, -zeit	Anwendungsbereich
Pfefferminzblätter S. 176	Blätter angebauter, kurz vor der Blüte stehender Pflanzen. VI–VIII	Bei Störungen im Magen-Darm- sowie im Gallebereich, Übelkeit, leichten krampfartigen Beschwerden.
Pomeranzen-schalen, Bitterorangenschalen S. 54	Äußere Schicht der Fruchtwand reifer Früchte. Herkunft Kulturen in Spanien und Mexiko.	Zur Anregung des Appetits; als unterstützendes Mittel bei Magenbeschwerden, z.B. durch mangelnde Magensaftsekretion.
Primelwurzel (Blüten siehe unter Schlüsselblumenblüten) S. 112	Unterirdische Organe 2–3 Jahre alter Pflanzen. Die Art steht gebietsweise unter Naturschutz. Herkunft vor allem aus Jugoslawien, Bulgarien, Türkei. III–IV	Zur Förderung der Schleimsekretion und zur Reizlinderung bei Katarrhen der Atemwege.
Queckenwurzel-stock S. 220	Von den Wurzeln befreite, unterirdische Ausläufer. III–V und IX–X	Zur Erhöhung der Harnmenge bei Katarrhen der ableitenden Harnwege; zur Reizlinderung bei Katarrhen der Atemwege.
Rhabarber S. 160	Geschälte, unterirdische Organe. Herkunft Kulturen insbesondere in China und Indien. X–XI	a) Bei Verstopfung und allen Erkrankungen, bei denen eine leichte Darmentleerung mit weichem Stuhl erwünscht ist (u.a. Hämorrhoiden). b) Bei Magen- und Darmkatarrhen; zur Anregung des Appetits).

Zubereitung	Dosierung	Hinweise
1 EL je Tasse mit heißem Wasser übergießen, 5–10 min bedeckt stehenlassen, dann abseihen. Teemischung mit Pfefferminzblättern siehe bei Kümmel.	3–4mal täglich 1 Tasse frisch bereitet, warm und ungesüßt zwischen den Mahlzeiten trinken.	Bei fein zerschnittener Droge, z.B. in Filterbeuteln, ist der Verlust an ätherischem Öl hoch.
1 TL je Tasse mit heißem Wasser übergießen, nach 10–15 min abseihen oder Droge mit kaltem Wasser ansetzen und 6–8 Stunden bei gelegentlichem Umrühren ziehenlassen, dann abseihen. Gebräuchlich auch in Mischung mit weiteren Bitterstoffdrogen, z.B. Tausendgüldenkraut oder Enzianwurzel.	Mehrmals täglich 1 Tasse kalt oder mäßig warm 1/2 Stunde vor den Mahlzeiten trinken. Von der Tinktur (aus der Apotheke) nimmt man 20 Tropfen verdünnt mit Wasser oder Tee ein.	Nicht anwenden bei Magen- und Darmgeschwüren.
Primelwurzeln werden seltener als Einzeldroge, dagegen häufig in Teemischungen verwendet. Bewährt hat sich, besonders bei trockenem Husten, eine Mischung aus 20 g Primelwurzeln und jeweils 10 g Anis, Fenchel und Huflattichblättern. 2 TL je Tasse mit kochendem Wasser übergießen, nach 10 min abseihen.	2–3 mal täglich 1 Tasse heiß und mit Honig gesüßt trinken.	Bei Überdosierung von Primelwurzeln treten Übelkeit, Brechreiz und Durchfälle auf.
2–3 TL je Tasse mit kochendem Wasser übergießen, nach 10 min abseihen, oder Droge kalt ansetzen, langsam zum Sieden erhitzen, dann abseihen. Als Bestandteil eines Blasen- und Nierentees s. bei Goldrutenkraut.	Bis zu 4mal täglich 1 Tasse frisch bereitet trinken.	
1/2–1 gestrichenen TL je Tasse mit heißem Wasser übergießen, nach 10–15 min abseihen.	a) Morgens und/oder abends 1 Tasse frisch bereitet trinken. Die Wirkung setzt nach 6–10 Stunden ein. b) Mehrmals täglich 1 EL voll Teeaufguß.	Als Abführmittel ohne Rücksprache mit dem Arzt nur wenige Tage einnehmen. Bei häufigem und langdauerndem Gebrauch sowie bei Überdosierung sind Störungen im Elektrolythaushalt möglich. Nicht anwenden während der Schwangerschaft und Stillzeit sowie bei Darmverschluß.

Name	Sammelgut, -zeit	Anwendungsbereich
Riesengoldruten-kraut	Wie Goldrutenkraut	Wie Goldrutenkraut
Ringelblumen-blüten S. 126	Nur Zungenblüten. Herkunft aus Kulturen überwiegend in Ägypten und Osteuropa. VI–IX	a) Bei Entzündungen der Schleimhäute im Mund- und Rachenraum. b) Bei kleinen Riß-, Quetsch- und Brandwunden, Hautentzündungen, Hautausschlägen, Verstauchungen. c) Bei Gallenblasenbeschwerden.
Rizinusöl, Raffiniertes S. 140	Samen stark giftig, nicht sammeln (z.B. von in Mitteleuropa bisweilen gezogenen Pflanzen). Herkunft Kulturen in den Tropen und Subtropen.	Bei Verstopfung; zur schnellen Darmentleerung.
Rosmarinblätter S. 196	Blätter der blühenden Pflanze. Herkunft aus Wildvorkommen im Mittelmeergebiet und Anbau. V–VI	a) Bei Beschwerden im Magen-Darm- sowie im Gallebereich, verbunden mit Völlegefühl, Blähungen, auch leichten krampfartigen Störungen, Appetitlosigkeit. b) Bei Erschöpfungszuständen, z.B. nach Infektionskrankheiten, Kreislaufschwäche. c) Zur unterstützenden Behandlung von Muskel- und Gelenkrheumatismus.

Zubereitung	Dosierung	Hinweise
Wie Goldrutenkraut	Wie Goldrutenkraut	
1–2 TL je Tasse mit heißem Wasser übergießen, nach 10 min abseihen.	a) Mehrmals täglich mit dem warmen Tee spülen oder gurgeln. b) Leinen o.ä. mit dem Tee tränken und auf die zu behandelnden Stellen legen, mehrmals täglich wechseln. c) Jeweils 1 Tasse frisch bereitet vor den Mahlzeiten mäßig warm trinken.	
Zur leichteren Einnahme empfiehlt es sich, das Öl etwas anzuwärmen, da es dann dünnflüssiger ist und sich leichter schlukken läßt, evtl. auch mit schwarzem Kaffee. Gekühlt wird die Einnahme in Mischung mit Zitronensaft vorgeschlagen.	1–2 EL (10–30 ml) auf nüchternen Magen einnehmen. Die Wirkung tritt nach 2–4 Stunden ein. Nicht geeignet bei chronischer Verstopfung. Nur kurze Zeit anwenden. Bei häufigem Gebrauch ist ein erhöhter Verlust von Wasser und Salzen, insbesondere von Kalium möglich.	Gelegentlich werden Magenreizungen, selten allergische Hautausschläge beobachtet. Nicht anwenden bei unklaren Bauchschmerzen und Darmverschluß, nicht als Gegenmittel bei Vergiftungen, da die Aufnahme des Giftes in den Körper beschleunigt werden kann.
a, b) 1 TL je Tasse mit heißem Wasser übergießen, 15 min bedeckt stehenlassen, dann abseihen. Der Tee kann mit Brombeerblättern zu gleichen Teilen gemischt werden, wenn der Geschmack zu intensiv ist. b) Zur Bereitung von Rosmarinwein 20 g Droge in 1 l Südwein 5–8 Tage lang unter gelegentlichem Umschütteln ausziehen lassen, dann abfiltrieren. b, c) Für ein Rosmarinbad 50 g Droge mit 1 l Wasser zum Sieden erhitzen, dann 30 min bedeckt stehenlassen. Die abgeseihte Flüssigkeit dem Bad zusetzen.	a) 3–4mal täglich 1 Tasse frisch bereitet warm zwischen den Mahlzeiten trinken. b) Morgens und mittags 1 Tasse Tee oder 1 Gläschen (40 ml) Rosmarinwein trinken. b, c) Das Bad morgens oder tagsüber nehmen, nicht am Abend. Badedauer 10 min bei 34–37°C. Danach 1 Stunde Bettruhe.	Nicht während der Schwangerschaft anwenden.

Name	Sammelgut, -zeit	Anwendungsbereich
Salbeiblätter S. 194	Blätter der kurz vor der Blüte stehenden Pflanze. Herkunft vor allem Jugoslawien und Albanien. V–VII	a) Bei Schleimhautentzündungen im Mund- und Rachenraum, Prothesendruckstellen. b) Zur unterstützenden Behandlung von Magen- und Darmkatarrhen.
Schachtelhalmkraut, Zinnkraut S. 234	Grüne, sterile Sprosse. Vorsicht vor Verwechslung mit dem giftigen Sumpf-Schachtelhalm. V–IX	a) Zur Erhöhung der Harnmenge, z.B. als unterstützendes Mittel bei der Behandlung von Katarrhen im Bereich von Niere und Blase. b) Äußerlich zur unterstützenden Behandlung bei rheumatischen Beschwerden, Durchblutungsstörungen, Frostschäden, Schwellungen, nach Knochenbrüchen.
Schafgarbenkraut S. 82	Oberirdische Teile des blühenden Krautes, ohne dicke Stengelteile. Nur tetraploide Pflanzen enthalten alle für die Wirkung wertvollen Inhaltsstoffe (Apothekenware). VI–IX	a) Bei leichten, auch krampfartigen Magen-, Darm- und Gallestörungen, Appetitlosigkeit. b) Bei Menstruationsbeschwerden.
Schlüsselblumenblüten (mit Kelchen) Wurzeln siehe unter Primelwurzeln. S. 112.	Blüten mit Kelchen, von der Echten und der Hohen Schlüsselblume gebräuchlich. Die Arten stehen gebietsweise unter Naturschutz. Herkunft SO-Europa. IV-V	Zur Förderung der Schleimsekretion und zur Reizlinderung bei Katarrhen der Atemwege.

Zubereitung	Dosierung	Hinweise
a) 1 TL je Tasse mit heißem Wasser übergießen, 10 min bedeckt stehenlassen, dann abseihen. Empfohlen wird auch die abwechselnde Anwendung von Kamillentee oder die Mischung beider Drogen zu gleichen Teilen (2 TL je Tasse). b) Nur 1/2 TL je Tasse verwenden.	a) Mehrmals täglich (mindestens alle 2 Stunden) mit dem lauwarmen Tee spülen oder gurgeln. b) Mehrmals täglich 1 Tasse warm 1/2 Stunde vor den Mahlzeiten trinken (geringere Dosis beachten).	Nicht über längere Zeit und in zu hoher Dosis einnehmen.
a) 2–3 TL mit kochendem Wasser übergießen und 5–10 min kochen lassen. Nach weiteren 15 min abseihen. Als gemischter Tee z.B. zusammen mit Goldrutenkraut (je 20 g), Birkenblättern und Brennesselkraut (je 30 g). 2 TL je Tasse mit kochendem Wasser übergießen, 15 min ziehen lassen. b) Für ein Vollbad 100 g, für ein Teilbad 3–5 EL Droge mit 2 bzw. 1 l kochendem Wasser übergießen. Nach etwa 1 Stunde den Ansatz zum Sieden erhitzen und weitere 15 min kochen, dann abseihen und dem Bad zusetzen.	a) 3–4mal täglich 1 Tasse frisch bereitet zwischen den Mahlzeiten trinken. b) Badedauer 10–15 min bei ca. 39°C. Nach einem Vollbad ist mindestens 1 Stunde Bettruhe empfehlenswert.	Innerlich nicht anwenden bei Wasseransammlungen infolge eingeschränkter Herz- oder Nierentätigkeit. Bei chronischen Nierenerkrankungen sollte vor Gebrauch der Arzt befragt werden.
2 TL je Tasse mit heißem Wasser übergießen, 10 min bedeckt stehenlassen, dann abseihen. Empfehlenswert besonders für a) ist auch die Zugabe von Kamillenblüten zu gleichen Teilen oder eine Mischung aus 30 g Schafgarbenkraut, 50 g Pfefferminzblättern und 50 g Kamillenblüten. Gleiche Zubereitung.	a) 3–4mal täglich 1 Tasse frisch bereitet mäßig warm zwischen den Mahlzeiten trinken. b) 2mal täglich 1 Tasse 6–8 Wochen lang trinken.	Bei Überempfindlichkeit gegen Korbblütler (wie auch Arnika, Ringelblumen) können juckende und entzündliche Hautveränderungen auftreten. Die Behandlung muß dann abgebrochen werden.
1–2 TL je Tasse mit kochendem Wasser übergießen, nach 10 min abseihen.	Mehrmals täglich 1 Tasse mit Honig gesüßt heiß trinken, besonders morgens nach dem Aufwachen und abends vor dem Schlafengehen.	

Name	Sammelgut, -zeit	Anwendungsbereich
Spitzwegerichkraut, Spitzwegerichblätter S. 218	Blühende, oberirdische Teile. VI–VIII	a) Zur Reizlinderung bei Katarrhen der Atemwege; bei Schleimhautentzündungen im Mund- und Rachenraum. b) Als „Erste Hilfe“ bei Insektenstichen (vor allem durch Mücken und Bremsen).
Stiefmütterchenkraut S. 134, 192	Blühendes Kraut. V–IX	a) Zur unterstützenden Behandlung chronischer Hauterkrankungen, u.a. Milchschorf bei Kindern, Ekzeme, Akne. b) Zur Förderung der Schleimsekretion und Reizlinderung bei Katarrhen der Atemwege.
Süßholzwurzel, Lakritzenwurzel S. 168	Unterirdische Organe. Herkunft aus Kulturen in der UdSSR, China, Türkei, Iran. X–IV	a) Zur Schleimlösung und Erleichterung des Abhustens bei Katarrhen der Atemwege. b) Zur unterstützenden Behandlung krampfartiger Beschwerden bei Magenschleimhautentzündungen.

Zubereitung	Dosierung	Hinweise
a) 2 TL je Tasse mit heißem Wasser übergießen, nach 10 min abseihen. Ergänzend wirken Huflattichblätter, die man zu gleichen Teilen mit Spitzwegerichkraut mischen kann. Zubereitung wie oben. Zur Herstellung eines Spitzwegerichsirups 100 g frische Spitzwegerichblätter waschen und sehr klein schneiden oder durch einen Fleischwolf drehen. 50 g Wasser zugeben und zum Sieden erhitzen. Ohne abzuseihen 150 g Honig zusetzen. Den Sirup in Gläser füllen und luftdicht verschließen.	a) Mehrmals täglich 1 Tasse, die erste evtl. schon morgens vor dem Aufstehen aus der Thermosflasche, sonst möglichst frisch bereitet schluckweise trinken, mit Honig süßen. Von dem Sirup bei Bedarf stündlich 1 TL voll einnehmen. b) Die zerdrückten Blätter auf die Insektenstiche geben.	Vom Dauergebrauch der Teemischung mit Huflattichblättern wird abgeraten.
2 TL je Tasse mit heißem Wasser übergießen, nach 10 min abseihen.	a) Den Tee mehrmals täglich für Umschläge oder Waschungen verwenden. Gleichzeitig morgens und abends 1 Tasse über mehrere Wochen kurmäßig trinken. b) Mehrmals täglich 1 Tasse zwischen den Mahlzeiten mit Honig gesüßt trinken.	
1 TL je Tasse in kochendes Wasser geben und weitere 5 min kochen lassen. Erst nach dem Abkühlen abseihen. Beispiel einer Teemischung mit Süßholzwurzel gegen Husten siehe bei Huflattichblättern.	Jeweils nach den Mahlzeiten 1 Tasse trinken. Nicht länger als 4–6 Wochen anwenden und während dieser Zeit auf kaliumreiche Kost (u.a. Bananen und Aprikosen) achten.	Bei längerem Gebrauch und höheren Dosen kann es zu vermehrter Wassereinlagerung mit leichten Schwellungen, besonders im Gesicht und an den Fußgelenken, und zu Blutdruckanstieg kommen. Nicht anwenden bei chronischer Leberentzündung, Leberzirrhose, Bluthochdruck und Kaliummangel im Blut.

Name	Sammelgut, -zeit	Anwendungsbereich
Tausendgülden-kraut S. 154	Blühendes Kraut. Die Art steht unter Naturschutz (Sammelverbot). Herkunft SO-Europa, Marokko.	Bei Appetitlosigkeit; bei Magenbeschwerden hervorgerufen durch mangelnde Magensaftbildung.
Thymian S. 174	Abgerebelte Blätter und Blüten kultivierter Pflanzen. VI–VII	Bei Anzeichen von Bronchitis, Katarrhen der Atemwege, bei Husten mit krampfartigen Beschwerden.
Tormentillwurzelstock, Blutwurz S. 98	Wurzelstock (Erdsproß), von den Wurzeln befreit. III–IV und IX–X	a) Bei akuten Durchfallerkrankungen. b) Bei Entzündungen der Mundschleimhaut und des Zahnfleisches, Prothesendruckstellen.
Wacholderbeeren S. 230	Reife Beeren. Art steht gebietsweise unter Naturschutz. Herkunft Italien, Jugoslawien, Albanien. X–XI	Bei Verdauungsbeschwerden mit Aufstoßen, Sodbrennen, Völlegefühl. Die verbreitete Anwendung als harntreibendes Mittel u.a. bei der Behandlung rheumatischer Erkrankungen (z.B. auch die bekannte Kneippsche Rheumakur) wird heute wegen der damit verbundenen Nierenreizung nicht mehr empfohlen.

Zubereitung	Dosierung	Hinweise
a) 1–2 TL je Tasse mit kochendem Wasser übergießen, nach 15 min abseihen. Häufig in Teemischungen mit weiteren Bitterstoffdrogen. b) Zur Bereitung eines Weines 60 g Tausendgüldenkraut, 40 g Kamillenblüten, 40 g Pomeranzenschale und den Saft von 2 Orangen mit 11/2 l trockenem Weißwein übergießen. Nach 7–10 Tagen filtrieren.	a) Jeweils 1 Tasse frisch bereitet mäßig warm und ungesüßt 1/2 Stunde vor den Hauptmahlzeiten trinken. b) Bei Bedarf oder 2–3mal täglich 1/2 Glas vor den Hauptmahlzeiten trinken.	Nicht anwenden bei Magen- und Darmgeschwüren.
a) 1 TL je Tasse mit heißem Wasser übergießen, 10 min bedeckt stehenlassen, dann abseihen. b) Zur Bereitung eines Thymianbades 100 g Droge mit 1 l heißem Wasser übergießen, 10 min bedeckt stehenlassen, dann abseihen und die Flüssigkeit dem Vollbad zusetzen.	a) Mehrmals täglich 1 Tasse frisch bereitet mit Honig gesüßt trinken. b) Badedauer 10–15 min bei ca. 38°C. Dämpfe tief einatmen. Danach Bettruhe.	Nicht über längere Zeit in hohen Dosen anwenden.
1 TL je Tasse mit kochendem Wasser übergießen, 10 min im Sieden halten, noch warm abseihen.	a) 2–3mal täglich 1 Tasse frisch bereitet zwischen den Mahlzeiten trinken. Bewährt hat sich auch die Einnahme von 1 Messerspitze der pulverisierten Droge aufgeschwemmt in etwas Rotwein 4–5mal täglich. b) Mehrmals täglich (mindestens alle 2 Stunden) mit dem lauwarmen Tee spülen oder gurgeln.	Bei empfindlichen Personen kann es wegen des hohen Gerbstoffgehaltes der Droge bei innerlicher Anwendung zu Magenbeschwerden und Erbrechen kommen. Bei länger als 3–4 Tage anhaltenden Durchfällen ist ein Arzt aufzusuchen.
1 TL Wacholderbeeren zerquetschen und mit heißem Wasser übergießen, 10 min bedeckt stehenlassen, dann abseihen.	3–4mal täglich 1 Tasse trinken. Nicht länger als 4 Wochen ohne ärztliche Rücksprache anwenden.	Bei langdauerndem Gebrauch oder Überdosierung sind Nierenschäden möglich. Nicht anwenden bei Entzündungen im Nierenbereich und während der Schwangerschaft.

Name	Sammelgut, -zeit	Anwendungsbereich
Walnußblätter S. 200	Fiederblätter ohne die Blattspindel. VI–VII	Zur unterstützenden Behandlung chronischer Hauterkrankungen (z.B. Ekzeme, Akne).
Weißdornblätter mit Blüten S. 48	Blühende Zweigspitzen. V–VI	Bei Druck- und Beklemmungsgefühl in der Herzgegend und nachlassender Leistungsfähigkeit des Herzens.
Wermutkraut, Bitterer Beifuß S. 122	Blühende Zweigspitzen mit Blättern, ohne dicke Stengelteile. VII-IX	Bei Magenbeschwerden, z.B. durch mangelnde Magensaftbildung, Appetitlosigkeit, Gallenbeschwerden.
Wollblumen, Königskerzenblüten S. 114	Blütenkronen mit Staubblättern, ohne Kelche. VII-VIII	Zur Reizlinderung und Schleimlösung bei Katarrhen der Atemwege.

Zubereitung	Dosierung	Hinweise
a) Für den äußerlichen Gebrauch 4–5 TL mit 200 ml kaltem Wasser übergießen, erhitzen und 3–5 min im Sieden halten, dann abseihen. b) Für die innerliche Anwendung nur 1–2 TL je Tasse nehmen. Bewährt hat sich auch eine Mischung mit Tee aus Stiefmütterchenkraut zu gleichen Teilen (siehe dort).	a) Den Tee mehrmals täglich für Umschläge, Waschungen oder Teilbäder verwenden. b) Zusätzlich 1–3mal täglich 1 Tasse trinken (niedrigere Dosis beachten).	Bei magenempfindlichen Personen kann es bei innerlicher Anwendung wegen des hohen Gerbstoffgehaltes zu Übelkeit und Erbrechen kommen.
1 TL je Tasse mit heißem Wasser übergießen, nach 20 min abseihen. Die Zugabe der gleichen Menge Melissenblätter gibt dem Tee mehr Geschmack und verstärkt eine gewisse beruhigende Wirkung.	2–3mal täglich 1 Tasse frisch bereitet kurmäßig über einen Zeitraum von mehreren Wochen trinken.	Vor der Anwendung sollte geprüft sein, daß die Beschwerden keine ernsteren Ursachen haben.
1/2 TL je Tasse mit heißem Wasser übergießen, 10 min bedeckt stehen lassen, dann abseihen. Durch die Zugabe von Tausendgüldenkraut, Pfefferminzblättern und Melissenblättern zu gleichen Teilen kann der bittere Geschmack gemildert werden. Man nimmt von der Mischung 1–2 TL je Tasse. Auch die Anwendung als Tinktur (aus der Apotheke) ist möglich.	Als Magenmittel mehrmals täglich oder bei Bedarf 1 Tasse frisch bereitet, ungesüßt und gut warm 1/2 Stunde vor den Mahlzeiten trinken. Bei der Anwendung als Gallenmittel den Tee nach dem Essen trinken. Von der Tinktur nimmt man 10–20 Tropfen auf 1 Glas Wasser.	Bei Überdosierung und langdauerndem Gebrauch können Erbrechen, Durchfälle, Harnverhalten, Benommenheit und Krämpfe auftreten. Nicht anwenden bei Magen- und Darmgeschwüren und während der Schwangerschaft.
2–3 TL je Tasse mit kochendem Wasser übergießen, nach 10–15 min abseihen. Gebräuchlich vor allem auch in Mischung mit anderen Drogen, z.B. jeweils der gleichen Menge Huflattichblätter, Eibischwurzel und Anis. Man nimmt davon 2 TL je Tasse. Häufig sind Wollblumen auch als Schmuckdroge in Teemischungen enthalten.	2–3mal täglich 1 Tasse mit Honig gesüßt schluckweise trinken.	

Literaturauswahl

BRAUN, H., Heilpflanzen-Lexikon für Ärzte und Apotheker, 5. Aufl., neubearbeitet von D. FROHNE, G. Fischer, Stuttgart, New York 1987

BRAUN, R. (Hrsg.), Standardzulassungen für Fertigarzneimittel. Deutscher Apotheker Verlag Stuttgart, Govi, Frankfurt 1983–1991

BUFF, W. und K. VON DER DUNK, Giftpflanzen in Natur und Garten, 2. Aufl., Parey, Berlin, Hamburg 1988

EBERT, K., Arznei- und Gewürzpflanzen, 2. Aufl., WVG, Stuttgart 1982

FROHNE, D. und H. J. PFÄNDER, Giftpflanzen, 3. Aufl., WVG, Stuttgart 1987

GESSNER, O. und G. ORZECHOWSKI, Gift- und Arzneipflanzen von Mitteleuropa, 3. Aufl., Winter, Heidelberg 1974

HABERMEHL, G., Mitteleuropäische Giftpflanzen und ihre Wirkstoffe. Springer, Berlin, Heidelberg, New York, Tokyo 1985

HAGERS Handbuch der Pharmazeutischen Praxis, 4. Aufl., 7 Bände, 5. Aufl., Bände 4 und 5: Drogen, Springer, Berlin, Heidelberg, New York 1967–1979, 1992-1993

HEGI, G., Illustrierte Flora von Mitteleuropa, 1.–3. Aufl., 7 Bände, Hanser, München, Parey, Berlin, 1906–1987

HENSEL, W., Das Kosmos Kräuterbuch, Franckh-Kosmos, Stuttgart 1994

HESS, H., E. LANDOLT und R. HIRZEL, Flora der Schweiz, 3 Bände, Birkhäuser, Basel, Stuttgart 1967–1972

HOCHSTETTER, K., Einführung in die Homöopathie, Sonntag, Regensburg 1973

HOLZNER, W. (Hrsg.), Das kritische Heilpflanzen-Handbuch, Orac, Wien 1985

HOPPE, H., Drogenkunde, 3 Bände, 8. Aufl., W. de Gruyter, Berlin, New York 1975, 1977, 1987

KARSTEN-WEBER-STAHL, Lehrbuch der Pharmakognosie, 9. Aufl., G. Fischer, Stuttgart 1962

KELLER, K., S. GREINER und P. STOCKEBRAND (Hrsg.), Homöopathische Arzneimittel, Materialien zur Bewertung, Govi, Frankfurt 1990–1994

LEESER, O., Lehrbuch der Homöopathie, Arzneimittellehre B I, II. Pflanzliche Arzneistoffe, Haug, Heidelberg 1961–1973

LIST, P. H., Arzneiformenlehre, 4. Aufl., WVG, Stuttgart 1985

MADAUS, G., Lehrbuch der biologischen Heilmittel, 3 Bände, Reprint Olms, Hildesheim, New York 1976

MEZGER, J., Gesichtete Homöopathische Arzneimittellehre, 4. Aufl., 2 Bände, Haug, Heidelberg 1977

PAHLOW, M., Das große Buch der Heilpflanzen, 2. Aufl., Gräfe und Unzer, München 1993

PAHLOW, M., Heilpflanzen in der Apotheke, Deutscher Apotheker Verlag, Stuttgart 1985

PAHLOW, M., Meine Heilpflanzen Tees, 2. Aufl., Gräfe und Unzer, München 1986

PRÄPARATE-LISTE der Naturheilkunde, 14. Aufl., Sommer, Teningen 1994

ROTE LISTE 1994, Hrsg. Bundesverband der Pharm. Industrie, Editio Cantor, Aulendorf 1994

ROTH, L., M. DAUNDERER und K. KORMANN, Giftpflanzen – Pflanzengifte, 2. Aufl., Ecomed Verlagsges., Landsberg, München 1988

ROTHMALER, W., Exkursionsflora, Bände 2–4, 15. bzw. 8. Aufl., G. Fischer, Jena, Stuttgart 1994

SCHMEIL-FITSCHEN, Flora von Deutschland, von SENGHAS, K. und S. SEYBOLD, 89. Aufl., Quelle & Meyer, Heidelberg 1993

SCHNEIDER, G., Pharmazeutische Biologie, 2. Aufl., Bibl. Inst., Mannheim, Wien u. Zürich 1985

STEINEGGER E. und R. HÄNSEL, Pharmakognosie, 5. Aufl., Springer, Berlin, Heidelberg, New York 1992

TUTIN, T. G. u. a. (Hrsg.), Flora Europaea, Band 1–5, University Press, Cambridge 1964–1980

WAGNER, H., Pharmazeutische Biologie 2: Drogen und ihre Inhaltsstoffe, 5. Aufl., G. Fischer, Stuttgart, New York 1993

WEISS, R. F., Lehrbuch der Phytotherapie, 6. Aufl., Hippokrates, Stuttgart 1985

WICHTL, M. (Hrsg.), Teedrogen, 2. Aufl., WVG, Stuttgart 1989

ZEPERNICK, B., L. LANGHAMMER und J. B. P. LÜDCKE, Lexikon der offizinellen Arzneipflanzen, W. de Gruyter, Berlin, New York 1984

ZIMMERMANN, W., Homöopathische Arzneitherapie, 4. Aufl., Sonntag, Regensburg 1984

Drogenregister

Artenregister

Linden